111 GRÜNDE, DAS FLIEGEN ZU LIEBEN

*Silvia: Für meine beiden
Patenkinder Joëlle und Enzo*

*Florian: Für meinen Vater,
der die Liebe zur Fliegerei
in mir geweckt hat*

Silvia Götzen & Florian Knack

111 Gründe, das *Fliegen* *zu lieben*

Vom Glück, selbst zu fliegen:
Eine Hommage an die unendliche Freiheit
über den Wolken

SCHWARZKOPF & SCHWARZKOPF

Inhalt

Abflugbereit *9*
Vorwort der Autoren

Start frei 12
Vorwort von Floris Helmers

Weil ein Menschheitstraum in Erfüllung geht 15
1. Grund oder Prolog

1. Kapitel: Flugvorbereitung 15
Weil es Back- und Steuerbord nicht nur auf See gibt · Weil jeder flie-
gen kann · Weil es immer einen Grund gibt · Weil es nur eine Zeit
gibt · Weil es tolle Pilotinnen gibt · Weil es eine eigene Sprache gibt ·
Weil aus Träumen Wirklichkeit werden kann · Weil man Good Airmanship auch im Alltag gut gebrauchen kann · Weil es für jeden
Geschmack ein eigenes Flugzeug gibt · Weil ein Film uns auf den
Geschmack bringen kann · Weil es Zeitschriften übers Fliegen und
Blogs zur Inspiration gibt · Weil man Flugszenen in Filmen fach-
männisch kommentieren kann – Let's fly to Oviedo · Weil man ein
Flugbuch führt und Stempel sammeln kann · Weil jeder Pilot vom
eigenen Flugzeug träumt · Weil auch rechts vor links gilt · Weil man
weiß wofür Very High Frequency Omnidirectional Radio Range
steht · Weil man sich bei guter Planung nicht vorm Wetter zu fürch-
ten braucht · Weil ein gerader Kurs auf einer runden Erde nicht
immer der kürzeste ist · Weil Nautiker nicht die Einzigen sind, die
in nautischen Meilen rechnen · Weil man seinen Horizont erweitert
und den inneren Schweinehund besiegt · Weil der Walk-Around das
Vorspiel zum Fliegerglück ist

2. Kapitel: Am Flugplatz 67

Weil die Fahrt zum Flugplatz statistisch gefährlicher ist · Weil man im Flugzeug wohnen kann · Weil der Sound eines Sternmotors unvergleichlich ist · Weil ein Pilot niemals rennt · Weil es viele verschiedene Möglichkeiten gibt, in die Luft zu kommen · Weil es CAVOK und NOSIG gibt · Weil es ein perfektes Geschenk ist · Weil Fliegen verbindet · Weil man sich gegenseitig hilft · Weil man auf Airshows 100.000 Freunde trifft · Weil man auf den Turm rauf darf · Weil man kein eigenes Flugzeug braucht, um fliegen zu können · Weil Wolken und Wetter Geschichten erzählen · Weil Ultraleichtflugzeuge keine fliegenden Gartenstühle sind · Weil sich jedes Flugzeug anders fliegt · Weil es großartig ist, hinter einem Airbus am Rollhalt zu stehen

3. Kapitel: Start 105

Weil das erste Solo unvergesslich ist · Weil Abheben, Ankommen und Landen immer wieder Spaß machen · Weil Checklisten wichtig sind · Weil jeder Flug anders ist · Weil man dem Vulkan ins Herz blicken kann · Weil es Luftrennen gibt · Weil Rundinstrumente schön sind · Weil es Tage gibt, an denen man nicht fliegen sollte · Weil man zusammen fliegen kann, aber auch alleine · Weil ein Hüpfer von fünf Minuten dich in eine andere Welt bringen kann.

4. Kapitel: Steigflug 129

Weil die Gesetze der Schwerkraft manchmal nicht gelten · Weil Grenzen und Unterschiede unwichtiger werden · Weil man den Weltraum und die Erdkrümmung sehen kann · Weil Fliegen Freiheit ist · Weil Fliegen besonders viel Spaß macht, wenn die Erde nicht mehr unten, sondern oben ist. · Weil Vögel deine Kameraden sind · Weil man Leistung nur durch mehr Leistung ersetzen kann · Weil man sich selber auf den Balkon gucken kann · Weil man in den Alpen Fahrstuhl fahren kann · Weil Kunstflug die Kunst ist, mit großer Präzision geradeaus zu fliegen · Weil man im Tiefflug mehr

sieht · Weil man nicht auf Berge steigen muss, wenn man drüber-
fliegen kann · Weil schon in der Ausbildung die Erde auf dem Kopf
stehen kann

5. Kapitel: Reiseflug 157
Weil der Mile High Club nur mit Autopilot funktioniert · Weil es
verschiedene Geschwindigkeiten gibt · Weil es Flüge gibt, die man
einmal gemacht haben muss · Weil bei Nacht alle Städte goldene
Netze sind · Weil das Wattenmeer ein lebendes Gemälde ist · Weil
ein Glascockpit das Leben einfacher macht · Weil es spannend ist,
durch Wolken zu fliegen · Weil auch Blauthermik trägt · Weil es
weder Staus noch Ampeln gibt · Weil Fliegen in der Gruppe Spaß
macht · Weil man auch im Winter fliegen kann · Weil es fliegende Uhrenläden gibt · Weil Luftwandern wunderschön ist · Weil
man keinen Motor braucht, um 3.000 km zurückzulegen · Weil
Instrumentenflug praktisch, aber Sichtflug Freiheit ist · Weil
man mit Radarlotsen reden kann · Weil man schwerelos werden
kann · Weil man Wolken jagen kann · Weil man mit Tigern fliegen
kann · Weil Sauerstoff an Bord eine gute Sache ist · Weil man über
Funk die unterschiedlichsten Menschen hört · Weil man seinen
Instrumenten vertrauen kann · Weil man auch in anderen Ländern selber fliegen kann

6. Kapitel: Sinkflug 207
Weil Luftkrankheit vergeht · Weil die Wiesen in den Alpen so grün
leuchten · Weil es Gesamtrettungssysteme gibt · Weil man sich
manchmal wie beim Red Bull Air Race fühlt · Weil im Winter die
Berge höher sind · Weil es Piloten im Slip gibt · Weil Trudeln Spaß
macht · Weil man auf den Spuren Elly Beinhorns wandeln kann
· Weil eine volle Blase kein Grund für eine Sicherheitslandung
ist · Weil ein Flugzeug nicht vom Himmel fällt, wenn der Motor
ausgeht

7. Kapitel: Landung **231**
Weil man Tundrareifen testen kann · Weil die Straße/Autobahn für
die Landung gesperrt wird · Weil man sich manchmal wünscht,
am Boden zu sein, wenn man fliegt, und manchmal wünscht zu
fliegen, wenn man am Boden ist · Weil es überall nette Flughafen-
mitarbeiter gibt · Weil Fliegen hungrig macht · Weil Landen und
Ankommen unglaubliche Gefühle sind · Weil man auch am Boden
fliegen kann · Weil man auch auf Wasser landen kann · Weil man
eins werden kann mit dem Flugzeug · Weil der Name Oshkosh nicht
nur für Kinderkleidung steht · Weil Piloten Träumer, Entdecker und
Abenteurer sind · Weil jeder Film über ferne Länder zum Träumen
anregt · Weil es überall auf der Welt nette Menschen gibt · Weil einem
bereits beim Zusehen der Mund offen stehen bleibt · Weil es immer
weitergeht · Weil man nur einmal lebt

Epilog **269**
Weil Piloten nicht genug bekommen können von ihrer Leidenschaft
Danksagung Florian Knack · Danksagung Silvia Götzen

Abflugbereit

Vorwort der Autoren

»Wenn du das Fliegen einmal erlebt hast, wirst du für immer auf Erden wandeln, mit deinen Augen himmelwärts gerichtet. Denn dort bist du gewesen und dort wird es dich immer wieder hinziehen.«

LEONARDO DA VINCI (1452 – 1519)

Liebe Flugbegeisterte und Fluginteressierte, wir haben in den letzten Monaten die große Herausforderung gemeistert, den Flugplätzen der Umgebung möglichst fernzubleiben. Priorität hatte das Schreiben der Kapitel für dieses Buch, nicht das Flugvergnügen. Gemeinsam haben wir es geschafft, uns gegenseitig motiviert, geholfen und ergänzt, ganz wie ein gutes Pilotenteam im Cockpit eines Flugzeugs.

Wir kennen uns seit gut acht Jahren aus der Flugschule Hamburg. Florian war damals dort als Fluglehrer tätig und hat regelmäßig Touren durch Europa organisiert. Inzwischen fliegt er als Co-Pilot die Cessna Citation XLS+, einen Privatjet bei Air Hamburg, und arbeitet nur noch selten als Fluglehrer. Ich besitze seit August 2011 die Privatpilotenlizenz und fliege in meiner freien Zeit bevorzugt eine viersitzige Propellermaschine, eine Cessna 172. Gemeinsam haben wir einige schöne Touren gemacht. Wir waren mehrfach bei »Tannkosh«, damals Europas größtem Fly-In. Haben England unsicher gemacht, und sogar bis

Marokko sind wir mit drei Flugzeugen aus Uetersen bei Hamburg gekommen. Überwältigend war der gemeinsame Besuch des weltgrößten Fly-Ins, dem AirVenture in Oshkosh, Wisconsin. Vor Ort haben wir den Lake Michigan und die Gegend um Chicago mit gecharterten Maschinen aus der Luft erkunden können. Florian ist fasziniert von alten Flugzeugen, sogenannten Warbirds, und ist im Sommer oft auf Airshows zu finden. Er ist begeistert vom Kunstflug sowie dem Segelfliegen und ist besonders glücklich, wenn die Erde auf dem Kopf steht. Mich zieht es in meinen Urlauben in die Ferne, und am liebsten fliege ich selbst vor Ort und sehe mir so die Welt von oben an. Die Sportfliegerei ist für mich eine Leidenschaft und ein erfüllendes Hobby. Es ist Inspiration und Herausforderung zugleich. In aller Welt Menschen durch das Fliegen kennenzulernen, immer wieder Neues zu lernen, durch diese Leidenschaft verbunden zu sein mit Gleichgesinnten, im Hier und Jetzt des Fluges den Alltag zurückzulassen und eine gewisse Abenteuerlust auszuleben.

Familie und Bekannte fragen uns häufig neugierig oder auch verständnislos, was es denn für ein Glück ist, das wir in der Luft suchen. Mit Worten eine überzeugende Antwort darauf zu geben, ist schwierig. Es ist so, als ob wir den Geschmack einer himmlisch köstlichen Süßigkeit nur mit Worten beschreiben würden. Wenn ich wissen möchte, wie sie schmeckt, dann sollte ich davon ein Stück naschen. Vorsicht, es besteht Suchtgefahr. Aber es birgt auch ein paar andere Gefahren, damit meine ich nicht nur das Risiko eines Unfalls. Nicht jeder Partner, Freund oder Bekannter ist begeistert davon, mit einem Flugzeug um die mögliche gemeinsame Zeit zu konkurrieren. Gute Kompromisse sind wichtig, damit die Leidenschaft nicht zum Sturzflug wird oder Türen zugehen.

Steigen Sie zu uns ins Cockpit ein, naschen Sie beim Lesen ein Stück Flugleidenschaft, teilen Sie mit uns unsere Eindrücke und Empfindungen. Ein paar kleine Exkurse zur Geschichte und zum

Hintergrund der Fliegerei zeigen, dass es für jeden möglich ist, Fliegen zu lernen. Fliegen kann Lebensinhalt, Lebensform und Lebenssinn sein, mit vielen Konsequenzen: als Quelle für Lebensfreude, Inspiration und Selbstbewusstsein, für interessante und intensive Freundschaften und für Gemeinschaft und Geselligkeit rund um die Welt.

Happy Landings,
Silvia und Florian

PS: Am Ende eines jeden Kapitels steht entweder ein (S) für Silvia Götzen oder ein (F) für Florian Knack, um kenntlich zu machen, wer von uns welches Kapitel geschrieben hat.

Start frei

Vorwort von Floris Helmers

Liebe Leserin, lieber Leser, lassen Sie sich beim Lesen dieses Buchs mitnehmen in die Welt des Selbstfliegens und in die Kunst des Pilotierens. Hat einen erst mal die Flugleidenschaft gepackt, dann findet sich immer ein Weg, dieser nachzugehen. Ich habe mit der Gründung der Air Hamburg meine Leidenschaft in einem Maße verwirklicht, die ich mir nie hätte träumen lassen, als ich mit dem Fliegen anfing. In der Luftfahrt ist eben (fast) alles möglich, wenn man dafür brennt.

Die beiden Autoren sind der Air Hamburg und der dazugehörigen Flugschule eng verbunden und leben ihre Leidenschaft fürs Fliegen ganz unterschiedlich aus. Florian hat seine Passion zum Beruf gemacht und fliegt neben anderen Tätigkeiten im Flugbetrieb regelmäßig auch unsere Business Jets. Silvia hat ihre Lizenz als Privatpilotin in unserer Flugschule erworben, ist auf diversen Touren der Flugschule mit dabei gewesen und erkundet in ihrer Freizeit die Welt von oben. Ich selbst fliege, seit ich 14 Jahre alt bin, und ehrlich gesagt, es ist das, was ich am besten kann. Prägend für den Weg von der Berufung zum Beruf war für mich sicherlich die Tour mit meinen engsten Freunden vor 24 Jahren: In 33 Tagen 26 Länder auf drei Kontinenten zu erfliegen, das brachte uns den Eintrag ins Guinness-Buch der Rekorde. Gemeinsam haben wir die Flugschule Hamburg aufgebaut, in der wir auch den eigenen Pilotennachwuchs für Air Hamburg ausbilden. Unsere Airline ist inzwischen auf 25 Flugzeuge angewachsen mit über 300 Mitarbeitern am Boden und in der Luft.

Sie alle sehen ihre Perspektive in der Luftfahrt und leben ihre Berufung. Ob als berufliche Perspektive oder als aktiver Privatpilot in der Freizeit, es gibt nichts Schöneres, als die Welt von oben zu sehen. In diesem Sinne kann ich nur jedem empfehlen, doch mal selbst in die Luft zu gehen.

Ihr Floris Helmers,
Managing Director Air Hamburg

Weil ein Menschheitstraum in Erfüllung geht

Fliegen: der Traum von der unendlichen Freiheit am Himmel. Für die Menschen vor 100 Jahren: eine Weltneuheit. Heute: für viele selbstverständlich. Vor 200 Jahren: unvorstellbar! Auch wenn uns die Legende von Ikarus zeigt, dass wir schon seit vielen Tausend Jahren vom Fliegen träumen, gelang der erste motorisierte Flug doch erst 1903. Nur etwas über 100 Jahre später hat Fliegen die Welt verändert. Hat sie kleiner gemacht, erreichbarer. Ein Urlaub auf der anderen Seite der Erde, ein Städtetrip in ein Nachbarland oder nur ein kurzer Blick auf das eigene Hausdach. Alles nur einen Flug entfernt.

Sicher hat jeder schon mal einem Flugzeug nachgeschaut. Sich gefragt, wo es hinfliegt. Sich gefragt, wie es sich wohl anfühlt, dort zu sein. Die Welt von oben zu entdecken, den Vögeln gleich mit den Wolken am Himmel zu schweben. Gebäude, Autos und Menschen auf Ameisengröße geschrumpft. Nicht an den Boden gebunden, sondern in jede Richtung frei zu sein.

Wer sich nach solchen Gedanken auf den Weg zum Flugplatz macht und dort einen Rundflug oder gar einen Schnupperflug macht, wird schnell feststellen, ob das Fliegen etwas ist, mit dem man seine Zeit verbringen möchte. Ich habe als Fluglehrer viele Schnupperflüge und erste Flugstunden gegeben, und auch wenn nicht jeder hinterher einen Flugschein machen konnte oder wollte, glaube ich doch, dass jeder, der einmal das Steuer eines Flugzeugs in der Hand hatte, mit einem anderen Gefühl in den Himmel blickt.

Und so wie ich bei jedem Schnupperflug hoffe, ein bisschen von meiner eigenen Freude, meinen eigenen Gefühlen weiterzugeben, hoffe ich nun, dass die nächsten Seiten, wie ein erster Flug, zum Träumen, Erinnern und Schmunzeln anregen. Den ein oder anderen motivieren, vielleicht doch einmal die Fahrt zum Flugplatz anzutreten. Jemand anderem neue Ideen geben, welche Ziele noch angeflogen werden können, oder einfach nur die Zeit bis zum nächsten »fliegbaren« Tag vertreiben und daran erinnern, dass der Traum vom Fliegen schon am nächsten Flugplatz zum Greifen nahe ist. *(F)*

1. Kapitel

Flugvorbereitung

Weil es Back- und Steuerbord nicht nur auf See gibt

In der Fliegerei ist es wie bei jeder anderen Tätigkeit auch, es gibt eine ganze Menge an Begrifflichkeiten, mit denen der nicht »Eingeweihte« wenig anfangen kann. Beim Fliegen kommen viele dieser Begriffe aus der Seefahrt und wenn es um Motorflug geht aus Amerika, also dem Englischen. Im Bereich des Segelfliegens ist Deutsch etwas verbreiteter. Um mit dem Fliegen zu beginnen, muss aber niemand vorab ein Wörterbuch auswendig lernen. Die wichtigsten Begriffe haben wir hier kurz zusammengefasst, und auch später im Buch lassen wir bei Unklarheiten Erklärungen in Klammern einfließen.

Backbord kommt klassisch aus der Seefahrt und kennzeichnet die in Flugrichtung gesehen linke Seite des Flugzeugs, wohingegen **Steuerbord** die rechte Seite des Flugzeugs beschreibt. Es gibt verschiedene Eselsbrücken für die beiden Begriffe, die bekannteste ist wohl: Steuerbord hat mehr »R« als Backbord und ist somit rechts.

FIS steht für Flight Information Service, also den Fluginformationsdienst. Dahinter verbirgt sich eine Frequenz, auf welcher man auf VFR-Überlandflügen (s. unten) Informationen über das Wetter, andere Luftfahrzeuge oder auch Flugplätze bekommen kann. Ein wichtiger Begleiter auf langen Flügen.

Fluginstrumente: Um das Flugzeug immer kontrollieren und sauber steuern zu können, verfügen wir über eine Reihe von Fluginstrumenten: Der **Fahrtmesser** verrät uns unsere Geschwindigkeit. Der **Höhenmesser** entsprechend unsere Höhe. Das **Variometer** zeigt an, ob wir steigen oder sinken, und der **künstliche Horizont** zeigt uns immer die Lage im Raum. Zusammen mit dem **Kurskreisel**, welcher uns ähnlich einem **Kompass** die Flugrichtung anzeigt, sind dies die sechs wichtigsten Instrumente. Werden die Flugzeuge größer und komplexer, werden sie durch eine Vielzahl weiterer Instrumente ergänzt.

Fuß (feet): In Fuß, abgekürzt ft, wird in der Luftfahrt die Höhe angegeben. Einem Fuß entsprechen dabei 30,48 cm. Ein Meter entspricht somit knapp 3 Fuß. Damit es nicht zu einfach wird, werden Entfernungen in **Nautischen Meilen** (NM) angegeben. Eine nautische Meile entspricht 1,852 km.

ICAO: Es gibt verschiedene große Luftfahrtorganisationen, und die ICAO (International Civil Aviation Organization) ist hierbei als Organisation der Vereinten Nationen eine besondere. Sie wurde 1944 als Abkommen mehrerer Staaten gegründet, und ihr gehören heute 190 Vertragsstaaten an. In Europa ist die **EASA** (European Aviation Safety Agency) für die Regelungen des Luftrechts und die Umsetzung einheitlicher Standards im Luftverkehr zuständig. Für die Umsetzung dieser Regelungen ist dann wieder die Luftfahrtbehörde des jeweiligen EU-Landes zuständig. In Deutschland ist dies das **LBA** (Luftfahrt-Bundesamt) in Braunschweig.

Luftraum (Airspace): Um in der Luft immer für Ordnung zu sorgen und klare Regeln zu schaffen, ist die Luft über uns in verschiedene Lufträume eingeteilt. Diese haben zwar keine sichtbaren Grenzen, sind jedoch auf Karten klar eingezeichnet und verraten uns so, welche Sichtweiten und Wolkenabstände wir einzuhalten haben. Manche Lufträume dürfen ohne vorherige Freigaben gar nicht beflogen werden.

Unter **Platzrunden** versteht man einen Ablauf, der aus dem Start des Flugzeugs, dem Fliegen rund um den Platz (normalerweise links herum) und erneuter Landung besteht. Hiervon werden zu Übungszwecken von Start und Landung meist mehrere geflogen. Der Kurs für diese Platzumrundung ist auf den An- und Abflugkarten der meisten Plätze eingezeichnet.

Steuerflächen: Ein Flugzeug wird gesteuert mit den **Querrudern,** diese befinden sich an den Tragflächen und steuern das

Flugzeug um die Längsachse, dem **Seitenruder**, dieses befindet sich an der senkrechten Flosse am Heck und steuert das Flugzeug um die Hochachse, sowie dem **Höhenruder**, welches sich an der waagerechten Flosse am Heck befindet und das Flugzeug um die Querachse steuert. Viele Flugzeuge haben dazu noch **Landeklappen** an den Tragflächen, welche den Auftrieb und den Widerstand erhöhen und bei Start und Landung ausgefahren werden.

VFR: Hinter der Abkürzung verbirgt sich der Begriff Visual Flight Rules, damit sind Flüge nach Sichtflugregeln unter Sichtflugbedingungen (**VMC** – Visual Meteorological Conditions) gemeint. Im Gegensatz dazu steht der Begriff **IFR** (Instrument Flight Rules), welcher Flüge nach Instrumenten (ohne Sicht nach draußen) beschreibt. Airliner fliegen immer nach IFR, als Sportpilot braucht man eine besondere weitere Berechtigung, um Flüge unter **IMC** (Instrument Meteorological Conditions, also Instrumentenflugbedingungen) durchzuführen.

Das sind für den Anfang schon mal die wichtigsten, aber keine Sorge, je mehr man sich mit dem Thema Fliegen auseinandersetzt, desto einfacher wird es, die verschiedenen Begriffe auseinanderzuhalten. *(F)*

3. Grund

Weil jeder fliegen kann

Ach, ich weiß nicht, dafür bin ich zu alt, zu jung, nicht begabt genug. Dafür verstehe ich zu wenig von Physik, Chemie, Mathematik, Technik. Das wollte ich früher mal machen. Das mache ich, wenn ich in Rente bin. Ich habe fast jede Begründung gehört, warum jemand nicht mit dem Fliegen angefangen hat, anfängt oder jemals anfangen wird. Einer der häufigsten Gründe ist dabei die Annahme, dass Fliegen als solches besonders kompliziert

18

ist und ein besonderes technisches Verständnis vorhanden sein muss. Daher möchte ich an dieser Stelle die Scheu nehmen. Fliegen ist nämlich wirklich ziemlich einfach. Alleine der Vergleich zum Autofahren: Es gibt keine Ampeln, keine Bäume, keinen Straßengraben, und anderen Verkehr gibt es auch deutlich weniger. Wenn ich beim Auto das Steuer loslasse und zehn Sekunden nichts mache, endet das im besten Falle mit Sachschaden und im schlimmsten Fall im Krankenhaus. Lasse ich im Flugzeug alles los, fliegt mein Flugzeug so lange geradeaus, bis der Tank leer ist. Zumindest wenn ich es gut ausgetrimmt habe.

Fliegen erscheint auf den ersten Blick kompliziert. Kaum einer meiner Flugschüler konnte sich bei seinem ersten Start vorstellen, wie schnell es gehen wird, bis er oder sie das erste Mal alleine, ohne Lehrer eine Platzrunde dreht. Im Schnitt sind das nämlich nur ca. acht bis 15 Flugstunden.

Das, was nämlich zu Beginn so kompliziert und Respekt einflößend erscheint, wird nach ganz kurzer Zeit Routine, und das Flugzeug, welches bisher mit einer gefühlt unglaublichen Geschwindigkeit durch die Platzrunde geflogen ist, wird auf einmal ganz langsam, weil ich genau weiß, wo ich zu welcher Zeit hingreifen muss.

Das Geheimnis an der Fliegerei ist, dass das Flugzeug ganz wunderbar von alleine fliegt. Man muss es bloß sanft dazu bringen, auch dorthin zu fliegen, wo man selber gerne hin möchte.

Und wenn einem doch mal in einer Situation alles zu viel wird, einmal tief durchatmen und folgende drei Punkte beherzigen:

Aviate --> soll heißen, flieg dein Flugzeug, egal was sonst ist. Bring das Flugzeug in einen stabilen Flugzustand und kümmere dich dann um alles Weitere.

Navigate --> fliegt das Flugzeug wieder wie gewollt geradeaus, beschäftige dich damit, wo du eigentlich hinmöchtest, z.B. raus aus dem Unwetter, aus dem Sperrgebiet oder einfach nur zu dem Fluss da am Horizont.

Communicate --> wenn alles geklärt ist, das Flugzeug dorthin fliegt, wo du hinmöchtest, dann kümmere dich um den Funk und kommuniziere mit den Leuten, die zu informieren sind.

Wer sich an diese drei Punkte hält, wird in entscheidenden Momenten grundsätzlich schon einmal Ruhe bewahren und kann so manch eine kritische Situation entschärfen.

Mein ältester Flugschüler war zu Beginn seiner Ausbildung Anfang 70. Dies ist mittlerweile knappe sechs Jahre her, und er kommt auch heute noch gerne und häufig zum Flugplatz, um eine Runde zu drehen. Die einzigen Personen, die wirklich verhindern können, dass du fliegen lernen kannst, sind der Fliegerarzt (mit manchen Erkrankungen ist alleine Fliegen leider einfach nicht möglich) und du selbst.

Jede Flugschule in Deutschland bietet Schnupper- und Kennenlernflüge an, auf so manchem Flugtag bietet sich die Gelegenheit, mal ein Runde mitzukommen. Nutze die Gelegenheit und probiere es aus. Man bereut immer nur, was man nicht getan hat, nie das, was am Ende vielleicht nicht geklappt hat. *(F)*

4. Grund

Weil es immer einen Grund gibt

Warum fliegen wir? Den Traum vom Fliegen gibt es fast so lange, wie es die Menschheit gibt. Fliegen symbolisiert Freiheit. Wer schaut nicht gerne hoch zu den Schwalben am Himmel, beobachtet das elegante Kreisen von Greifvögeln, die stundenlang ohne einen einzigen Flügelschlag hoch oben in der Luft bleiben können. Und träumt einen Moment lang davon, frei wie sie durch die Luft zu gleiten. Ich denke auch an die Sage von Dädalus und Ikarus, die mit ihren selbst gebauten Flügeln der Sonne entgegengeflogen sind. Leider hat es Ikarus übertrieben und ist – den Warnungen seines Vaters zum Trotz – zu hoch aufgestiegen. Das Wachs, das die Federn zusammengehalten hat, ist durch die Sonnenwärme geschmolzen. Vorbei war es mit der vogelgleichen Fliegerei. Abgestürzt ist der Wagemutige. Er hatte nicht genug bekommen können, Fliegen macht eben manchmal auch zu (sehn)süchtig.

Ich habe zwar noch nicht von Selbsthilfegruppen für flugabhängige Piloten gehört, aber eine solche Gruppe dürfte sich, insbesondere auf Initiative betroffener Angehöriger und Freunde, rasch mit Teilnehmern füllen. Die Fliegerei kann recht viel Raum und Zeit einnehmen. Ich kenne einen Sportpiloten, der hat sich sogar seine Wohnung in einem Flugzeughangar eingerichtet, also einer Flugzeuggarage. So kann er bereits beim Frühstück durch eine große Fensterscheibe in die Halle auf seine Maschinen blicken und wenn das Wetter passt, sofort eine Runde fliegen. Prominentes Beispiel für einen Flugverrückten ist der amerikanische Schauspieler John Travolta, der sogar eine Verkehrspilotenlizenz besitzt und direkt neben der Start- und Landebahn seines Anwesens in Florida lebt. Ein Flugzeug ist auf eine Art das Pferd des modernen Mannes. Während man in den Reitställen sicherlich zu 90 % Frauen antrifft, die sich hingebungsvoll ihren Pferden widmen, dürfte dies in etwa die Männerquote in der Fliegerei sein. Ich hätte mir jedenfalls nicht träumen lassen, dass ich der Fliegerei so verfallen würde. Hatte ich doch lange Jahre große Flugangst. Zwar bin ich von Jugend an gerne und viel gereist, doch die Flüge in die weiter entfernten Länder waren eher das notwendige Übel, um dort hinzukommen. Ganz vorbei war es mit meinem Vertrauen in Flugzeuge nach einem stürmischen Flug im Grand Canyon vor etlichen Jahren. Einige der Passagiere, die vor uns zurückkamen mit der Propellermaschine für den Rundflug, sahen beim Aussteigen leicht grünlich im Gesicht aus. Das hätte mir eine deutliche Warnung sein sollen. Aber ich wollte unbedingt den Grand Canyon von oben sehen. Los ging es, und bei den ersten starken Auf- und Abwärtsbewegungen der

Maschine war es mit meinem Mut vorbei. Ich krallte mich fest in den Vordersitz, wimmerte angstvoll vor mich hin und erwartete mein Ende. Die mitreisenden Passagiere gingen davon aus, dass ich luftkrank geworden war. Nein, mir war nicht übel geworden, ich war fest davon überzeugt, dass wir den Flug aufgrund der starken Turbulenzen nicht überleben würden. Ich sah uns bereits in den Canyon stürzen, innerlich war ich dabei, mich mit großem Bedauern vom irdischen Dasein zu verabschieden, es gab ja noch viele Pläne und unerfüllte Wünsche.

Die Flugangst hatte mich danach leider lange Zeit fest im Griff. Auf Langstreckenflügen musste ich jedes Mal angestrengt aufmerksam Wache halten. Jede Bewegung und sich verändernde Geräusche der Triebwerke des Fliegers wurden angstvoll verfolgt. Nach einigen Stunden konzentrierten Wachens bin ich dann regelmäßig doch erschöpft eingeschlafen. Mein inständigster Wunsch war, dass sich ein möglicher Absturz doch bitte erst während des Rückfluges ereignet, damit ich vorher wenigstens noch die geplante Reise erleben kann.

Damals hätte ich mir niemals träumen lassen, dass mich das Auf und Ab in der Luft sehr glücklich machen würde. Es sollten jedoch noch einige Jahre vergehen von der Überwindung der Flugangst bis hin zur begeisterten Freizeitpilotin.

Der Wunsch, selber zu fliegen, ist entstanden beim Überflug der wohl spektakulärsten Bergkulisse der Welt, des Himalaya-Hochgebirges. Auf dem Weg von New Delhi nach Paro, dem einzigen internationalen Flughafen des Königreichs Bhutan, konnte ich im Cockpit eines Airbus A 319 auf dem Jumpseat, also hinter den Piloten sitzend, mitfliegen. Auch beim Überflug wirken die fast 9.000 Meter hohen Bergketten des Himalayas gewaltig.

Vollends in den Bann gezogen hat mich dann der unglaublich spektakuläre Anflug auf Paro, Bhutan. Dieser Anflug gilt als einer der schwersten Anflüge der Welt. Das Flugzeug schraubte sich in das enge Tal zur Landebahn hinunter, umgeben von

5.000 – 6.000 Meter hohen Bergen, der Platz selber liegt auf 2.400 Meter. Gefühlt nur wenige Meter über einem Häuschen am Fuße eines Hügels geht es in den Endanflug auf die Landepiste. Der deutsche Kapitän verriet uns nach erfolgreicher Landung, dass er das ganze erste Jahr bei Drukair nach jeder Landung schweißgebadet gewesen sei, Adrenalin pur. Was sich so elegant und fast schwerelos anfühlte, war harte Arbeit. Fasziniert hat mich die Mischung aus technischer Beherrschung, den strukturierten Abläufen, der unvergleichlichen Sicht auf die Bergketten rund um den Mount Everest, dem Beherrschen der Luft. Da ist er entstanden auf diesem Flug, der Wunsch, selber fliegen zu lernen. Von Anfang an war mir klar, dass es ein Hobby bleiben sollte. Zum einen lag die Zeit der Berufssuche definitiv hinter mir, und ich lasse mich auch lieber per Airline zu meinem Job fliegen, wenn es erforderlich ist. Pilot zu sein ist immer noch für viele ein echter Traumberuf, für den sie bereit sind, großen Einsatz zu bringen, bis hin zur Verschuldung für die Ausbildung. Manuelles Fliegen ist eher Nebensache, das richtige Bedienen komplexer Computer- und Steuerungssysteme ist ein Schwerpunkt in der Verkehrsfliegerei. Davon ist die Privatfliegerei weit entfernt, hier fliege ich selber und entscheide, wann, mit wem und wohin ich fliege.

Immer einen Grund zu finden, damit ich fliegen gehen kann, hat durchaus Züge einer gewissen Abhängigkeit. Das ist so ähnlich wie in der Kindheit, wenn es darum ging, Ausreden und Gründe zu finden, um häusliche Plichten zu umgehen und Aufräumarbeiten zu verschieben.

Vielen Pilotenfreunden geht es ähnlich mit ihrer Sehnsucht nach Zeit in der Luft. Sie können nicht lange ohne sein. Fliegen entfaltet also eine unmittelbare Abhängigkeit, und so hat fast jeder Pilot sofort zwingende Gründe parat, warum er gerade heute, morgen und auch übermorgen fliegen möchte. Erstaunlicherweise befällt diese Sucht auch Piloten, die auf einem hohen

Gebäude Höhenangst haben. Einer meiner Bekannten war zu Beginn seiner Pilotenkarriere fast nach jeder Flugstunde ernsthaft luftkrank, was sich ähnlich grässlich anfühlen soll wie seekrank sein. Er hat durchgehalten und ist dabeigeblieben. Beim Fliegen gehört einem jeder Augenblick, man ist absolut im Hier und Jetzt. Und davon kann man – einmal infiziert – nicht genug bekommen. *(S)*

Weil es nur eine Zeit gibt

Alle Jahre wieder, besser gesagt zweimal jährlich, findet es statt, das Verwirrspiel um die Zeitumstellung und die Diskussionen darüber, ob die Sommerzeit besser abgeschafft werden sollte. Wie war das noch? Werden bei der Umstellung auf die Sommerzeit die Uhren vor- oder zurückgestellt? In der Fliegerei ist es hingegen recht einfach, es gibt nur eine gültige Zeit, die auf der ganzen Welt gleich ist.

Flugzeit ist Zulu-Zeit, von Piloten kurz Zulu oder auch UTC genannt, gesprochen »Ju Ti Tsi«. Dahinter verbirgt sich die koordinierte Weltzeit, kurz UTC (Universal Time Coordinated). Ausgehend von der mittleren Sonnenzeit am Nullmeridian (Längengrad) in Greenwich, einem Stadtteil von London, Großbritannien, wurde diese in Abstimmung mit der Atomzeit festgelegt. Die Atomzeit bestimmt, mit welcher Geschwindigkeit unsere Uhren ticken, also letztlich wie lange eine Sekunde dauert. Übersetzt bedeutet das, dass es für jede Zeitzone eine Festlegung gibt, wie sich die UTC zur Ortszeit verhält. Ähnlich wie bei einem festgelegten Wechselkurs zwischen zwei Währungen.

Damit leben und bewegen sich Piloten also fast immer in zwei Zeitzonen. Die Flugbücher werden immer in der Zulu-Zeit geführt. Wenn ich in den USA an der Ostküste fliege um 17 Uhr lokaler Zeit in Florida, dann ist es 12 Uhr UTC, überall auf der Welt. Wie fühlt sich das praktisch an?

Wir sind mit sechs Piloten verteilt auf zwei Cessnas 172 entlang der Küste der Normandie unterwegs. Unter uns liegen die historischen Stätten der großen Schlachten des Zweiten Weltkrieges. Hell leuchten die Kreidefelsen der Küste in der Sonne, unterbrochen von kleinen Sandbuchten, es lockt das saftige Grün des hügeligen Hinterlandes zum Verweilen. An den Stränden, die hier Utah Beach, Gold Beach oder Omaha Beach heißen, haben zum Ende des Zweiten Weltkrieges viele Tausend Soldaten ihr Leben gelassen. Die großen Bunkeranlagen und imposanten Betonbarrikaden legen eindrucksvoll Zeugnis ab von der Landung der alliierten Truppen vor mehr als 70 Jahren.

Wir steuern die Kanalinsel Jersey an, im südwestlichen Teil des Ärmelkanals gelegen, autonomer Kronbesitz des Vereinigten Königreiches mit dem Jersey Pfund als eigener Währung. Verwöhnt ist die Region von einem mediterranen Klima, das Beste aus der britischen und französischen Kultur vereinend. Jersey ist seit Langem ein Sehnsuchtsziel von mir, und selber von Uetersen bei Hamburg dorthin fliegen zu können ist großartig. Die Sichten übers offene Meer hinaus sind ausgezeichnet, bereits beim Überfliegen der französischen Küste sehen wir die Insel im Atlantik liegen. Beim Anflug auf den Flughafen bin ich fasziniert von den riesigen Stränden unter uns. Sie sind das Ergebnis des ausgeprägten Tidenhubs von bis zu 14 Metern. Bei Flut sind die riesigen Sandflächen fast vollständig mit Wasser bedeckt. Nicht nur die Strände vergrößern sich bei Ebbe, auch die Zeit wird mehr. Wir gewinnen eine Stunde Lokalzeit, die Uhren gehen hier anders. Das betrifft jedoch nur die Ortszeit, die Zulu-Zeit ist die gleiche wie auf dem Festland. Da sind sie wieder, die beiden Zeitzonen, in denen man sich gleichzeitig bewegt. Dafür kostet der Rückflug eine Stunde mehr, obwohl die UTC-Zeit überall gleich ist. Das ist wichtig zu wissen für die Planung der rechtzeitigen Landung in Deutschland. Wir sind ja als Sichtflieger unterwegs, da schließen spätestens mit dem Sonnenuntergang die meisten kleinen Flugplätze in Deutschland. Also gilt es unbedingt, die Zeiten im Auge zu behalten. Viele Piloten tragen Uhren, die nur die Zulu-Zeit anzeigen. Bei Verabredungen mit Piloten gilt es also besser vorher zu klären, in welcher Zeitzone man sich trifft, damit es mit dem Treffen auch klappt. *(S)*

6. Grund

Weil es tolle Pilotinnen gibt

Frauen im Cockpit sind nach wie vor eine Minderheit. Der Anteil der Pilotinnen beträgt deutlich unter zehn Prozent, unabhängig ob Privat- oder Berufsfliegerei. Das ist mir nicht so bewusst gewesen, als ich anfing, die Ausbildung zu machen. Kurzum, man ist sehr willkommen als Frau unter Piloten, bewegt sich jedoch eher in einer Männerwelt.

Die Fliegerei war von jeher eher eine Männerdomäne, unabhängig davon, ob es als Hobby oder kommerziell betrieben wurde. Im Grunde ist es so bis heute geblieben. Zu Beginn des Ersten Weltkriegs gab es in Amerika und Europa nur rund 60 Pilotinnen. Ihnen war die Symbolkraft ihres Tuns durchaus bewusst in einer Zeit, in der für Frauen bereits das Fahrradfahren als anstößig galt.

Bescheiden und zurückhaltend waren sie nicht und durften sie auch nicht sein, um sich erfolgreich gegen die Widerstände durchzusetzen, jene ersten tollkühnen Pilotinnen. Im Jahr 1929 gründeten vier der berühmtesten Pilotinnen die Vereinigung »Ninety-Nines« (99s) mit Amelia Earhart als Präsidentin. Ziel war und ist es, die Interessen von Pilotinnen zu fördern und zu unterstützen. Inzwischen sind die 99s in fast allen Ländern der

Welt vertreten und seit den 70er-Jahren auch in Deutschland aktiv.

»Eher wird eine Frau Boxweltmeister im Schwergewicht als Kapitän bei der Deutschen Lufthansa« – dieses Zitat aus den 1960er-Jahren von einem ehemaligen Leiter der Lufthansa Verkehrsfliegerschule zeigt die Einstellung in der von Männern dominierten Luftfahrt –, natürlich fliegen die Männer und Frauen bedienen im Flugzeug.

Inzwischen gibt es Frauen im Schwergewichtsboxen und seit über 30 Jahren auch Pilotinnen bei der Lufthansa. Pilotinnen sind heute respektiert, bei allen großen Fluggesellschaften zu finden und seit 2008 auch bei der Bundesluftwaffe im Einsatz.

Viele der Luftfahrtpionierinnen haben im Laufe der letzten 100 Jahre Luftfahrtgeschichte geschrieben. Ich habe inspiriert und begeistert die Biografie von Amelia Earhart gelesen, die vor ihrem Verschwinden im Pazifik 1937 auf ihrer Weltumrundung einige beeindruckende Alleinflüge gemacht hat. Beispielsweise an ihre Überquerung des Pazifiks als erster Mensch überhaupt von Honolulu (Hawaii) nach Kalifornien im Jahre 1935.

Oder die deutsche Pilotin Hanna Reitsch (1912–1979), die als Weltklassepilotin mehr als 40 Rekorde aller Flugzeugklassen und -typen hielt und eine der ersten Flugkapitäninnen war. Beeindruckend auch das fliegerische Leben von Beate Uhse (1919–2001), die als Sport- und Stuntpilotin bekannt war und bis ins hohe Alter selber geflogen ist. Und natürlich Elly Beinhorn, die als erste Pilotin 1936 von London aus den Atlantik nach Kanada überquerte, was wegen der starken Gegenwinde in dieser Richtung eine herausragende Leistung gewesen ist. Um nur einige wenige der Pionierinnen zu nennen, die die Luftfahrtgeschichte mitgeschrieben haben gegen alle Widerstände.

Wie fühlt es sich an, als Privatpilotin unterwegs zu sein? Ich habe zu Beginn meiner Sportfliegerei nicht groß darüber nachgedacht, ob es viele Pilotinnen gibt oder nicht. Ich war mir einfach sicher nach den ersten wackligen Testflügen in Spanien unter Anleitung eines Fluglehrers, dass Fliegen für mich zu einer großen Leidenschaft werden wird. Dieses Gefühl von Freiheit und Glück in der Luft zu spüren hat mich vom ersten Moment an fasziniert und in seinen Bann gezogen.

In meinem Pilotenfreundeskreis bin ich die einzige fliegende Frau, was durchaus Vorteile hat. Ich kann mich auf die Unterstützung und Hilfe der Piloten verlassen, beispielsweise wenn es gilt, den Flieger aus dem Hangar zu ziehen. Die zweite Privatpilotin unserer Gruppe hat sich vor einigen Jahren für eine Karriere als Flugbegleiterin bei Emirates Airlines entschieden und ist deshalb nach Dubai übergesiedelt. Im hiesigen Aeroclub, in dem ich aktiv bin, gibt es genau noch eine andere Frau unter den fast 50 aktiven Piloten, die einen Pilotenschein besitzt. Diejenigen Frauen jedoch, die sich für die Fliegerei entscheiden und ihre Lizenz machen, sind oftmals leidenschaftlich dabei, wissen sich die Freiräume dafür zu verschaffen und sich durchzusetzen.

Zum Glück muss heutzutage keine Pilotin mehr mit so vielen Hindernissen kämpfen wie vor 100 Jahren. Es gab Verbote, kommerziell zu fliegen, und große moralische Bedenken, wenn eine Pilotin Hosen zum Fliegen bevorzugte oder gar das Korsett ablegte. Chronischer Geldmangel zur Finanzierung weiterer Touren war auch ein wiederkehrendes Hindernis. Also, auf geht's, als Leserin dieses Buches möchte ich Sie gerne motivieren, doch mal mit einem sogenannten Schnupperflug auszuprobieren, wie es sich so da oben anfühlt. Das gilt natürlich auch für die männlichen Leser … *(S)*

7. Grund

Weil es eine eigene Sprache gibt

Fliegen heißt auch Funken, mit den Lotsen des Fluginformationsdienstes (Flight Information Service), mit den Controllern an Verkehrsflughäfen oder auch mit den Radarlotsen der Flugsicherung. Mein Fluglehrer behauptet, das Funken sei wie Telefonieren, also ganz einfach. Das empfinde ich anders, ich verstehe anfangs nur Bahnhof, als ich über mein Headset die rasch gesprochenen Worte des Towerlotsen vom Flughafen Hamburg höre: »*Delta Echo India Echo Alpha, fly a tri-sixty and turn left downwind runway tree zero. Cleared to land runway tree zero.*« Da ist rasche Übersetzungsarbeit des Ausbilders erforderlich, um die Anweisungen des Lotsen zu verstehen und befolgen zu können. Achtung, wir sind gemeint! Bitte fliege eine 360-Grad-Kurve, das ist ein Vollkreis, dann darfst du links weiterfliegen in den Gegenanflug der Piste 30, und du hast bereits die Genehmigung zu landen. Das alles soll ich dann genau so am Funk wiederholen, wir sagen »zurücklesen«. Damit bestätige ich dem Lotsen, dass ich seine Anweisungen verstanden habe. Die Hälfte des Gehörten habe ich bereits vergessen, kann meine hastig mitgeschriebenen Stichworte auf dem Kniebrett nicht mehr alle entziffern. Doch das fortlaufende Sprechtraining bringt schnell erste Erfolgserlebnisse. Der Trick ist, nicht über das Gehörte nachzudenken, sondern es wie gehört zu wiederholen. Es dauert nicht lange, da spreche und verstehe ich die Pilotensprache mit etwas Luft nach oben. Ohne großes Pauken und ohne Grammatikstress stellen sich so neue Sprachkenntnisse ein, die auch international einsetzbar sind.

Auch sprachlich nicht so Begabte haben so binnen kurzer Zeit erste Erfolgserlebnisse. Die Flieger- oder auch Pilotensprache umfasst eine große Bandbreite an kurzen Begriffen sowie Beschreibungen (sog. Sprechgruppen), Codes und Formulierungen, die Piloten und andere in der Luftfahrt Tätige zur gemeinsamen Verständigung nutzen. So funktioniert die Kommunikation auf den Punkt gebracht ohne Zweideutigkeiten und ohne Zeit zu verlieren mit langen Erklärungen und Erläuterungen.

Nicht zu verwechseln mit dem auch verbreiteten Fliegerlatein. Dahinter stecken ähnlich dem Jägerlatein oder Seemannsgarn mehr oder weniger unterhaltsame Geschichten, die von Piloten gerne in geselliger Runde zum Besten gegeben werden. Oft geht es um Flugmanöver mit heldenhaften Zügen bei starkem Wind, Rettungen bei Funk- und Elektronikausfall im Flieger oder auch um Notlandungen nach Motorenausfall und Flügen durch schwere Unwetter, die den Flughelden im Piloten fordern.

In der Flieger- oder Pilotensprache haben Übertreibungen und Halbwahrheiten keinen Platz und wären sogar gefährlich. Das Herzstück bildet das Nato-Alphabet. Beim Anrufen des zuständigen Kontrolllotsen gebe ich zuerst die Kennung der von mir geflogenen Maschine an: Hamburg Tower, D-EIEA (Delta-Echo India Echo Alpha). Jede Maschine hat ein eigenes unverwechselbares Kennzeichen wie ein Auto. Das D wie Delta steht dabei für Deutschland, bei dänischen Maschinen ist beispielsweise OY, gesprochen Oskar Yankee, die Kennung fürs Land. Dann folgt bei den kleinen, einmotorigen Maschinen ein E wie Echo, d.h. diese Maschinen haben nur einen Motor und nur einen Propeller sowie ein maximales Abfluggewicht (bis 2 Tonnen, 2.000 kg), auch als Echoklasse – sprich Ecko wie Gecko – bezeichnet. Auch meine Cessna ist eine Echoklasse. Der Fluglotse an einem Verkehrsflughafen weiß so bereits mit meiner ersten Meldung anhand der Kennung, was ich fliege, und kann einschätzen, wie schnell ich etwa fliegen kann. Anfangs kann ich mir die Bezeichnungen für die Fliegerbuchstaben nicht merken, oder sie fallen mir nicht ein, wenn ich mich melden soll: Mike für M oder war es Motel oder Mut? Das führt zu einer Rüge des Lotsen. Inzwischen denke und spreche ich automatisch in den Fliegerbuchstaben auch beim

Buchstabieren im Alltag. In der Pilotensprache wimmelt es von Fachbegriffen und Bezeichnungen wie Buffeting, Flaren, Taxiway, Stall und Grounden, die ich nach und nach lerne zu verstehen und die neben den Sprechgruppen des Funkens wichtig sind für die effiziente Verständigung. Wie bei den jeweiligen Landessprachen gibt es weltweit abhängig vom Land Besonderheiten in der Funk- und Pilotensprache, quasi die landestypischen Dialekte. Der Amerikaner funkt eben anders als der Deutsche. Und bei den Italienern wird am Funk nach meiner Erfahrung auch gerne mal etwas länger geplaudert, die Franzosen tun sich häufig etwas schwer mit dem Englisch. Geduldiges Einhören hilft, und im Zweifelsfall gibt es eine Phrase, die immer hilft: »Say again please.« Bitte das Gesagte wiederholen. *(S)*

8. Grund

Weil aus Träumen Wirklichkeit werden kann

Gastkapitel von Peer Köllmann,
Pilot und Fluglehrer

Schon als kleines Kind habe ich vom Fliegen geträumt, den weißen Streifen am hellblauen Himmel hinterhergeschaut an deren Ende eine in der Sonne silbrig glänzende Spitze zu erkennen war, Kondensstreifen, die in die Ferne führten.

Ein vorläufiges Ende dieser Träume brachte die Behauptung meiner Eltern, dass eine Brille und Füllungen in den Zähnen für Piloten DEFINITIV unmöglich wären.

Gerade noch rechtzeitig, bevor mein Berufsleben in eine ganz andere Richtung gehen konnte, geschahen zwei Dinge: Ich bekam die Einberufung zum Wehrdienst, und etwa zeitgleich lief *Top Gun* in den Kinos an. Die durch den Film wiederentfachte Begeisterung für meinen Kindheitstraum traf auf die Werbung der Offiziere unter uns Wehrpflichtigen, Laufbahnen bei der Bundeswehr einzuschlagen. Die Antwort auf die für mich alles entscheidende Frage »Kann man denn mit Brille und Füllungen in den Zähnen Jetpilot werden???« lautete: »Selbstverständlich, warum denn nicht?« Ich gab also eine Bewerbung ab und habe nichts, was danach kam, je bereut.

Das Auswahlverfahren ist lang und hart, viele kleine und größere Hürden waren zu überwinden. In verschiedenen Ausbildungsstufen kam ich meinem Ziel immer näher, irgendwann war es so weit, ich saß im Cockpit eines Tornados.

Nichts auf dieser Welt ist vergleichbar mit der Beschleunigung, die ein Nachbrenner generiert, mit der Wucht, mit der man mit dem mehrfachen Lastvielfachen in engen Kurven im Tiefflug oder Luftkampf in den Sitz gedrückt wird, mit der Geschwindigkeit, mit der beim Tiefflug in 1.000, 500 oder nur 100 Fuß Höhe die Landschaft vorbeiflitzt. Pures Adrenalin vom Start bis zur Landung, dabei zu funktionieren und den jeweiligen Auftrag auszuführen gelingt nur mit täglichem harten Training. Über zu wenige Flugstunden kann ich mich persönlich nicht beklagen, etwa 200 im Jahr (ca. 2.500 in 13 Jahren) sind es schließlich geworden. Highlights waren Tiefflüge, die wegen der Fluglärmdiskussion hierzulande in Kanada oder Südafrika stattfanden, große Übungen mit NATO-Partnern im multinationalen Rahmen und eben auch Einsätze in Bosnien, Kosovo und Afghanistan.

Die Zeit bei der Luftwaffe ist sehr begrenzt, das »Ablaufdatum« für Kampfjetbesatzungen ist der 41. Geburtstag. Fliegerärzte haben herausgefunden, dass die Reaktionsgeschwindigkeit ab diesem Alter nachlässt und man den Belastungen der »Formel 1« unter den Flugzeugen nicht mehr gerecht wird. Um weiter in der Luftfahrt tätig sein zu können, heißt es also erneut pauken und zivile Pilotenlizenzen erwerben.

Bei einem großen norddeutschen Anbieter für Businessjets bekam ich die Gelegenheit, meiner Leidenschaft weiter zu frönen. Man könnte diese Art des Fliegens am ehesten mit Taxi-fahren vergleichen, Flüge ganz nach Kundenwunsch. Nichts folgt einem starren Zeitplan, Flexibilität ist das, was es interessant macht. Von wo nach wo geflogen wird und zu welcher Zeit, legt der Passagier fest.

Kreuz und quer durch Europa zu fliegen und häufig erst wenige Stunden vor dem Abflug zu erfahren, wohin es an dem Tag geht, morgens aufzuwachen und noch lange nicht zu wissen, wo das Bett für den kommenden Abend steht, welche meist interessan-ten, häufig prominenten Leute unsere Dienste in Anspruch neh-men werden, macht einen ganz besonderen Reiz aus, der niemals Routine aufkommen lässt.

Und was macht jemand, der sein Leben der Fliegerei verschrie-ben hat, in seiner Freizeit? Fliegen natürlich …

Neben der Tätigkeit im Businessjet findet man mich an den Wochenenden häufig in einer Flugschule in der Nähe von Ham-burg, wo ich meine Begeisterung für Flugzeuge und die Erfahrun-gen aus gut 25 Jahren in diesem Beruf als Lehrer an angehende Piloten weitergebe.

Ich bin dankbar dafür, dass mein persönlicher Traum wahr geworden ist, ich ihn leben konnte und kann.

9. Grund

Weil man Good Airmanship *auch im Alltag gut gebrauchen kann*

Kurz nach Beginn der Ausbildung zur Privatpilotin höre und lese ich den Begriff *Good Airmanship* zum ersten Mal. Jeder Pilot soll-te es haben und einsetzen. Um was genau handelt es sich dabei? Irgendeine geheimnisvolle Fähigkeit, die ein Pilot bereits besitzt oder entwickelt, wenn er fliegt, und die ihm in allen Lebenslagen hilft? In der ausführlichen Übersetzung und Beschreibung dazu finde ich Folgendes: »Ein guter Pilot nutzt sein gutes Urteilsvermögen und seine gut entwickelten Fähigkeiten, Kenntnisse und Einstellungen, um Flugziele zu erreichen.« Oder auch anders ausgedrückt, er nutzt es, um möglichst alle Situationen zu vermeiden, in denen er dieses Können einsetzen müsste. Also kurzum: Es kombiniert eine Problemlösung mit guter Kommunikation und sicherer Flugzeugführung.

Ein sehr anschauliches Beispiel für gute *Airmanship* ist die geglückte Notwasserung eines Airbus A320 auf dem Hudson River im Jahre 2009. Nach einem kompletten Ausfall beider Triebwerke durch Vogelschlag war in nur 1.000 Meter Höhe zwischen New York und New Jersey die richtige Entscheidung für das Leben aller Passagiere und der Crew zu treffen. Kapitän Chesley B. Sullenberger (Sully) hat in den drei Minuten verbleibenden Sinkflugs nach dem Ausfall in Koordination mit dem Kopiloten und der Crew das einzig Richtige getan mit der Notlandung auf dem Fluss, alle Beteiligten haben weitestgehend unverletzt wie durch ein Wunder überlebt. Der Kapitän war aufgrund seiner Erfahrung und seines Trainings in der Lage, die Situation richtig zu meistern.

So spektakulär geht es bei der Praktizierung meiner eigenen *Good Airmanship* nicht zu. Die Entscheidung für eine Notlandung habe ich zum Glück bislang nicht treffen müssen und hoffe, dass das auch so bleibt.

Allerdings ist auch eine Entscheidung für das Durchstarten bei einem nicht passenden Landeanflug oder missglückten Landeversuch durchaus etwas, wo eine klare Abwägung und gute Kommunikation sehr wichtig sind. Insbesondere, wenn ich mit Nichtpiloten unterwegs bin, gilt es gut zu erklären, warum ich durchstarte und eine erneute Runde zur Landebahn fliege. Es passiert auch sehr erfahrenen Piloten, dass sie kurz vorm Aufsetzen auf der Landebahn noch zu schnell sind, der Wind mit unerwarteten Böen den Flieger destabilisiert oder man einfach noch zu hoch ist für eine sichere Landung. Da in diesem Zustand meistens die Landeklappen voll ausgefahren sind und das Gas auf Leerlauf steht, sind binnen weniger Sekunden wichtige Entscheidungen zu treffen für einen sogenannten Go-Around und diese zu kommunizieren. Ein Durchstartmanöver ist nicht sehr schwierig oder gar gefährlich. Es erfordert eine klare Entscheidung und konsequentes Handeln – *Good Airmanship* –, damit das Flugzeug aus der Landekonfiguration zügig und sicher in den Steigflug geht. Es gilt also beim Durchstarten keine halben Sachen zu machen. Nach der Ankündigung »Go-Around« oder »Starte durch« sind die erforderlichen Handgriffe abzuarbeiten, um das Flugzeug wieder in den Start- und Flugzustand zu bringen. Erstes Ziel ist es, sicher an Geschwindigkeit und Höhe zu gewinnen. Dann folgt die Kommunikation an den Flugplatz und die Mitflieger. Im Zweifelsfall gilt es, lieber eine Runde mehr zu fliegen als womöglich am Ende einer Landebahn in die Büsche zu rollen. Auch hier gibt es einige gute Entscheidungshilfen für Piloten. Bin ich beispielsweise bei den Halbbahnmarkierungen einer Landebahn mit dem Fahrwerk des Fliegers noch nicht am Boden, dann wird die verbleibende Strecke wahrscheinlich nicht ausreichen, um zum Halten zu kommen. Die Bremsen eines Kleinflugzeugs sind da nicht vergleichbar mit denen eines Kleinwagens. Im Flugzeug entfalten sie eine gewisse Bremswirkung beim Betätigen der Fußpedale, helfen jedoch eher, den Flieger auf einer Spur zu halten, als ihn zum Stehen zu bringen.

Die Fähigkeiten zur überlegten und vorausschauenden Problemlösung, die ich beim Fliegen durchaus immer wieder trainiere, ist auch für Entscheidungen und die Kommunikation im Alltag anwendbar und nützlich. Es gibt inzwischen eine Reihe von Motivations- und Managementtrainern, die es verstehen, die Gesetzmäßigkeiten einer *Good Airmanship* bei ihren Teilnehmern in *Good Leadership* zu übersetzen. Für mich ein gut erlebbarer und zugänglicher Ansatz, um die Herausforderungen im Alltag mit guter Kommunikation zu meistern. *(S)*

Weil es für jeden Geschmack ein eigenes Flugzeug gibt

Ein Besuch beim nächstgelegenen Sportflugplatz bietet zumeist nur einen kleinen Einblick in die schier unendliche Zahl an unterschiedlichen Flugzeugmustern. Zumeist sind die üblichen Varianten wie die Cessna 172 oder die Piper PA-28 anzutreffen. Inzwischen auch immer wieder mal ein Ultraleichtflugzeug, und im Hangar des Segelflugvereins wird vermutlich eine ASK 21 hängen. Andere Muster sind eher seltener zu finden oder stehen gut versteckt in den Hallen.

Dies liegt natürlich zuallererst daran, dass die eben genannten Maschinen sich hervorragend zur Schulung eignen, relativ allround-tauglich sind und eben auch in großer Stückzahl gefertigt wurden und zum Teil noch immer werden. Nehmen wir zum Beispiel die allgegenwärtige Cessna 172. Sie wird mit einer kurzen Unterbrechung seit 1955 gebaut, dabei hat sich zwar die Form ein bisschen gewandelt und sie ist moderner geworden, die Grundidee und der zugrunde liegende Aufbau sind jedoch gleich geblieben. Bei über 44.000 gebauten Maschinen ist es kein Wunder, dass sie auf so gut wie jedem Flugplatz der Welt anzutreffen ist. Sie eignen sich hervorragend zur Schulung, sind vergleichsweise einfach zu fliegen und nahezu unverwüstlich. Somit sind sie, genauso wie die PA-28 Familie, die perfekte Wahl für alle Piloten, die einfach hin und wieder mal gemütlich einen Ausflug machen wollen und denen es reicht, entspannt von A nach B zu kommen.

Soll das Flugzeug nun aber besonders schnell sein, im Zweifel auch bei leichter Vereisung noch fliegen können, besonders große Lasten transportieren oder auf der kürzesten Bahn starten und landen können, dann kommen die Spezialisten ins Spiel.

Bei Kurzstart- und Landewettbewerben findet sich häufig die Piper Cub mit großen Ballonreifen wieder, welche in Wettbewerben häufig weniger als ihre eigene Länge als Startstrecke benötigt. Sie mag in Alaska durchaus praktisch sein, wenn man mal eben neben einem Fluss oder auf einem Gletscher landen möchte. Einen Geschwindigkeitsrekord wird damit jedoch niemand gewinnen. Hierfür gibt es eigene Flugzeuge, welche dann jedoch deutlich mehr Strecke zum Starten brauchen und für die auch eine asphaltierte Piste nicht unbedingt die schlechteste Idee ist.

Ein Besuch auf einem Fly-In führt eindrücklich vor Augen, wie viele unterschiedliche Flugzeugtypen es gibt und dass wirklich für jeden Geschmack etwas dabei ist. Von winzigen Ultraleichtflugzeugen, die nur eine Person tragen können (auch das nur, wenn diese nicht allzu schwer ist), über Oldtimer und Doppeldecker, zu modernsten Flugzeugen aus Kohlefaser bis hin zu der Klasse der Turboprop-Maschinen, bei denen eine Turbine den Propeller antreibt, und den Kleinstjets mit nur einem Turbinentriebwerk, welche dann den Anschluss an die Business- und Linienmaschinen bilden. Die Auswahl ist nahezu grenzenlos, und es ist auch für fast jeden Geldbeutel etwas dabei.

Zudem gibt es beispielsweise Flugzeugbausätze, welche sich auch in Deutschland großer Beliebtheit erfreuen. Ähnlich einem Modellflugzeug baut man hier das Flugzeug komplett selbst aus Teilen zusammen. Jeder Bauabschnitt wird dabei von einem Prüfer abgenommen. Ob man hier am Ende wirklich günstiger in die Luft kommt, muss jeder für sich selbst entscheiden, aber das Gefühl, in einem selbst gebauten Flugzeug abzuheben, ist mit Sicherheit unglaublich.

Ein flugtaugliches Flugzeug kann man schon für unter 20.000 Euro bekommen und manche ultraleichte auch schon für unter 10.000 Euro. Ein Freund von mir hat sich beispielsweise ein älteres Segelflugzeug für unter 5.000 Euro zugelegt und hat damit jede Menge Spaß, auch wenn die Flugleistungen natürlich nicht an die eines modernen Kunststoffeinsitzers heranreichen. Nach oben gibt es wie fast überall natürlich keine Grenze, und die 100.000, die 500.000 oder sogar die Million ist im Zweifel schnell gesprengt. Immer in Abhängigkeit davon natürlich, was ich mit dem Flugzeug machen möchte. Denn es gibt für jeden Geschmack das richtige Flugzeug! *(F)*

11. Grund

Weil ein Film uns auf den Geschmack bringen kann

»Schrilles Kreischen durchdringt das Cockpit, viele blinkende Lampen signalisieren ein Problem, der Kopilot betätigt hektisch Schalter. Ab hier gibt es drei mögliche Szenarien:

Alle sterben.

Der Kapitän übernimmt mit sonorer Stimme die Kontrolle und rettet den Tag.

Der Held des Tages besiegt den Bösen, springt mit dem Fallschirm aus dem brennenden Flugzeug. Während er dann an besagtem Fallschirm auf das Publikum zufliegt, explodiert im Hintergrund das Flugzeug an irgendeiner Bergwand.«

Ja, ich muss zugeben, dass mich Flugzeuge in Filmen meistens stören. Sei es die Tatsache, dass Flugzeuge immer voller kreischender Warnlampen sind, die sich auch nicht abstellen lassen, oder dass ein Schuss durch ein Fenster immer unweigerlich dazu führt, dass das Flugzeug anfängt zu trudeln, was den kämpfenden

Helden natürlich nicht stört. Oder einfach nur, dass Flugzeuge immer nach rechts abbiegen, wenn sie von außen gezeigt werden. Warum gucke ich die Filme trotzdem? Zum einen, weil es nicht immer nur um die Flugzeuge geht, und zum anderen, weil es wunderschöne Filme über das Fliegen gibt. Und ein Film zum Träumen anregen kann.

Als ich noch ein Kind war, durfte ich immer, wenn ich abends alleine zu Hause bleiben musste, einen Film aussuchen, den ich dann in der Zeit, in der meine Eltern weg waren, schauen durfte. Meine Wahl fiel immer auf *Die tollkühnen Männer in ihren fliegenden Kisten*. Der Film von 1965 handelt von einem internationalen Luftrennen von London nach Paris im Jahr 1910. Für dieses Unterfangen benötigten die tapferen Piloten damals laut Film eine Flugzeit von 25 Stunden und elf Minuten. Begleitet wird das Rennen von allerhand Klamauk und Anspielungen auf die damalige Zeit und Klischees der Teilnehmerländer.

Mich haben damals wie heute vor allem die abenteuerlichen Flugmaschinen begeistert, mit denen sich die Männer und Frauen (eine der Maschinen wird von der Stuntpilotin Joan Hughes geflogen, da kein Mann hineingepasst hätte) in die Luft gewagt haben. Alle Maschinen sind historischen Originalen nachempfunden und waren bis auf wenige Ausnahmen flugfähig. Somit gab es viele echte Flugszenen und für mich als kleinen Piloten viel zu träumen.

Filme, die sich mit dem Fliegen beschäftigen, gibt es viele. Ein Kollege von mir hat angefangen, vom Fliegen zu träumen, nachdem er *Top Gun* gesehen hat. Der Film *Aviator* hat mit Sicherheit den ein oder anderen dazu gebracht, sich mit dem Bau von Flugzeugen auseinanderzusetzen, auch wenn es vielleicht am Ende nur zu einem Papierflugzeug gereicht hat. Für mich sind *Die tollkühnen Männer in ihren fliegenden Kisten* untrennbar mit meiner Kindheit und dem Traum, einmal selbst zu fliegen, verbunden. Nachdem ich den Pixar-Film *Planes* gesehen habe, kann ich mir gut vorstellen, dass es Kindern heute damit genauso geht. Einmal mit Dusty Grashopper durch die Luft sausen, einen Looping drehen, ein Rennen fliegen! Wenn dieser Traum für den einen oder anderen kleinen Jungen oder das ein oder andere kleine Mädchen eines Tages Realität wird, dann hat der Film in meinen Augen alles richtig gemacht. Weil ein Film uns auf den Geschmack bringen kann. Weil ein Film die Faszination des Fliegens vermitteln kann. Weil ein Film den Betrachter mit dem Zauber der Fliegerei anstecken kann. Und wer sich einmal mit dem Fliegervirus infiziert hat, den lässt es so schnell nicht wieder los. *(F)*

12. Grund

Weil es Zeitschriften übers Fliegen und Blogs zur Inspiration gibt

In den Wintermonaten schrumpfen die möglichen Zeiten zum Fliegen zusammen. Die kurzen Tage, tiefe Wolken und Nebel erschweren regelmäßige Flugtouren. Da ich meistens nur am Wochenende Zeit habe, ist die Winterzeit eine echte fliegerische Durststrecke. Zum Glück gibt es jede Menge Zeitschriften und interessante Webseiten sowie Pilotenblogs, in denen man schmökern kann. Ich lasse mich inspirieren, anregen und sammele Informationen für neue Touren in nah und fern. So kann ich diese Zeiten am Boden ganz gut überstehen.

In der Mitte des Monats ist es soweit: eine neue Ausgabe des *Fliegermagazins* (www.fliegermagazin.de) liegt druckfrisch in meinem Briefkasten. Schöne Fotos von den Landschaften der Touren und die Bilder von Flugzeugen regen zum Träumen und Planen an. Die Artikel über Flugtouren sind vielleicht nicht immer journalistisch ausgereift, aber man spürt beim Lesen die Leidenschaft der Piloten für ihr Hobby. Richtig stolz war ich, als im April 2016 der Tourenbericht meiner eigenen Flugtour entlang der Küste Mosambiks mit meinen Fotos erschienen ist. Florian hat mich überholt mit mittlerweile drei veröffentlichten Artikeln zu Touren und zum Erwerb von Ratings für Jets.

Die Berichte mit Fotos zu Flugtouren in Deutschland und den Nachbarländern versetzen mich sofort in den Ideen- und Planungsmodus. Fixe Rubriken wie Touch & Go, Streitfragen, Unfallakte, Simulatoren und eine Nostalgie für alte bzw. besonders interessante Flugzeuge runden die Sache ab.

Am meisten verbreitet ist die Zeitschrift *AeroKurier* (www.aerokurier.de). Die lese ich gerne mal quer am Flughafen oder im Kiosk. Die Reportagen und Berichte sind sowohl für die Privatfliegerei als auch für Geschäftsfliegerei und Airline Business. Klar gegliedert: Reportage, Kurzberichte, Business Aviation, Segelflug, Ultraleicht … für jeden etwas dabei.

Für alle, die ohne Motorkraft die Faszination des Fliegens spüren und erleben möchten, gibt es ebenfalls diverse Magazine. Insbesondere das *segelfliegen magazin* (www.segelfliegen-magazin.de) scheint die Themen von Segelfliegern gut abzudecken.

Wer gerne fachlich etwas tiefer einsteigen möchte, der sollte sich die Zeitschrift *Pilot und Flugzeug* (www.pilotundflugzeug.de) vornehmen. *Pilot und Flugzeug* ist ein Fachmagazin für engagierte Flugzeughalter und Piloten von Singles, Twins, Turboprops und Businessjets. Es erscheint monatlich und beschäftigt sich primär mit der General Aviation (also der allgemeinen Luftfahrt, zu der die Fliegerei in kleinen einmotorigen Maschinen gehört) in Europa. Ich finde es inspirierend, da oft polarisierende Meinungen vertreten und die Themen fundiert erläutert werden. Vom Herausgeber werden auch einige Flugzeuge betrieben, die an verschiedenen Standorten in Deutschland von Piloten wie in einem Verein als »Leserflugzeuge« gechartert werden können.

Häufig nutze ich die Webseite www.eddh.de, um Tipps und Informationen zu Flugplätzen zu bekommen, Fachinformationen

abzurufen oder um mich einfach über Erlebtes und kleine Anek-
doten aus dem Fliegerdasein zu amüsieren. Das Design der Seite
mag etwas veraltet wirken, das Engagement der teilnehmenden
Piloten ist es definitiv nicht.*

Neu ist die App Runway Map zum weltweiten Austausch rund
ums Fliegen, angereichert mit vielen Tipps und Informationen,
die gut zur Vorbereitung eines Flugs genutzt werden können.
Praktisch als App auf dem Handy immer zur Hand: www.run-
waymap.com.

Informatives und Unterhaltsames zum Fliegen in Kleinflugzeugen bietet die Webseite von Wingly, der Mitflugzentrale. Falls
das Buch die Neugier aufs Fliegen geweckt hat, dann ist ein erster
Mitflug mit einem erfahrenen Piloten in dessen Maschine wahrscheinlich eine gute Möglichkeit zum Test, ob es mehr sein darf. **

Möchte man mal wissen, wie es so am anderen Ende des Funks
am Mikrofon zugeht: www.towermaedels.blogspot.de

Soll es auf eine Tour ins europäische Ausland gehen, dann sind
die Seiten von Philipp Tiemann große Klasse. Bei der Planung
von Flugtouren nach Frankreich, Italien oder Großbritannien
sind seine Tipps und Informationen hervorragend zur Vorbereitung einer grenzüberschreitenden Tour.

Darüber hinaus gibt es unzählige Blogs von Piloten, meistens Airline-Piloten, die einen gerne teilhaben lassen an ihren
Einsätzen und Umläufen in aller Welt. Sehr hübsch inszeniert
und anzusehen sind die beiden Pilotenblogs von den Marias:
www.mariathepilot.com und www.pilotmaria.com.

Das Fliegen wird hier eher zur schönen Nebensache.

Sicherlich hat jeder Pilot seine eigenen Favoriten unter den
Magazinen und Blogs. Am besten mal selber im Internet suchen
und im Kiosk oder Zeitschriftenhandel die Magazine zum Thema

---

*   *www.eddh.de/community/pilotenimweb.html – www.eddh.de/unterhaltung/stories.html*
** *www.wingly.io/blog/de/top-10-grunde-in-einem-kleinflugzeug-zu-fliegen*

Fliegen und Flugzeuge durchstöbern. Für jeden Anspruch und Geschmack findet sich etwas Passendes. *(S)*

Weil man Flugszenen in Filmen fachmännisch kommentieren kann – Let's fly to Oviedo

Ob ich wohl auch zu ihm ins Cockpit des Kleinflugzeugs gestiegen wäre? Der Freigeist und Künstler Juan Antonio, gespielt vom spanischen Schauspieler Javier Bardem, flirtet zwei Schönheiten in einer Bar in Barcelona an und lädt sie zu einem spontanen Mitflug in seinem Flugzeug nach Oviedo ein. Nach einigem Hin und Her sind die beiden amerikanischen Grazien Vicky und Christina überredet. Es erwartet sie ein abenteuerlicher Flug durch eine gewittrige, stürmische und stockdunkle Nacht. Das kleine Flugzeug wird von Windböen kräftig durchgeschüttelt, Blitze zucken rechts und links vom Cockpit durch die Wolken. Juan steuert den Flieger lässig durch das Unwetter, plaudert locker mit den beiden angsterfüllten Frauen, die ihre Entscheidung erkennbar und zutiefst bereuen. Die wilde Flugszene dauert nur wenige schaukelige Minuten und hinterlässt bei mir einen bleibenden Eindruck.

Der Woody-Allen-Film *Vicky Christina Barcelona* kam 2008 in die Kinos, also noch zwei Jahre bevor ich selber angefangen habe zu fliegen. Ich war fasziniert von dieser Flugszene durch das nächtliche Unwetter. Was für ein Ritt durch die Nacht, was für ein souveräner Pilot, der vollkommen unbeeindruckt von dem Wettergeschehen die Maschine an den Ort möglicher amouröser Abenteuer mit den beiden Hübschen steuert.

Erstaunlicherweise werden die beiden Frauen auf diesem Ritt nicht luftkrank, sie haben einfach nur sehr viel Angst. Sie landen unbeschadet bei Tagesanbruch in Oviedo. Erst später am Boden wird ihnen dann doch sehr übel, schlichtweg durch den Genuss von zu viel lokalem Wein. Das amouröse Abenteuer muss entsprechend verschoben werden.

Bereits während der Theorieausbildung zur Lizenz wird mir klar, dass das kleine Flugzeug des Juan Antonio bei einem solchen Flug durch Gewitter mit Regen und Sturmböen mit großer Sicherheit sehr rasch vereist und abgestürzt wäre. Besser gesagt, jeder halbwegs umsichtige Pilot wäre erst gar nicht losgeflogen.

Eine ernüchternde Entlarvung der bewunderten Filmszene ist die Folge. Absolut unrealistisch, auch ein Superpilot hätte das nicht meistern können. Hinzu kommt, dass auch die geflogene Strecke für einen Nachtflug in einer kleinen einmotorigen Propellermaschine sehr weit gewesen wäre. Meine Recherche ergibt eine Strecke von 450 Meilen zwischen Barcelona, wo alles in der Bar beginnt, und dem Ziel Oviedo an der Nordatlantikküste, in der Nähe von Santander. Da sind sicherlich drei bis vier Stunden Flug zu planen.

Piloten im wahren Leben sind eben keine fliegerischen Helden, die die physikalischen Gesetze außer Kraft setzen. Sobald sich Gewitterwolken bilden und zu großen Wolkentürmen aufquellen, bleibt man besser am Boden. Es droht Vereisung des Fliegers bis hin zur Konsequenz, dass der Flieger nicht mehr steuerbar ist.

So manche Flugszene aus einem Film, bei der ein Kleinflugzeug scheinbar mühelos durch schlechtes Wetter fliegt oder sonstige Kapriolen macht, hält so dem Realitätscheck nicht stand. Aber im Kino ist eben manchmal gerade das Unmögliche unterhaltsam und beflügelnd. Allerdings kann ich meinen Freunden nachvollziehbar erklären, warum ein Pilot die Naturgesetze nicht außer Kraft setzen kann. Ja, ich wäre wahrscheinlich auch mitgeflogen. Ich hätte darauf vertraut, dass Juan weiß, was er tut, und Oviedo wollte ich schon immer besuchen. Soll ein hübsches Städtchen sein. *(S)*

14. Grund

Weil man ein Flugbuch führt und Stempel sammeln kann

Jeder Pilot besitzt davon mindestens eines oder mehrere. Mit dem Flugbuch oder auch Pilot Flight Log dokumentieren wir als Privatpiloten genau wie Airline-Piloten unsere Flüge mit den Zeiten, ihrer Dauer, den geflogenen Strecken sowie weitere Angaben. Das Führen des Flugbuchs ist meistens beflügelnd, manchmal erhellend und auch mal lästige Pflicht. Ich weise damit offiziell meine geflogenen Flugzeiten nach. Das ist wichtig für den Erhalt der Flugberechtigung und für den Erwerb weiterer Ratings (Flugberechtigungen). Das kleine blaue Buch ist also tatsächlich eine Urkunde. Erfundene oder falsche Angaben wären damit sogar eine mögliche Urkundenfälschung.

Mein erstes Flugbuch ist inzwischen nach guten acht Jahren Fliegerei voll. Seite pro Seite sind die Flugstunden und -minuten sowie die Anzahl der Landungen zu addieren und auf der Folgeseite fortzuschreiben. Doch da habe ich wie viele andere Piloten eine echte kleine Schwäche. Die Flüge mit dem Startflugplatz und dem Zielflugplatz trage ich ein, das schaffe ich meistens zeitnah nach dem jeweiligen Flug.

Das Addieren der Flugzeiten setze ich leider meistens viele Seiten aus. Erster Stichtag für die lästige Addition ist jedes Jahr das Medical, die Bestätigung der fliegerischen Tauglichkeit. Der Fliegerarzt möchte wissen, wie viele Stunden ich in den letzten zwölf Monaten geflogen bin. Und alle zwei Jahre vor dem Überprüfungsflug zur Verlängerung der Flugberechtigung wird es spätestens Ernst mit der korrekten Addition der Zeiten.

Die Angabe der genauen Anzahl der Flugstunden ist zwingend, um den Nachweis zu erbringen, dass der Pilot die erforderlichen zwölf Flugstunden in den letzten zwölf Monaten geflogen ist. Dies ist Voraussetzung für den Überprüfungsflug mit einem Fluglehrer zur Verlängerung der Berechtigung um zwei Jahre.

Zum Glück und weil ich einfach so gerne und viel fliege, ist das Erreichen der geforderten Mindestanzahl an Flugstunden bislang nie schwierig gewesen. Das Addieren der Flugzeiten hingegen ist es schon. Also kämpfe ich mich durch die Seiten, die Zahlenreihen, mache Zwischennotizen, verrechne mich, fange wieder von vorne an. Es gibt zwar inzwischen einige Apps, die das Verfahren abkürzen könnten, doch die wären vorab mit den Eingaben zu füttern. Als optischen Beweis für das Erreichen eines Flugzieles lassen sich viele Piloten nach der Landung auf einem fremden Platz den eingetragenen Flug abstempeln. Nach der Landung geht es rauf auf den Turm zum Flugleiter, um die Landegebühren zu bezahlen und einen Stempel abzuholen.

So füllt sich das Flugbuch allmählich mit bunten Stempeln und schönen Erinnerungen und dem Nachweis der geflogenen Stunden. Und die geflogenen Gesamtstunden könnten jederzeit abgelesen werden, wenn da nicht das kleine Problem mit der zeitnahen Addition wäre.

Auch bei vielen Berufspiloten ist das taggenaue Führen der Flugzeiten eine eher lästige Pflicht, gibt es doch darüber hinaus immer jede Menge Papierkram zu erledigen. Die geflogenen Zeiten dienen auch als Nachweis für bestimmte Berechtigungen und Lizenzen, welche Mindestflugstunden voraussetzen. So kann man seine Schleppberechtigung für Banner oder Segelflugzeuge machen oder sich in der Land- oder Forstwirtschaft mit der Sprüh- und Streuberechtigung ausleben. Jedes Flugzeug hat auch noch ein eigenes Bordbuch, in dem ebenfalls die Flugzeiten und Flugplätze einzutragen sind. Zum Glück übernehmen das die Jungs von der Flugschule, bei der ich häufig Maschinen chartere, inklusive Addition der Zeiten. *(S)*

Weil jeder Pilot vom eigenen Flugzeug träumt

Der Traum vom eigenen Flugzeug beginnt vermutlich schon vor dem Erwerb des Flugscheins, und wenn nicht, dann wird er während der Ausbildung geweckt. Ein eigenes Flugzeug bietet viele Vorteile, es steht einem immer zur Verfügung, es ist so ausgestattet, wie es einem gefällt, und ganz wichtig, es entspricht dem eigenen Zweck. Doch welches Flugzeug sollte ich mir überhaupt kaufen, und lohnt es sich wirklich?

Um die oben gestellten Fragen zu beantworten, muss ich mir erst mal bewusst werden, was ich mit dem Flugzeug machen und warum ich ein eigenes kaufen möchte.

Ist es mein Ziel, Erfahrung zu sammeln, Deutschland und Europa zu erkunden? Möchte ich lange Zeit am Stück weg sein? Fliege ich alleine, zu zweit oder sogar zu dritt oder viert? Soll das Flugzeug instrumentenflugtauglich sein? Will ich schnell reisen oder lieber entspannt luftwandern? Stehe ich auch gerne mal auf dem Kopf, oder soll es gar direkt ein Segelflugzeug oder ein Motorsegler werden? Fragen über Fragen, und wir haben noch nicht einmal angefangen, über das Budget zu sprechen. Hier ist vom gebrauchten Holzsegelflugzeug für unter 3.000 € bis hin zu Hochleistungsreiseflugzeugen für weit über 500.000 € nach oben keine Grenze gesetzt.

Für mich persönlich stand schon immer fest, dass es ein Kunstflugzeug werden soll. Durch die berufliche Fliegerei und die Flugschule reise ich oft genug mit dem Flugzeug, und im Urlaub kann ich fast immer und überall eine einfache Cessna 172 chartern. Beim Kunstflug sieht das schon ganz anders aus. Die Auswahl an verfügbarem Fluggerät ist nicht allzu groß und dann entweder relativ einfach oder sehr teuer. Als Beispiel seien hier die Robin R2160, welche zwar für Kunstflug zugelassen ist, aber im Zweifel nicht über ein Rückenflugsystem verfügt, oder die voll kunstflug-tauglich Extra, welche jedoch gerne mal bei 500 € die Stunde aufwärts liegt, genannt. An Exoten wie eine Jak-52 ist auch nur schwer heranzukommen, und auch hier sind die Stundenpreise nicht unbedingt freundlich für den Geldbeutel. All diese Faktoren sprechen für ein eigenes Flugzeug. Zumindest wenn mehr als fünf Flugstunden im Jahr zusammenkommen sollen. Denn auch hier lohnt es sich natürlich nur, wenn viele Stunden geflogen werden. Ansonsten fressen die Kosten aus Jahresnachprüfung, Versiche-rung, Unterstellung und Anschaffung die Ersparnisse aus dem Betrieb wieder auf.

So manchen Abend habe ich schon vor diversen Portalen im Internet verbracht und potenzielle Flugzeuge angeschmachtet. Im »Zu-verkaufen-Bereich« wird die Auswahl dann meistens schon deutlich größer. Wenn ich mich meinen Träumen dann ganz geldbefreit hingebe, ziehen Bilder und Daten von EXTRA 330 oder Edge 540 über meinen Monitor. Und vielleicht stellt sich ja auch eines Tages der Lottogewinn ein, der so eine Maschine möglich macht. Wenn es etwas finanzierbarer sein darf, sind wir bei meinem Traumflugzeug angekommen: einer Pitts S1-S. Dieser kleine Doppeldecker erlebte in seiner Urversion 1945 den Erst-flug und wurde über die kommenden Jahre weiterentwickelt. In den 70er-Jahren dominierte er die Kunstflugwelt und wurde dann nach und nach von den leistungsfähigeren Eindeckern abgelöst. Mit nur sechs Meter Spannweite ist die Pitts S1-S vergleichsweise klein, und die Doppeldeckerkonstruktion verstärkt den kompak-ten Eindruck noch. Ich habe mich auf den ersten Blick in die Kleine verliebt und wusste noch vor Erwerb meines PPL, dass ich dieses Flugzeug einmal besitzen muss. Sie hat alles, was für mich ein Flugzeug ausmacht:

- Einsitzig
- Spornrad (also das dritte Rad nicht vorne, sondern hinten)
- Steuerknüppel

Noch ist es leider nur ein Traum, aber der Tag wird kommen, an dem ich unter der Cockpithaube den Schriftzug: »Pilot: Florian Knack« anbringen kann! *(F)*

16. Grund

Weil auch rechts vor links gilt

Sobald das Wetter im Frühjahr ungetrübten Flugspaß erlaubt, verwandelt sich mein Heimatflugplatz Uetersen bei Hamburg zu einem der am meisten frequentierten Graslandeplätze Deutschlands. Die Starts und Landungen der Maschinen erfolgen zu Stoßzeiten dann gerne auch mal im Minutentakt. Viele Piloten, die im Winter nicht geflogen sind, drängt es nun in die Luft. Wie beim Start der Motorradsaison dauert es etwas, bis alle zur gewohnten Form und Umsicht zurückgefunden haben. Bei guter Thermik sind zusätzlich die Segelflieger auf der Nordseite des Platzes unterwegs. Verglichen mit dem Straßenverkehr sind es quasi die Radfahrer der Lüfte, da etwas weniger manövrierfähig mangels Motor. Eine echte Herausforderung gerade für Fluganfänger.

In der Platzrunde rund um den Flugplatz hat der Pilot »Vorflug«, der sich bereits in der Runde befindet. Es gilt rechts vor links, ein tiefer fliegendes Flugzeug im Endanflug zur Landebahn hat »Vorfahrt«. Unterschiedliche Geschwindigkeiten von Ultraleichtflugzeugen mit 60 kts (etwa 100 km/h) bis hin zu zweimotorigen Maschinen mit 90 kts im Anflug (etwa 160 km/h) fordern den Piloten einiges ab zum gefahrlosen Manövrieren im dreidimensionalen Raum. Ich bin damit beschäftigt, auf einem Schulungsflug die Maschine für den Anflug und die Landung zu konfigurieren. Das bedeutet, die Geschwindigkeit zu reduzieren, die Vergaservorwärmung zu ziehen, die Landelichter anzuschalten und die Klappen an den Flügeln auszufahren. Das Flugzeug ist bei konstanter Anfluggeschwindigkeit in der Luft zu stabilisieren, die eigene Position in der Luft per Funk durchzugeben, Ganz wichtig ist es, rauszuschauen und den Luftraum beim Platz zu beobachten, wir fliegen ja alle auf Sicht und Sichtung. Weitere Piloten haben sich über Funk zur Landung gemeldet, und auf einmal wird es hektisch am Himmel und am Funk. Ich erschrecke ziemlich, als mich eine Maschine von hinten kommend überholt und auf einmal fast direkt vor mir fliegt. Noch mehr Flugzeuge melden sich in dem Anflug zur Landepiste. Ich weiß auf einmal gar nicht mehr, worauf ich zuerst achten soll, leichte Panik steigt in mir auf, so kann ich den Landeanflug nicht fortsetzen. Zum Glück bin ich nicht alleine unterwegs, mein Fluglehrer greift rasch ein und gibt die Anweisung, einen Vollkreis nach rechts zu fliegen. Damit gewinnen wir Zeit und Abstand zu den wilden Piloten, die sich flott mit ihren Maschinen dazwischengedrängelt haben. Ich lerne so live, dass es leider auch in der Luft Verkehrsrowdys und Drängeleien gibt. Der Klügere gibt hier unbedingt nach, das wirkt zweifelsfrei lebensverlängernd. Nachdem wir gelandet sind, spreche ich den Piloten an, der mich vorhin überholt hat. Mache ihn darauf aufmerksam, dass es für mich durch sein Flugmanöver eine schwierige Situation gewesen ist. Wir können doch beide aus der Situation lernen. Leider ist er von Einsicht oder einer Gesprächsbereitschaft weit entfernt. Im Gegenteil, er reagiert pampig und möchte nichts davon wissen. Auch eine Erfahrung. Zum Glück ist die große Mehrzahl der Piloten umsichtig und hält sich an die Regeln. Wohl wissend, dass wir alle keine Knautschzone in der Luft haben und eine Luftberührung meistens für beide nicht gut ausgehen dürfte. Hinzu kommt, dass wir uns die Luft ja teilen mit einer Vielzahl anderer Luftfahrzeuge. Da gibt es Ballons, Segelflugzeuge, Ultraleichtflugzeuge, Hubschrauber, Drohnen, und sogar große Modellflugzeuge habe ich aus dem Cockpit gesichtet. Es gilt rechts vor links, der Stärkere weicht dem Schwächeren aus.

Bei gutem Wetter fallen an einigen Flugplätzen der Umgebung von Hamburg auch noch Fallschirmspringer im wahrsten Sinne des Wortes vom Himmel. Die Springer kommen dann relativ unvermittelt aus 10.000 Fuß angeschwebt, wenn man die entsprechenden Ankündigungen am Funk zum Absetzen der Springer nicht mitbekommen hat. Und einen Fallschirm möchte man bestimmt nicht im Propeller hängen haben. Im Grunde ist es ganz einfach, am besten immer defensiv auszuweichen und umsichtig zu sein. Damit bin ich auch am Boden beim Fahrrad- oder Autofahren bislang immer bestens gefahren. *(S)*

17. Grund

Weil man weiß wofür Very High Frequency Omnidirectional Radio Range *steht*

Es steht Funkpeilung auf meinem Ausbildungsprogramm zur Pilotin. Inzwischen sind mir die meisten Anzeigen im Cockpit des Flugzeuges für die Schulungsflüge, einer zweisitzigen Cessna 152, einigermaßen vertraut. Nur die beiden Instrumente, deren Zeiger sich in einer Kompasskarte drehen, sind mir noch ein Rätsel. Ich soll zum Elbe-Funkfeuer fliegen, auch kurz Elbe VOR genannt. Die Abkürzung VOR steht für *VHF Omnidirectional Radio Range,* VHF ist das Kürzel für *Very High Frequency.* Ein solches Drehfunkfeuer sendet ein spezielles Funksignal aus, das auf einem Empfängergerät im Flugzeug die jeweilige Richtung zum Funkfeuer angibt. Wir schauen uns dieses VOR erst mal von oben an. Der Sender ist in einer Art weißem Minitempel auf einem grünen Feld nahe der Elbe untergebracht. Der Fluglehrer möchte von mir wissen, auf welchen Radial, also welchem Leitstrahl zur Station hin, wir fliegen. Ich bin etwas ratlos, der Zeiger des Empfängers zeigt auf 220 Grad, ist das die Richtung, will er das wissen? Nein, falsch, da sind noch zwei kleine Fensterchen in der Kompassuhr zu beachten, in denen werden die Worte »to« und »from« angezeigt. Geduldig erklärt er mir, wie das Instrument abzulesen ist. Ich nicke eifrig und gebe vor, es verstanden zu haben.

Leider ist damit das Thema nicht erledigt, denn es ist relevant für die Prüfung. Also stelle ich mich der Herausforderung und lese die Beschreibungen und Beispiele in den Lehrbüchern zur Funkpeilung, versuche mich an Flugsimulationshilfen im Internet. Erschwerend kommt hinzu, dass es unterschiedliche Anzeigeuhren für die Radiale und Peilungen gibt, die teilweise noch weitere mehr oder weniger nützliche Funktionen integrieren. Ich kann gar nicht sagen, wie erleichtert ich bin, dass ich in der praktischen Prüfung keine Kreuzpeilung machen muss. Mit einer Kreuzpeilung zu zwei unterschiedlichen VORs kann die Position des Fliegers als Schnittpunkt der beiden Standlinien bestimmt werden, so weit die Theorie. Bereits bei der Anmeldung zum Theorieunterricht ist mir klar, dass zusätzlich zum praktischen Flugtraining eine Menge unbekannter Themen zu bewältigen sind. Wie zu Schulbeginn gibt es jede Menge Bücher, genauer gesagt sind es sieben Bücher rund um das Fliegen, die beispielsweise so schöne Titel wie *Technik I*, *Technik II* und *Funknavigation* tragen. Meine Schulzeit ist jedoch bereits einige Zeit her, die Erinnerung an Physik und Mathe verblasst. Auf was hatte ich mich da bloß eingelassen. Ich wollte doch bloß fliegen lernen.

Beim Durchblättern der Inhaltsverzeichnisse der neuen Bücher stellen sich keine Wiedererkennungseffekte bei mir ein. In der Theorieschulung sollen als Nächstes die Grundlagen der Funktechnik besprochen werden. Da möchte ich nicht unvorbereitet sein. Die Begriffe »Funken« und »Feuer« tauchten im Buch in diversen Kombinationen auf, es gibt ungerichtete Funkfeuer und ein UKW-Drehfunkfeuer. Ansonsten wimmelt es von diversen Wellen wie elektromagnetischen Wellen, Langwellen, Mittelwellen, Kurzwellen. Und diese werden gebraucht, um in der Fliegerei zu kommunizieren, auf Flugplätzen Anflughilfen zu bieten und Standortpeilungen von und zum Flugzeug durchzuführen.

Allerdings spielen die verschiedenen Peilungen im Zeitalter des elektronischen Fliegens eine immer geringere Rolle. Die meisten Piloten vertrauen und fliegen nach GPS (Global Positioning System), einem globalen Navigationssatellitensystem zur Positionsbestimmung. Auch wenn ich in der Ausbildung noch ganz klassisch gelernt habe, mithilfe einer Papierkarte und den verfügbaren Funkpeilgeräten zu navigieren, nutze ich inzwischen häufig GPS als Sicherheits-Back-up. Beim Fliegen in anderen Ländern verlasse ich mich nach wie vor gerne auf die VOR-Funkfeuer für die Positionsbestimmung und Navigation, schließlich weiß ich ja jetzt, wofür es steht und wie es funktioniert. *(S)*

18. Grund

Weil man sich bei guter Planung nicht vorm Wetter zu fürchten braucht

Wir sind auf dem Weg von Madrid nach Jerez im spanischen Süden, das Tagesziel lautet aber Tanger in Marokko. Seit vier Tagen sind wir unterwegs, drei Maschinen, Typ Cessna 172, drei Fluglehrer und sechs begeisterte Charterkunden.

Doch schon während der letzten 1 ½ Stunden bedeckt sich der Himmel immer mehr, die Wolkenuntergrenze senkt sich, und statt in 3.500 Fuß fliegen wir mittlerweile in 1.300 Fuß Höhe. Die Sichten gehen immer weiter zurück, und das leicht ungute Gefühl, heute nicht mehr weiterzukommen, macht sich breit. Am westlichen Blickfeld breiten sich dunkle Wolken aus, und im

Landeanflug auf Jerez spricht der Blick in Richtung Süden mehr für eine Nacht in Jerez denn für den Weiterflug. Auf dem Vorfeld angekommen, lasse ich trotzdem sofort alle drei Maschinen auftanken, bevor wir ins Gebäude gehen.

Schnell die Landegebühren bezahlen und auf zur Wetterberatung. Es sieht auf den ersten Blick nicht vielversprechend aus, verschiedene Gewitterfronten über der Straße von Gibraltar mit Regen, Starkwind und geringen Sichten. Die ersten Stimmen werden laut, dass wir es lassen sollten.

Doch noch möchte ich nicht aufgeben. Der Flugplan nach Afrika muss 24 Stunden vor Abflug aufgegeben werden. Wir würden also einen kompletten Tag verlieren und müssten dadurch vermutlich das Gesamtstreckenziel Afrika von der Liste streichen. Und tatsächlich, die Radarbilder zeigen keinen Niederschlag auf der Route, und die Wetterkarten lassen vom Zeitpunkt ihrer Erstellung den Schluss zu, dass die erste Front schon durch und die zweite noch nicht heran ist. Was also tun? »Flugwetterberatung Hamburg, schönen guten Tag, was kann ich für Sie tun?«

»Moin, hier spricht Florian Knack von der Flugschule Hamburg, wir sind in Jerez im Süden Spaniens und möchten gleich über die Straße von Gibraltar, wie würden Sie denn das Sichtflugwetter interpretieren?«

»Sie sind bitte wo?!«

Die Flugwetterberatung macht uns Hoffnung, dass unsere Theorie der Lücke zwischen den Fronten stimmt, und so machen wir uns nach kurzem Telefonat und interner Absprache auf den Weg zurück zum Vorfeld.

Der Wind hat inzwischen zugenommen, und es ist deutlich kühler geworden. Sollen wir wirklich fliegen? Gehen wir ein Risiko ein? Als Sichtflugpilot muss einem immer klar sein, dass man im Zweifel sein Ziel nicht erreicht, die Sicherheit geht immer vor. Doch ich bin mir sicher, die Karten richtig interpretiert zu haben, und die Flugzeit beträgt nur 30 Minuten, selbst wenn es direkt vor der Küste kein Durchkommen gibt, sollten wir problemlos nach Jerez zurückkehren können.

Die Motoren laufen, und wir rollen zur Bahn. Eine ortsansässige Schulmaschine kehrt zum Platz zurück und meldet schlechtes Wetter im Nordwesten. Unter leichtem Schlingern des noch nicht mit Crosswind vertrauten Flugschülers setzt sie auf, und dann geht es für uns los. Die Bahn verschwindet unter uns, als es uns noch einmal schüttelt. Die in der Umgebung befindlichen Gewitter verursachen Turbulenzen, doch dann sind wir auf 1.500 Fuß und verlassen die Frequenz. Kurzer Check auf der Air-to-Air-Frequenz, alle sind ein bisschen durchgerüttelt, aber motiviert und guter Dinge auf dem Weg Richtung Küste.

Links und rechts sieht es trübe aus, doch voraus ist schon die Küste zu sehen, und auch nach hinten ist der Rückweg nach Jerez noch gesichert. Und dann das Erste, was wir beim Wechsel der Frequenz nach Tanger hören, ist eine Maschine, die sich in 7.500 Fuß über einem der Pflichtmeldepunkte für die Querung der Straße befindet. Die erste Spannung löst sich. Wenn der da oben fliegen kann, dann ist kein Gewitter da, und wir kommen etwas tiefer auch an unser Ziel. Und tatsächlich: Keine zehn Minuten später überfliegen wir die Küste Spaniens, und vor uns liegt Marokko, vor uns liegt Afrika.

Erleichterung, gepaart mit dem überwältigenden Gefühl, den Kontinent zu wechseln, macht sich breit. Als wir bei angenehmen 26 Grad in Tanger auf dem Vorfeld stehen, ist die Freude unbeschreiblich. Kein Gewitter weit und breit.

Dies ist für mich wieder der Beweis, dass eine intensive Beschäftigung mit den Wetterkarten unverzichtbar ist. Im Zweifel lieber einen Report mehr abwarten und auch gerne einmal bei den Profis anrufen. Ohne diese gründliche Planung hätten wir unser Ziel auf dieser Reise vermutlich nicht erreicht. *(F)*

Weil ein gerader Kurs auf einer runden Erde nicht immer der kürzeste ist

Die berühmte Frage, warum ein Flugzeug fliegt, ist mir gleich vor meiner ersten Flugstunde von einem Fluglehrer gestellt worden. Ich mutmaße, dass es doch etwas mit dem Antrieb durch den Propeller zu tun haben müsste. Das erweist sich jedoch nur als die halbe Wahrheit: Es sind tatsächlich vier physikalische Kräfte, die auf die Maschine einwirken und diese fliegen lassen. Vereinfacht ausgedrückt hält der Auftrieb das Flugzeug in der Luft. Dieser entsteht durch die Geschwindigkeit der Bewegung. Die Schwerkraft der Erde arbeitet dagegen und zieht die Maschine nach unten, der Vortrieb durch den Propeller bewegt sie vorwärts, und der Luftwiderstand bremst sie zugleich. Ich stelle mir das so vor, dass von vier Seiten diese Kräfte auf das Flugzeug wirken wie unsichtbare elastische Gummibänder und sie so in der Luft halten. Dann soll ich nachvollziehen, warum Flugbahnen in der Luft nicht wirklich gerade sind, sondern kurvig, obwohl es gefühlt ja einfach geradeaus geht. Ich aktiviere mein räumliches Vorstellungsvermögen, um weitere Feinheiten der Flugphysik verstehen zu können.

Die Bewegung in der Luft weist ja drei Dimensionen auf, und wir wissen, dass die Erde eine mehr oder weniger ausgeprägte Kugelgestalt hat sowie sich auf einer elliptischen Bahn von West nach Ost um die Sonne dreht. Auch wenn die sogenannten »Flat Earther« weiterhin fest davon überzeugt sind, dass die Erde eine flache Scheibe sei. Unter ihnen dürfte es keine Piloten geben, diese müssten ja befürchten, bei einem längeren Flug womöglich von der Erde zu fallen.

Da unsere Karten nun mal die Kugelgestalt der Erde nicht abbilden können, haben schlaue Gelehrte und Forscher verschiedene Verfahren entwickelt, wie man den Globus oder Teile davon durch Projektionen auf Papier oder elektronisch abbilden kann. Um noch kurz in der Theorie zu bleiben: Damit wird jedem Punkt der Erde ein Punkt auf der flachen Kartenebene zugeordnet. In der Theorieausbildung werde ich konfrontiert mit Begriffen wie Großkreise, Loxodromen und Orthodromen. Ich arbeite mich durch die etwas zähen trockenen Beschreibungen, wie eine Flugbahn eines Flugzeugs aussieht und wie diese berechnet wird. Um zu verstehen, warum die Flugbahn eines Flugzeugs auf längeren Strecken eher einer Kurve gleicht, gibt es eine einfache praktische Möglichkeit, das nachzuvollziehen. Ich nehme einen Faden und lege diesen auf einen Globus, verbinde damit zwei ausgewählte Ziele. Wenn ich die gleiche Fadenlänge nun auf eine Papierkarte zwischen diese beiden ausgewählten Ziele lege, stelle ich fest, dass der Faden länger ist als die Strecke auf der Karte. Klar, das muss ja so sein, schließlich ist die Erde ja kugelig. Die Fadenlänge zeigt also die Erdkrümmung, also den »gebogenen« Horizont. Ob wir aus unseren Flughöhen die Erdkrümmung sehen können? Eher unwahrscheinlich, Wissenschaftler und Forscher vertreten die Meinung, dass man etwa aus einer Höhe von 45.000 Fuß, also rund 13.700 Meter, eine leichte Krümmung des Horizonts nach unten sehen kann. So hoch hinauf kommen die kleinen Sportflieger nicht. Bei klarer Sicht können wir dafür bei günstigen Wetterbedingungen auch aus 3.000 Fuß (knapp 1.000 Meter) bereits mehr als 100 Kilometer weit in die Ferne gucken. Auf Geradeauskurs. *(S)*

Weil Nautiker nicht die Einzigen sind, die in nautischen Meilen rechnen

Nautische Meilen kannte ich nur aus der Schifffahrt, bevor ich die Ausbildung zur Privatpilotin angefangen habe. Ich erinnere mich gut an die sehr bewegte Atlantiküberquerung von New York nach Southampton mit der QE2 im November 1997. Auf den Spuren der Titanic waren rund 3.600 nautische Meilen zurückzulegen, also fast 6.000 Kilometer, Begegnungen mit Eisbergen waren dank modernem Radar ausgeschlossen. Die Überfahrt dauerte fünf recht bewegte Tage auf See. Täglich wird uns durchgegeben, wie viele Meilen wir mit wie viel Knoten bereits durch den kabbeligen Atlantik Richtung England geschafft haben. Der verbleibende Meilenstand ist für mich ein guter Gradmesser für die noch erforderliche Anzahl von Tabletten gegen Seekrankheit.

Die nautischen Meilen, die ich unter den etwas schwierigen Bedingungen der Schiffsüberfahrt kennengelernt hatte, und die ebenfalls in der Schifffahrt beheimateten Knoten zur Messung und Angabe der Geschwindigkeit sollten ab Beginn meiner Pilotenkarriere das neue Maß der Dinge werden. Es gilt sich umzustellen auf die neuen Messeinheiten und ein Gefühl zu entwickeln, was diese übersetzt in Flugstrecken bedeuten.

Offiziell gilt seit 1929 die Festlegung, dass eine nautische Meile genau 1,85201 Kilometern entspricht, also 1/60 Breitengrad der Erde. Zum Glück gibt es Faustformeln zur Berechnung der Kilometer, für deren Interpretation ich ein besseres Gespür habe: Die nautischen Meilen verdoppeln und zehn Prozent abziehen ergibt die Kilometer.

Nach den ersten Flügen mit dem typischen Anfängerflugzeug vieler Flugschulen, einer zweisitzigen Cessna 150, weiß ich, dass diese etwa 100 nautische Meilen in einer Stunde zurücklegen kann, abhängig von Wind und Wetter.

Da es in der Luft keinen Entfernungsmesser gibt und auch keine lesbaren Wegbeschilderungen, bleiben nur die angezeigte Geschwindigkeit und der geflogene Kurs als Anhaltspunkte zur Bestimmung der Entfernung.

Ein Knoten entspricht dabei einer nautischen Meile pro Stunde. Um das Ganze nicht allzu einfach werden zu lassen, ist es so, dass die auf dem Fahrtmesser im Cockpit angezeigte Geschwindigkeit nicht unbedingt diejenige ist, die man tatsächlich fliegt. Da kommen die Höhe und dünner werdende Luft ins Spiel und die jeweilige Temperatur. Je höher ich fliege, umso höher ist meine wahre Geschwindigkeit in der Luft.

Was das bedeutet, habe ich gut merken können, als wir mit einer Cessna 182 auf dem Flughafen Eros in Windhoek, Namibia landen. Der Platz befindet sich auf knapp 5.000 Fuß, ist also fast 1.700 Meter hoch gelegen. Würde ich mich bei der Landung nach der im Cockpit angezeigten Geschwindigkeit richten, wäre ich zu schnell. Die geringere Dichte der Luft, meine Flughöhe und die sommerliche hohe Temperatur führen dazu, dass die für eine Landung optimalen 70 Knoten Geschwindigkeit auf dem Fahrtenmesser im Cockpit in Wirklichkeit fast 80 Knoten entsprechen, was ich rasch mithilfe einer praktischen Faustformel berechne.

Also nehme ich das Gas weiter zurück, damit ich sicher auf der fast 2.000 Meter langen Bahn lande. Die Piste ist aufgrund der Höhe und der meistens benötigten längeren Ausrollstrecke also nicht ohne Grund so lang.

Damit es herausfordernd bleibt, wird in einigen Kleinflugzeugen die Geschwindigkeit in mph (miles per hour) angezeigt. Dann sind etwa minus zehn zu rechnen, um zu wissen, wie viele Knoten man fliegt. Jetzt heißt es, richtig zu rechnen, wenn man mit einer Meilenanzeige die wahre Geschwindigkeit in größerer Höhe wissen möchte. Und von der richtigen Geschwindigkeit hängt beim

Fliegen vieles ab, und beim Start ist diese entscheidend, um sicher abzuheben. Kleine Kopfrechenaufgaben sind also gleichsam die sportlichen Zugaben zu den Meilen und Knoten. *(S)*

21. Grund

Weil man seinen Horizont erweitert und den inneren Schweinehund besiegt

Es geht endlich los, neugierig und hoch motiviert nehme ich die schwarze Pilotentasche mit den Lehrbüchern und allerlei Hilfsmitteln für Berechnungen von Kursen von der Flugschule in Empfang. Die Tasche ist schwer, sieben Bücher zu den Themen, die es zu lernen gilt. Fast 1.000 Seiten geballtes Wissen für den angehenden Privatflugzeugführer. Beim ersten Durchblättern sehe ich endlose Beschreibungen mit jeder Menge unbekannter Ausdrücke, Grafiken und Zeichnungen, die sich mir nicht ansatzweise erschließen. Am einfachsten erscheint mir noch Luftrecht. Das liegt sicherlich an meiner juristischen Vorbildung, mit Vorschriften und Paragrafen kann ich ganz gut umgehen.

Wie gut, dass ich bereits selber ein paar Male geflogen bin und mir ganz sicher bin, dass ich die Privatpilotenlizenz machen möchte. Neben einem Vollzeitjob plane ich dafür etwa zwölf Monate für Praxis und Theorie ein. Eine lange Zeit, in der sich der innere Schweinehund häufig sehr breitmachen wird. Es gilt, nicht nur diesen zu bändigen, sondern sich mit vielen unbekannten Themen auseinanderzusetzen. Mehr als einmal komme ich an meine Grenzen, dann hilft nur ein weiterer Schulungsflug, und ich weiß wieder, warum ich das alles auf mich nehme.

Die zum Glück anhaltende Begeisterung nach einem Ausbildungsflug hilft mir, mich durch den Dschungel der unbekannten Theoriethemen zu kämpfen.

Sieben Fachgebiete sind zu lernen. Vor allem die Funknavigation und der Bereich Technik sind für mich recht abstrakte nicht greifbare Themen, bei denen mir auch einiges an schulischem Vorwissen fehlt. Physik und Mathe waren noch nie meine Stärke, ich bin bereits in der Schule dem Lernstoff erfolgreich ausgewichen. Das holt mich jetzt wieder ein. Der innere Schweinehund feiert den einen oder anderen Triumph, lernen kann ich doch auch noch morgen, flüstert er mir ein.

Auch der Theorieunterricht der Flugschule hilft mir nur bedingt. Einer der Lehrer setzt seinen Fokus im Unterricht eher darauf, junge Aspirantinnen mit seinen fliegerischen Heldentaten aus vergangenen Zeiten beeindrucken zu wollen, als ernsthaft die Tücken der Funknavigation zu lehren. Bei anderen Lektionen geht es so rasch voran, dass ich einfach nicht mitkomme. Die Funkausbildung ist parallel zu absolvieren. Auch damit tue ich mich anfangs schwer.

Ich beschließe, dass der mehrstündige Theorieunterricht einmal pro Woche für mich nicht zielführend ist und ich den Abend besser zum Selbststudium nutzen kann. Anfangs sitze ich vor den Aufgaben zu den Berechnungen von Flugkursen wie mit einem Brett vorm Kopf. Ebenso gut könnten es chinesische Schriftzeichen sein, die ich entziffern soll, wenn das Winddreieck zur Lösung von Navigationsaufgaben eingesetzt werden soll.

Zum Glück hilft mir ein Freund, die Navigation mittels Formelwerk zu verstehen und anzuwenden. Immer und immer wieder gehen wir die Berechnungen der Kurse durch, es kommt der große Erfolgstag, an dem ich es verstanden habe.

Wahrscheinlich fällt es einem jenseits der 40 einfach schwerer, etwas komplett Neues zu lernen. Das Gehirn hatte es sich schön bequem gemacht, möchte gar nicht unbedingt auf Hochtouren gebracht werden. Ich verkaufe mir das Ganze immer wieder als spannende Horizonterweiterung. Der innere Schweinehund zieht sich geschwächt zurück. Die Aussicht, bald selbstständig mit dem Flugzeug die Welt von oben entdecken zu können, setzt bei mir die erforderlichen Energien zum Lernen frei. Diese Selbstmotivation bringt mich nach vorne, und ich schaffe es so auch, endlich die Funktionsweise eines Magnetkompasses zu begreifen. Die abgefragten Korrekturberechnungen von Flugkursen gelingen immer besser, langsam erschließt sich das Eigenleben der Nadel im Kompass durch die magnetischen Störfelder. Wie ein riesiges Puzzle fügen sich nach einigen Monaten die Theorieteilchen zu einem Ganzen zusammen und fangen an, einen Sinn zu ergeben.

Das Verständnis zu Hause und bei meinen Freunden ist jedoch eher schwach ausgeprägt für meine neue abendfüllende Beschäftigung nach der Arbeit. Wozu musst du das denn alles wissen? Du willst doch keine Berufspilotin werden. Was genau lernst du denn da? Wann hast du mal wieder Zeit?

Ich schreibe mir Formeln und Merksätze auf Karteikarten, lese die einzelnen Themenabschnitte immer wieder. Zum Glück bin ich nicht alleine mit dem Gefühl, einen wirklich steilen Berg in unbekanntem Gelände erklimmen zu müssen. Die Entscheidung ist längst gefallen, ich möchte unbedingt fliegen, also wird so ziemlich alles für die nächsten Monate dem Lernen untergeordnet. Ich melde mich bei meinen Freunden ab, zum Glück ist es noch Winter.

Selbst während der nächsten Urlaube sitze ich mit dem Laptop auf dem Schoß, zumindest mit dem Blick aufs Meer hinaus, und klicke mich dabei durch die Multiple-Choice-Prüfungsfragen für die Lizenz. Ganze 2.500 Fragen stehen für die verschiedenen Fächer zur Auswahl, stets mit mehreren Antwortmöglichkeiten.

Ich träume von den Fragen, vom Klicken auf die richtige Lösung, stelle mir vor, wie schön es wäre, wenn ich die Prüfung bereits bestanden hätte. Es kommt irgendwann endlich der Tag der Prüfung in einem schmucklosen Raum der Luftfahrtbehörde in Hamburg unter strenger Aufsicht. Es läuft alles online ab, und bereits nach der Hälfte der angesetzten Zeit bin ich durch. Bestanden, ich bin superglücklich, endlich wieder Zeit, und der Schweinehund darf auch wieder raus. Im Kopf schwirrt das Gelernte herum, einiges habe ich erst im Laufe der letzten Jahre wirklich praktisch einordnen können. Es ist Zeit für den nächsten großen Schritt, den ersten Soloflug ohne Lehrer. *(S)*

22. Grund

Weil der Walk-Around das Vorspiel zum Fliegerglück ist

Bestimmt hat fast jeder schon einmal beim Blick aus dem Flugzeugfenster oder beim Boarding eines Verkehrsfliegers beobachtet, wie einer der Piloten vor dem Start um das Flugzeug gegangen ist. Es sieht meistens so aus, als würde er etwas suchen oder hätte etwas verloren.

Dieser Gang um das Flugzeug vor einem Abflug, auch als Walk-Around bezeichnet, verbindet die große Verkehrsfliegerei mit der privaten Fliegerei in kleineren Flugzeugen. Bei jedem Verkehrsflugzeug gehört dieser Außencheck zu den Aufgaben vor dem Start. Es ist also keineswegs ein Alarmzeichen, wenn der Pilot vor dem Abflug mit einer Taschenlampe ausgerüstet um den Flieger läuft und in die diversen Öffnungen der Maschine und deren Triebwerke leuchtet.

Natürlich klettert er bei einem Verkehrsflugzeug nicht auf deren Tragflächen, um zu prüfen, ob ausreichend Flugbenzin getankt worden ist. Aber ob beispielsweise Flüssigkeiten ausgelaufen oder Schäden an der Außenhaut erkennbar sind, das sind wichtige Punkte beim Check am Boden. Ich mache es den Verkehrspiloten ein wenig nach und beginne meinen ersten Walk-Around rund um die kleine Schulungsmaschine, eine zweisitzige Cessna 152. Sitzt alles an der richtigen Stelle – sind die Klappen und Flügel dort beweglich, wo sie es sein sollen, fehlen Splinte zur Befestigung der Türen, verliert die Maschine irgendwo Flüssigkeiten, funktioniert die Beleuchtung? Die ersten Male dauert es recht lange, ich teste die Mechanik durch Bewegen der Flügel und Ruder, der Ölstand wird geprüft, der Zustand der Reifen und des Propellers. Dies alles unter der Anleitung und den wachsamen Augen des Fluglehrers und mithilfe einer Checkliste dafür.

So ein Kleinflugzeug für maximal vier Personen ist aus der Nähe gesehen letztendlich ein großer Haufen dünnes Blech und Metall, das durch Nieten und Schrauben in Form und zusammengehalten wird. Es braucht schon etwas Fantasie, um sich das alles gleich sicher in der Luft vorzustellen. Jetzt wäre der Moment, an dem ich noch den Rückzieher machen kann. Ob ich mir jemals die ganzen Begriffe für die Einzelteile des Flugzeuges werde merken können und, noch herausfordernder, welche Funktionen diese haben? Da sind dünne Drähte, die oben über das ganze Flugzeug von vorne nach hinten gespannt sind. Unter dem Flieger hängt ein merkwürdig aussehendes hufeisenförmiges Anhängsel. Dazu gibt es bewegliche sogenannte Ruder und Klappen an den Flügeln und hinten am Flugzeug.

Ich lerne, wo welche Nieten und Splinte sitzen müssen, damit das Blech im Flug nicht lose wird. Etwas eigene Beweglichkeit ist durchaus von Vorteil beim Klettern auf die Holme der beiden oben angebrachten Flügel, um von oben in die Tanköffnungen schauen zu können. Ich prüfe lieber selber vor jedem Flug mit einem Blick in die Tanköffnungen, ob ausreichend Flugbenzin im Tank ist. Bald sitzen die Abläufe des Vorflugchecks, eine Checkliste hilft anfangs, nichts zu vergessen. Das zieht sich übrigens durch die gesamte Fliegerei, für sämtliche Zustände des Fliegens gibt es Checklisten, deren konsequenter Gebrauch die Sicherheit des Fliegens erhöht. Ich soll nicht nur fliegen lernen, sondern auch die technischen Einzelheiten des Fliegers und ihre Funktionsweisen lernen und kennen.

Ich gerate ziemlich ins Stocken, als mich der Ausbilder nach der Funktionsweise des Drahtes fragt, der oben über die Längsseite gespannt ist. Es fällt mir nicht ein, ich habe mir gerade mal merken können, dass es auch unter dem Flugzeug eine Antenne gibt. Diese ist Teil eines automatischen Funkpeilgerätes, wie ich später nachlese. Dieses Gerät und die Interpretation der dazugehörigen Anzeigen im Cockpit sind anfangs für mich ein Buch mit sieben Siegeln. Eine Nadel, ähnlich einer Kompassnadel, zeigt in einem Anzeigegerät im Cockpit den Winkel zwischen Flugzeugachse und der Richtung der Bodenstation an. Ich starre auf die Anzeige und versuche, den Ausschlag der Nadel auf der Anzeige in Einklang zu bringen mit der Himmelsrichtung, in die ich fliegen soll. Im Lehrbuch ist das Ganze für mein Verständnis so abstrakt erklärt, dass ich diese sogenannte NDB-Peilungen erst mal als Hilfsmittel zum Fliegen ignoriere. Zumindest weiß ich jetzt, dass der längs übers Flugzeug gespannte Draht eine sog. Hilfs- oder Seitenbestimmungsantenne ist, die auch die schöne Bezeichnung *Sense Antenna* trägt.

An einem Flügel ist an der Vorderkante eine kleine längliche Öffnung zu sehen, es ist die sogenannte Stall-Warnung, auf Englisch bedeutet »stall« Strömungsabriss. Dieses Messinstrument gibt eine akustische Warnung, sprich einen lauten Warnton, ab, wenn das Flugzeug nicht mehr ausreichend Auftrieb hat, um sich in der Luft zu halten. Ganz einfach ausgedrückt, umströmt die Luft im Flug den Flieger und seine beiden Tragflächen. Die Strömungsluft gibt dem Flugzeug den Auftrieb, und so fliegt es ab einer gewissen Geschwindigkeit. Zieht man kräftig beim Steigflug am Steuerhorn, was man natürlich nicht tun sollte, wird die Maschine immer langsamer, und bevor sie womöglich vom Himmel fällt, ertönt die Stall-Warnung (Überziehalarm). Dann heißt es rasch zu reagieren und die Nase des Flugzeugs etwas runterzudrücken, damit aus dem Steigflug nicht ein Trudeln zu Boden wird.

Beim Vorflugcheck soll ich auch feststellen, ob womöglich Insekten versucht haben, sich in wichtigen Öffnungen des Flugzeugs einzunisten. Bestimmte Wespenarten fühlen sich magisch angezogen von der Öffnung eines an der Unterseite des Tragflügels angebrachten L-förmigen dünnen Rohrs. Nur zu gerne würden sie hineinkriechen und sich dort ein Nest bauen. Das Pitotrohr, die sog. Staudrucksonde, misst im Flug oder auch während des Rollens am Boden die Fließgeschwindigkeit der Luft und zeigt über ein mechanisches System im Cockpit die Geschwindigkeit des Flugzeugs im Fahrtenmesser an. Stellt man die Maschine ab, ist eine spezielle Hülle über das Rohr überzuziehen als Schutz, quasi ein Insekten-Verhüterli. Wenn sich beim Startlauf auf der Bahn der Fahrtmesser nicht bewegt, hat man entweder vergessen, den Schutz vorher abzunehmen, oder ein Insekt hat sich eingenistet. Zurück zum Parkplatz heißt es dann und die Sache untersuchen.

Ist das Flugzeug insbesondere im Frühjahr mehrere Tage draußen abgestellt, ist der Platz unter der Motorhaube, der Cowling, ein durchaus attraktiver Ort für den Nestbau mancher Vogelarten. Dann bekommt der Ausspruch »mit den Vögeln fliegen« eine ganz neue Bedeutung. Ein konzentrierter Walk-Around ist deshalb eine gute Basis für einen sicheren Abflug. *(S)*

2. Kapitel

Am Flugplatz

Weil die Fahrt zum Flugplatz
statistisch gefährlicher ist

»Das Gefährlichste am Fliegen ist die Fahrt zum Flugplatz« ist ein viel zitierter Spruch, um die Sicherheit der Luftfahrt zu untermauern. »Traue keiner Statistik, die du nicht selbst gefälscht hast«, ist ein anderer viel zitierter Spruch. Aber wie sieht es denn nun aus mit der Sicherheit in der Fliegerei? Ist Fliegen nicht eigentlich die sicherste Art, sich fortzubewegen?

Ja, ist sie! Wenn man als Grundlage die Anzahl an Verletzten oder Toten pro zurückgelegte Personenkilometer nimmt. Auf dieser Grundlage sollte ich aber besser nie wieder auf ein Motorrad steigen. Das ist hierbei nämlich die höchste Risikogruppe, dicht gefolgt vom Auto. Aber wirklich vergleichen lässt sich das alles meiner Meinung nach nicht, denn unser Leben ist keine Statistik! Ansonsten müsste ich zu meiner Sicherheit ja auch versuchen, auf jedem Linienflug eine Bombe mit an Bord zu schmuggeln. Denn wie groß ist schließlich die Wahrscheinlichkeit, dass gleich zwei Bomben an Bord gelangen?

Was mich aber an dem oben genannten Spruch am meisten stört, mal abgesehen davon, dass alle Statistiken sich auf die Linienfliegerei beziehen, ist Folgendes. Er suggeriert, dass Fliegen immer absolut 100-prozentig sicher ist. Aber das ist es leider nicht.

Habe ich beim Autofahren ein Problem, halte ich eben kurz an. Wird das Wetter zu schlecht, bin ich zu müde oder meinem Beifahrer wird schlecht, fahre ich an die nächste Raststätte, mache eine Pause und fahre entsprechend später weiter. All diese Möglichkeiten habe ich im Flugzeug nicht. Wenn ich nicht in schlechtes Wetter geraten will, muss ich mir vorher Gedanken machen und während des Fluges meine Umgebung im Auge behalten. Habe ich ein technisches Problem, muss ich in der Luft damit klarkommen. Ist meinem Mitflieger schlecht, kann es noch eine Zeit dauern, bevor wir wieder am Boden sind. Wenn man nicht wirklich tief fliegt, kann man auch nicht mal eben ein Straßenschild lesen, um sich wieder zu orientieren. Fliegen als solches ist sehr sicher, aber der größte Risikofaktor ist und bleibt hierbei der Mensch. »Wird schon klappen« ist eine Aussage beziehungsweise Einstellung, die ich schon häufiger am Flugplatz gehört habe. Oft, wenn es eh schon alles etwas hektischer ist und die Zeit drängt. Dabei ist genau das der Punkt, an dem Fliegen gefährlich wird.

Ich möchte an dieser Stelle keine Flugangst verbreiten, die ist auch ohne mich leider schon verbreitet genug. Aber ich möchte, dass jeder, der als Pilot in ein Flugzeug steigt, sich darüber bewusst ist, dass er selbst die Sicherheitsleine ist und dass die eigene Aufmerksamkeit, Vorbereitung, Übung und Wachsamkeit der Garant für die Flugsicherheit sind. Denn nur, wenn ich mir der Gefahren bewusst bin, kann ich alles dafür tun, diese zu vermeiden und sicher ans Ziel zu kommen. Das ist die Einstellung, mit der ich Motorrad fahre, und das ist die Einstellung, mit der ich ins Cockpit steige. Und der Glaube »Das Gefährlichste am Fliegen ist die Fahrt zum Flughafen« kann so mindestens genauso gefährlich werden, wie die besagte Fahrt zum Flugplatz selbst. Denn hinter mir sitzen vielleicht nicht 150 Personen, wie in der Linienfliegerei, sondern vielleicht nur einer oder zwei. Vielleicht bin ich sogar alleine. Aber immer bin ich der verantwortliche Luftfahrzeugführer. *(F)*

Weil man im Flugzeug wohnen kann

Viele Piloten haben ein sehr inniges Verhältnis zu ihren Luft-
gefährten. Gerne sind sie bei Flugausflügen auch nachts ihrem
Flugzeug nahe. Einmotorige Maschinen eignen sich aufgrund
ihrer Größe und Enge jedoch nicht unbedingt zum Übernachten
oder Wohnen. Ist es doch für Ungeübte und größere Menschen
bereits mit einigen Verrenkungen verbunden, auf der hinteren
Sitzbank einfach nur Platz zu nehmen. Es sich gemütlich einzu-
richten oder sich gar hinzulegen, daran ist da nicht zu denken.

Einzig eine Antonow AN-2, der größte einmotorige historische Doppeldecker der Welt, würde im Innern bequem Platz zum
Übernachten und Kurzzeitwohnen bieten.

Ich bin bislang um das Abenteuer Schlafen im Flugzeug bei
meinen Touren herumgekommen. Auch bei Touren in den entle-
genen Gebieten von Mosambik oder Namibia hat sich immer eine
Übernachtungsmöglichkeit mit einem Bett organisieren lassen. Bei
der Nachtflugausbildung vor einigen Jahren habe ich es abgelehnt,
das Abenteuer Übernachten im Schlafsack unter der Tragfläche
auf einem kleinen Flugplatz als kostenfreie Zusatzoption zu testen.

Beim ersten Tageslicht ging es dann für die Schüler nach einer
kurzen, wahrscheinlich eher unbequemen Nacht zurück. Ich habe
lieber die teure Landegebühr in Hamburg gezahlt, dort kann man
bis 23 Uhr landen, und entspannt im eigenen Bett geschlafen.
Allerdings sind viele leidenschaftliche Piloten ihren Maschinen
eng verbunden und schlafen gerne in deren Nähe. So gehört
das Zelten neben dem Flugzeug bei Fliegerevents oder Piloten-
treffen selbstverständlich dazu. Flugplätze, Vereine oder Flugschulen laden zu diesen »Fly-Ins« ein, es gibt Flugvorführungen,
viel Fachsimpelei und Austausch mit anderen Flugbegeisterten,
Workshops, gemeinsames Grillen und Feiern.

Ein paar Dixiklos sind meistens der einzige Luxus nebst einem Gartenschlauch zur Wasserversorgung. Das weltweit größte Event dieser Art findet jährlich in Oshkosh, USA Staat Wisconsin, statt. Während des achttägigen »AirVenture« tummeln sich dort mehr als eine halbe Million Besucher, mehr als 10.000 Flugzeuge fliegen ein, und viele Tausend Piloten zelten neben ihren Maschinen. Die Infrastruktur ist dem Ansturm angemessen angepasst, die Versorgungslage gut.

Wen das Zelten neben dem Flugzeug nicht reizt, der jedoch gerne mal in einem stillgelegten Flugzeug in einer Luxussuite übernachten möchte, dem kann geholfen werden. Bei Teuge, Nähe der Stadt Appeldorn in den Niederlanden, kann man in einer ausgemusterten russischen Iljuschin der ehemaligen Airline Interflug aus dem Jahre 1960 das Gefühl vom Wohnen in einem Flugzeug testen. Einst als Regierungsflugzeug für Honecker und andere Spitzenpolitiker der DDR im Einsatz, bietet der Flieger heute allen erdenklichen Hotelluxus wie eine Sauna und einen Whirlpool. Alles mit Blick auf das Vorfeld des Flugplatzes, auf dem man dann die Starts und Landungen von Sportflugzeugen beobachten kann. www.vliegtuighotel.nl

Für den kleineren Geldbeutel bietet sich eher eine Übernachtung im Jumbo Hostel nahe dem Flughafen Arlanda bei Stockholm an. Wie der Name vermuten lässt, befindet sich das Hostel in einem ausgemusterten Jumbojet, einer Boeing 747. Bewohnt werden können kleine Zimmerchen für zwei und mehr Jumboschläfer. Wer mehr möchte, der kann in der Cockpit-Suite seinen Kopf nahe dem Originalcockpit betten und vom Fliegen träumen. Den Blick in den Sternenhimmel durch das Cockpitfenster inklusive. www.jumbostay.com.

Den wenigsten Luftfahrtfans wird es vergönnt sein, ein eigenes Flugzeug als richtige Wohnung zu nutzen wie Bruce Campbell in den USA. Er hat eine Boeing 727, abgestellt in den Wäldern von Portland, Oregon, in jahrelanger Arbeit in sein absolutes

Traumhaus verwandelt. Die Maschine ist nicht mehr flugfähig, bietet aber alle Annehmlichkeiten eines richtigen Hauses. Für diejenigen, die den Kampf mit den Behörden und Vorschriften aufnehmen möchten, liefert er auf seiner Webseite eine genaue Anleitung, wie der Umbau eines Flugzeugs zum neuen Zuhause funktioniert: www.airplanehome.com. Ausgemusterte Flugzeuge gibt es genug, nur der Rest ist dann sehr kompliziert.

Bei uns dürfte ein solches Vorhaben an den diversen Vorschriften und Regelungen bereits im Vorfeld scheitern. Mal abgesehen von logistischen Schwierigkeiten, einen ausgemusterten Verkehrsflieger zu transportieren.

Dann doch lieber bei Gelegenheit mal wieder unter der Tragfläche zelten oder in einem Flugzeughotel übernachten. Eine gute Alternative dazu sind Airparks. Dort können Luftfahrtfans und Piloten zwar nicht in ihren Maschinen wohnen, jedoch direkt neben dem eigenen Flugzeughangar ihr Haus beziehen. Vorausgesetzt, man verfügt über das erforderliche Kleingeld.

In Deutschland gibt es erste Versuche, das Wohnen und Fliegen zu verbinden, wie im Müritz Airpark oder Zweedorf Rerik an der Ostsee. In den USA herrschen verglichen damit eher paradiesische Zustände. Spruce Greek heißt eine der größten Fliegerdorfsiedlungen in der Nähe von Daytona Beach in Florida, mit mehr als 1.300 Häusern und 700 Hangars für die Flugzeuge. Statt eines Chryslers stehen in der Garage dort gerne mal eine Cessna oder eine Piper für den schnellen Einkaufsflug. Die Straßen haben in der Mitte eine gelbe Rolllinie statt eines weißen Mittelstreifens und die Flugzeuge selbstverständlich immer Vorfahrt beim Rollen.[*] *(S)*

---

[*] *www.7fl6.com*

Weil der Sound eines Sternmotors unvergleichlich ist

Für dieses Kapitel sind mir viele Überschriften eingefallen: »Weil ein Rolls-Royce Merlin beim Anlassen manchmal Flammen spuckt«, »Weil manche Motoren nach links und andere nach rechts drehen« sind nur zwei von vielen weiteren. Fazit dahinter: Flugmotoren sind ein spannendes Feld und machen für mich einen großen Teil des Reizes an der Motorfliegerei aus.

Sternmotoren beispielsweise haben für mich im Leerlauf einfach den schönsten Klang, und ich könnte den ganzen Tag auf Flugtagen stehen und dem dumpfen Blubbern zuhören, das kurz nach dem Anlassen eines dieser alten Aggregate zu hören ist. Durch das in den Zylindern abgelagerte Öl ist das Flugzeug kurz nach dem Anlassen in eine Rauchwolke gehüllt, und ist dies auch bestimmt nicht die umweltfreundlichste Art, ein Flugzeug zu betreiben, übt sie doch eine gewaltige Faszination auf mich aus. Flugmotoren drehen alle relativ langsam, um Überschall an den Blattspitzen des Propellers zu verhindern. Moderne Motoren, welche schneller drehen, werden dann über ein Getriebe runtergeregelt. Doch bei den meisten Motoren ist der Propeller direkt an die Kurbelwelle angeschlossen. Aber wenn es um den Klang geht, geht für mich nichts über die großen Kolbenmotoren aus den frühen Jahren der Fliegerei, kurz bevor sie von den Strahltriebwerken abgelöst wurden. Klanglich mit am schönsten ist in der Luft wohl der Rolls-Royce Merlin. Erstmals gebaut im Jahr 1914 und dann kontinuierlich weiterentwickelt, liefern die ersten Motoren knapp 1.000 PS und die letzten bis zu 2.000 PS aus ihren zwölf Zylindern. Mit 27 Litern Hubraum und über 700 kg Gewicht nicht gerade ein Leichtbau, trieb dieser Motor etliche wichtige Militärmaschinen der Alliierten im Zweiten Weltkrieg an, und auch danach wurde er noch in mehreren Transportflugzeugen eingesetzt. Auf jeder Airshow somit ein klangliches Highlight, doch auch optisch ist hier etwas zu holen, schlagen doch beim Anlassen gern einmal halbmeterlange Stichflammen aus den Auspuffrohren.

In unseren aktuellen Sportflugzeugen von Cessna oder Piper arbeiten deutlich kleinere Motoren, welche für gewöhnlich als Boxermotor aufgebaut sind. Doch auch ohne Flammen und gar so beeindruckendem Klang entlockt es mir oft ein Grinsen, wenn beispielsweise die 6-Zylinder-Motoren unserer Britten-Norman BN-2 Islander brüllend zum Leben erwachen. Motoren aus amerikanischer bzw. westlicher Produktion sind aus Pilotensicht in der Regel rechtsdrehend ausgelegt, wohingegen Motoren aus russischer Produktion für gewöhnlich linksdrehend sind. Es gibt noch ein paar Ausreißer und Motorenkonzepte, welche sich nie ganz durchgesetzt haben, wie z.B. der Wankelmotor. Inzwischen gibt es auch Dieselflugmotoren, die den Vorteil haben, dass sie mit Kerosin betankt werden können. JetA1 ist die Bezeichnung einer der gängigsten Kerosinvarianten und hat den Vorteil, dass es fast überall auf der Welt zu bekommen ist. Unsere klassischen Benzinmotoren werden also normalerweise nicht wie Airliner mit Kerosin, sondern mit sogenanntem AvGas betankt. AvGas steht für Aviation Gasolin und unterscheidet sich von unserem »Normalbenzin« von der Tankstelle in erster Linie dadurch, dass Bleizusätze enthalten sind. Derzeit versucht die Luftfahrtbranche Motoren zu entwickeln bzw. die vorhandenen umzurüsten, sodass auch sogenanntes MoGas genutzt werden kann. MoGas entspricht in etwa unserem Super-Benzin und ist somit frei von Blei.

In den meisten Ultraleichtflugzeugen sind kleinere Triebwerke verbaut, welche deutlich höher drehen und dann über ein Getriebe die Kraft auf den Propeller übertragen. Der größte Vorteil dieser UL-Motoren liegt im geringeren Verbrauch.

All diese verschiedenen Triebwerke bringen uns in die Luft, doch wenn wir zum Anfang zurückkehren, spricht mich keines davon so sehr an wie der Sternmotor, welcher durch seine Optik und seinen brachialen Klang unvermeidlich an die Anfänge der Luftfahrt erinnert und, egal in welcher Maschine, immer fasziniert! *(F)*

Weil ein Pilot niemals rennt

Fliegersprüche und Weisheiten gibt es viele, manche mit Sinn und andere völliger Unsinn. Doch nur wenige beinhalten für mich so viel Wahrheit wie einer der ersten Sätze, die mir mein damaliger Ausbildungsleiter Jens mitgegeben hat: »Florian, ein Pilot rennt nicht!«

Was auf den ersten Blick ein wenig überheblich klingt, hat einen tiefer gehenden Grund. Wer rennt, macht Fehler, und über Fehler in der Fliegerei kann man häufig am nächsten Tag in der Zeitung lesen.

Ich erinnere mich noch gut an Simon*, einen Flugschüler von mir, der kurz zwischen zwei Geschäftsterminen noch eine Flugstunde gebucht hatte. Er kommt mit 20-minütiger Verspätung am Flugplatz an (das letzte Meeting ging länger als geplant), und auf meine Frage, ob wir den Flug nicht verschieben wollen, kommt als Antwort: »Passt schon, ich mach schon mal den Außencheck.« Zehn Minuten später rollen wir zur Startbahn 27, und ich frage ihn, ob er alles geprüft hat. Antwort: »Ja, natürlich.« Kurz vor dem Aufrollen frage ich noch einmal. Diesmal ist die Antwort schon leicht genervt: »Ja, ich starte jetzt.« Kurz vor dem Abheben ziehe ich ihm das Gas heraus, weil wir keine Fahrtmesseranzeige

---

* *Name geändert*

bekommen. Auf seine irritierte Frage deute ich nach links, wo seit dem Losrollen die Staurohrabdeckung (Pitotcover) flattert.

Nun ist ein nicht entferntes Pitotcover nicht das Ende aller Tage, aber doch ein deutlicher Hinweis auf einen nicht oder doch nur unzureichend durchgeführten Außencheck.

Dramatischer sind da noch die Erlebnisse eines Kollegen vom Tower, der zusehen musste, ohne noch einschreiten zu können, wie jemand »nur schnell« noch einmal was von draußen holen wollte und vorne um das Flugzeug lief. Genau in den schon laufenden Propeller.

Fliegen ist eine der sichersten Fortbewegungsarten aber Hektik und Stress sind der Feind jeder gründlichen Flugplanung und -vorbereitung! Ähnlich wie beim Autofahren haben starke Emotionen, Zeitdruck und andere ablenkende Faktoren keinen Platz im Cockpit.

Als Berufspilot ist man gezwungen, auch einmal bei schlechtem Wetter fliegen zu gehen, hier wird es auch manchmal knapp mit der Zeit. Aber hier sind immer zwei Piloten zusammen unterwegs, und die finale Entscheidung liegt immer beim Kapitän, und wenn dieser sich nicht sicher ist, den Flug sicher durchführen zu können, findet der Flug auch nicht statt.

Wenn also Verkehrspiloten, welche tagein, tagaus nichts anderes machen, als Flugzeug zu fliegen, sich nicht hetzen lassen, warum sollte ich mich dann als Privatpilot aus der Ruhe bringen lassen.

Wenn mir die zwei Minuten fehlen, die ich spare, indem ich renne, dann sollte ich von vornherein nicht losfliegen. *(F)*

Weil es viele verschiedene Möglichkeiten gibt, in die Luft zu kommen

»Dann muss ich mir doch auch ein eigenes Flugzeug kaufen, wenn ich den Flugschein mache, oder?« ist eine der Fragen, die mir häufiger gestellt werden, wenn sich jemand mit dem Gedanken trägt, einen Flugschein zu machen.

Aber auch wenn vermutlich jeder Pilot von »seinem« Flugzeug träumt, ist ein eigenes Flugzeug nicht notwendig und bietet nur unter gewissen Voraussetzungen wirkliche Vorteile.

Ein eigenes Flugzeug zum Reisefliegen lohnt sich erst ab einer gewissen Stundenzahl. Dieser »Break-Even« ist zwar stark flugzeugabhängig, aber als groben Richtwert kann man bei einem Reiseflugzeug 100 Stunden im Jahr annehmen. Wer also nur beispielsweise 15 Stunden im Jahr fliegen möchte oder kann, würde mit einer eigenen Maschine fast zwangsläufig Verlust machen. Der wohl größte Vorteil eines eigenen Flugzeugs ist, dass ich niemandem Rechenschaft schuldig bin, wenn ich mal einen längeren Flug machen möchte. Die meisten Vercharterer erwarten eine Mindeststundenabnahme pro Tag von zwischen zwei und drei Stunden. Fliege ich also auf eine Insel und möchte ein paar Tage vor Ort bleiben, so kann das sehr schnell sehr teuer werden, ohne dass das Flugzeug sich bewegt. Auch im Ausland ist das eigene Flugzeug für gewöhnlich nicht vor Ort, und wenn es mein Ziel ist, viele Länder von oben zu erkunden, muss ich entweder immer komplett selber fliegen oder doch wieder vor Ort chartern.

Überhaupt ist an vielen Plätzen eine Flugschule und/ oder ein Charterunternehmen zu finden, welches im Zweifel auch einen Safety-Piloten bereitstellen kann, der für die ersten Flüge in unbekannten Ländern auch sicher sehr hilfreich sein kann. Der große Vorteil am Chartern vor Ort liegt aber auch in der Verfügbarkeit der Flugzeuge. Ist eine der Maschinen defekt, steht im Zweifel ein Ersatz bereit. Fällt hingegen der eigene Flieger aus, fällt auch erst mal das Fliegen aus. Aber auch bei technischen Defekten, die während der Charterzeit auftreten, hilft ein Anruf oder der kurze Hinweis auf den Defekt bei der Abgabe. Alle weiteren Probleme und vor allem Kosten liegen beim Vercharterer. Beim eigenen Flugzeug steigen die eigenen Kosten und damit auch wieder die Kosten pro Flugstunde.

Möchte ich mir kein eigenes Flugzeug kaufen, aber trotzdem etwas günstiger in die Luft kommen, bietet sich noch die Mitgliedschaft in einem Luftsportverein an. Hier sind die Flugstundenpreise häufig günstiger, dafür konkurriere ich aber auch mit den anderen Vereinsmitgliedern um die vorhandenen Flugzeuge.

Als letzte Möglichkeit, ohne direkt ein komplettes Flugzeug zu kaufen, bietet sich noch die Teilhaberschaft an. Durch die Teilhaberschaft an einem Flugzeug sind die Stundenzahlen, ab denen sich das Flugzeug lohnt, gemeinsam und somit schneller erreicht, und gleichzeitig bleibt auch die Verfügbarkeit durch die nur wenigen Miteigentümer relativ hoch. Beliebt sind jedoch meistens die Wochenenden, und von denen gibt es bekanntlich im Jahr nur 52. Auch kann es im Fall von entstehenden Kosten schnell zum Streit kommen. Es lohnt sich hier also, klare Regeln zu vereinbaren.

Abschließend hängt es natürlich auch von dem Flugzeug ab, welches ich chartern möchte. Eine Cessna 172 werde ich fast überall zu vertretbaren Konditionen bekommen. Soll es aber etwas schneller sein oder für spezielle Zwecke taugen, dann grenzt sich die Auswahl doch schnell etwas ein. Aber wenn es mir um die reine Freude an der Fliegerei geht, wenn ich einfach und nahezu überall in die Luft kommen möchte, dann brauche ich definitiv kein eigenes Flugzeug. Sei es im Verein, bei einer Flugschule, einem professionellen oder privaten Vercharterer – wenn ich fliegen möchte, findet sich nahezu überall ein Weg! *(F)*

Weil es CAVOK und NOSIG gibt

Es ist ein schöner Frühsommertag im Mai mit herrlichstem Flug-wetter, ich bin bester Dinge und bereite einen Flugausflug vor. In die dänische Südsee, also ins dänische Südmeer, soll es gehen. So wird der Teil südlich des Belts im Kattegat genannt. Ich mag die Vorstellung, dass diese Gegend mit den exotischen Gewässern der Südsee vergleichbar sein soll. Zumindest die Anzahl der Inseln ist eine gewisse Gemeinsamkeit. Nach Palmen oder anderen exotischen Gewächsen habe ich jedoch bislang bei den Touren vergeblich Ausschau gehalten.

Vor dem Flug gilt es die Route zu planen, zu prüfen, ob an den ausgewählten Landeplätzen tagesaktuelle Besonderheiten gelten wie zum Beispiel eingeschränkte Öffnungszeiten, und ich ver-schaffe mir einen Überblick über das vorhergesagte Flugwetter an diesem Tag.

Praktischerweise gibt es dafür für Piloten eine Web-App des Deutschen Wetterdienstes. Auch während eines Ausflugs kann ich so jederzeit die Vorhersagen und Änderungen im Auge be-halten. Es ist ein traumhafter Tag, auch der GAFOR (General Aviation FORecast) bestätigt dies durch die Farbe Blau auf der virtuellen Karte der Wetter-App, übersetzt bedeutet das Charlie wie »Clear« oder frei, keine Wolken unterhalb von 5.000 Fuß. Und zum Charlie des GAFOR gibt es noch ein CAVOK (Clouds And Visibility OK) als als Zauberwort des Tages. Dies heißt, dass die Wolken und Sichten in Ordnung sind für den Tag oder kurz Traumflugwetter fast garantiert. Das ist die Carte Blanche für Flugtouren.

In den Wetterbeobachtungen und Prognosen der Flugplätze, auch kurz METAR (METereological Aerodrome Report) genannt, taucht dann auch NOSIG auf – »No Significant Change«. Also

Wolkenhöhe und Sichten sind in Ordnung sowie keine wesentlichen Änderungen für die nächsten Stunden an diesem Tag zu erwarten. Insbesondere bei uns im Norden Deutschlands kommt das nicht so häufig vor. Für leidenschaftliche Piloten durchaus ein Anlass, alles andere stehen und liegen zu lassen, einen Flieger zu chartern und loszufliegen.

Es geht nach Endelave mit dem markanten ICAO Kürzel EKEL. Endelave ist eine kleine typisch dänische Insel östlich des dänischen Festlandes mit nur etwa 160 Einwohnern. Wir fliegen aus Uetersen in Richtung Flensburg, und tatsächlich sind die Sichten so gut, dass ich bereits kurz nach dem Start in der Ferne die Ostseeküste erkennen kann. Der weitgehend hügellose Norden ermöglicht bei solchem Kaiserwetter gefühlt unendliche Sichten, der Horizont endet gefühlt an der Erdkrümmung.

Ich schätze, wir können sicherlich gute 100 Meilen weit horizontal sehen. Es ist die Belohnung nach Monaten durchwachsenen Wetters, das viele Flugtouren verhindert hat. Unter uns leuchten die Wiesen und Felder in satten Grüntönen, durchzogen von den typischen schnurgeraden Entwässerungsgräben, die die Landschaft optisch in lange Streifen zerteilen.

Die Wälder im Norden bestehen aus großen Gruppen von Windrädern, die ihre Rotoren immer höher in den Himmel recken. Kleine Flüsse schlängeln sich wie bräunliche Schlangen durch die grüne Landschaft, ab und zu überfliegen wir ein Gehöft oder eine Ortschaft. Die weißen Segel zahlreicher Boote sind in der Kieler Bucht zu sehen.

Nach einem Hüpfer über die Ostsee ist unser erstes Ziel in der nordischen Südsee in Sicht, ganze gut gemähte 600 Meter Grasbahn stehen für die Landung zur Verfügung. Der Besitzer Jens Toft ist ein absolutes Original und trotz seiner inzwischen über 90 Jahre fast täglich am Platz unterwegs und stets zu einem Plausch aufgelegt. Nicht weniger als 137 Flugzeuge soll er im Laufe seines Lebens bereits besessen haben. In der Scheune am

Platz stehen einige Dutzend leuchtend rot lackierte Fahrräder zur Inselerkundung bereit. Nachmittags geht es weiter nach Sams immerhin mit über 3.700 Einwohnern und jeder Menge idyllischer Dörfer. CAVOK und NOSIG sind perfekte Reisegefährten, die ich gerne immer wieder mitnehme. *(S)*

Weil es ein perfektes Geschenk ist

Ich bin nervös vor der kleinen Flugtour mit einer der Cessnas 172 aus meinem Aeroclub. Wird alles klappen? Bislang habe ich noch selten Freunde mitgenommen. Ich wollte erst etwas mehr Flugerfahrung und Sicherheit als frischgebackene Privatpilotin sammeln, bevor ich Freunde und Familie durch die Lüfte pilotiere.

Diese teilen sich in zwei Gruppen. Die einen würden nicht gegen viel Geld und andere Lockangebote in ein kleines Sportflugzeug steigen, die anderen würden am liebsten jedes Mal mitfliegen und können baldige Ausflüge auf die Inseln der Nord- und Ostsee kaum abwarten. Für die Flugangstgeplagten jedoch wäre eine Einladung zu einem Mitflug eine Art Höchststrafe.

Also hebe ich ab mit den Flugbegeisterten, die ohne Vorbehalte oder Angst in die kleinen fliegenden Blechkisten einsteigen. Die mir absolutes Vertrauen entgegenbringen, dass ich das alles schon richtig machen werde. Es sind die Neugierigen ohne Flugangst, die das Gefühl, in der Luft zu sein, ebenso schön finden, wie ich es tue.

Eine gute Freundin aus meiner Heimatstadt Göttingen ist zu Besuch. Ich bin mutig und lade sie ein zu einem Rundflug über Hamburg. Nach einer kurzen Einweisung geht es los aus Uetersen. Wenige Flugminuten nach dem Start nähern wir uns bereits der Flugkontrollzone von Hamburg. Dort darf man erst einfliegen, wenn einem der zuständige Lotse im Tower nach Anfrage über Funk die Freigabe dazu erteilt hat. Da der Flughafen Hamburg mitten in der Stadt liegt, wird der Luftraum über Hamburg für den An- und Abflug der Verkehrsflieger genutzt. Damit ist jeglicher Flugverkehr geregelt und unter Radarkontrolle.

Bereits beim Einflug in die Kontrollzone wird es spannend für mich, ich bin ja verantwortlich für uns beide, möchte alles richtig machen. Der Lotse verlangt, dass ich vor dem Einflug einen »Tri-Sixty« fliege. Ich verstehe erst nur Bahnhof, habe eine echt lange Leitung, muss zweimal nachfragen, was er meint, dann kapiere ich es. Ich soll einen Vollkreis fliegen, wahrscheinlich ist ein Verkehrsflieger im Anflug, und er möchte mich noch aus dem Weg haben. Als ich das meiner Begleiterin mitteile, drücke ich aus Versehen dabei die Funktaste, alles Gesagte geht direkt zum Lotsen. Ein anderer Pilot schaltet sich per Funkspruch ein und kommentiert das Gehörte mit. Es sei ja echt unterhaltsam, da sei mal was los, er würde gerne noch auf der Frequenz bleiben. Mir ist das Ganze superpeinlich, bin bestimmt tiefrot, nur nichts anmerken lassen. Zum Glück merkt meine Freundin nicht, wie nervös und angespannt ich bin. Dann dürfen wir doch in die Kontrollzone von Hamburg einfliegen, in den unsichtbar abgegrenzten Raum über Hamburg. Meine Freundin ist begeistert von der Aussicht auf die Stadt. Wir drehen eine Runde über den Hafen mit den großen Containeranlagen und Schiffen bis zur Alster. Die sieht inmitten der Stadt aus wie ein riesiger See, auf dem viele Segelboote kreuzen. Die Stadt ist in Grün getaucht von den mehr als 600.000 Bäumen. Ein perfektes Stadtgemälde, meine Mitfliegerin möchte noch etwas oben bleiben.

So fliegen wir noch eine Runde die Elbe Richtung Nordsee hoch, ihre Begeisterung zeigt mir, dass es ein perfektes Geschenk für sie gewesen ist. Immer noch ist mir mein Funkpatzer sehr peinlich. Noch Tage später denke ich daran. Es ist ein klassischer Anfängerfehler, versehentlich die Funktaste zu drücken und unfreiwillig auf Sendung zu gehen. Das Wichtigste ist jedoch, dass unser Flug trotzdem ein perfektes Geschenk für sie war. *(S)*

30. Grund

Weil Fliegen verbindet

Die ersten Flugversuche und Flugstunden finden meistens mit einer Cessna 150 oder 152 statt. Das sind robuste einmotorige Flugzeuge mit nur zwei Sitzen im Cockpit, die oftmals schon mehr Jahre am Himmel zählen, als ihre Piloten alt sind.

Gutmütige Flugeigenschaften machen sie zum idealen Schulungsflugzeug. Als Flugschüler erfordert es sehr viel Mühe und extreme Manöver, um diese Maschine in eine schwierige Fluglage zu bringen. Etwas klaustrophobisch geht es im Cockpit zu, allzu viel Körpergewicht und -größe sollte man nicht mitbringen.

Einige sehr große Flugschüler haben auch von Anfang an in der großen Schwester, der Cessna 172, ihre Ausbildung gemacht, knapp zwei Meter Körpergröße lassen sich nicht in einer Cessna 152 hineinfalten. Etwas ungelenk klettere ich mühsam rein und ruckele mich links in den Pilotensitz. Der Fluglehrer faltet sich neben mich in den Kopilotensitz. Es erinnert mich sehr an meine Fahrschulausbildung. Auf jeder Seite gibt es ein eigenes Steuerhorn und jeweils zwei Fußpedale zum Steuern und Bremsen. Die Türen sind zu, und das Abenteuer Fliegenlernen beginnt. Die ersten Stunden ist der Ausbilder meistens damit beschäftigt, erfolgreich zu verhindern, dass ich beim Landen den Flieger zum Absturz bringe. Wie sagte es einer meiner Fluglehrer: Die ersten Stunden versuche ich einfach zu verhindern, dass mich der Schüler womöglich umbringt.

Ein bekanntes Anfängerphänomen ist es auch, dass ich versuche, mit dem Steuerhorn den Flieger am Boden zu lenken. Es fühlt sich zwar ähnlich wie ein Lenkrad an, Lenkbewegungen damit am Boden haben jedoch keinerlei Effekt, wie ich rasch merke. Werden doch nur die sogenannten Querruder damit bewegt. Und die sitzen an den Flügeln und entfalten ihre Wirkung ausschließlich in der Luft. Gesteuert am Boden wird das Flugzeug mittels des vorne sitzenden Bugrads und der Fußpedale.

Das gemeinsame Fliegen im Cockpit verbindet. Der Fluglehrer kennt mich bald besser, als ich selber ahne. Er kann meine Fehler voraussehen und weiß um meine Schwächen und Stärken. Im Cockpit ist kein Raum für Angeberei, Selbstüberschätzung und Schauspielerei. Klare Sache, ich bin nicht die geborene Pilotin, alles ist anfangs sehr mühsam und kostet manchmal viel Überwindung und Durchhaltevermögen.

Hatte ich anfangs noch gedacht, dass Fliegen eher ein mechanischer Ablauf ist, werde ich rasch eines Besseren belehrt. Die Art und Weise, wie man fliegt, spiegelt unmittelbar die eigene Persönlichkeit wider. Umso wichtiger ist es, dass mein Ausbilder in der Lage ist, auf die Stärken und Schwächen gut einzugehen. Insbesondere in stressigen Situationen kommt es vor, dass ich bestimmte Dinge komplett ausblende. Das können wichtige Informationen über Funk sein oder Anweisungen und Hinweise, die der andere gibt. Mit viel Motivation und positivem Feedback werde ich allmählich besser im Beherrschen des Flugzeugs. Die gemeinsamen Flugstunden verbinden, ich lerne einiges über mich und meine Grenzen.

Meine Beharrlichkeit und der Durchhaltewillen in Kombination mit meiner meistens hohen Motivation helfen mir über manche Motivationstiefs hinweg.

Vergessen sind die Tage, an denen so gar nichts so recht klappen will und der Flieger irgendwie nicht das macht, was ich möchte. Endlich ist der große Tag gekommen, und ich halte meine Lizenz in den Händen. Jetzt gehöre ich dazu, zur großen Gemeinschaft der Privatpiloten.

Verbunden sind wir alle durch die Leidenschaft zu fliegen. Insbesondere auf Fly-Ins – Treffen von Piloten und Flugbegeisterten, angereist wird möglichst mit eigenem Flugzeug – und Airshows ist das für mich gut zu spüren. Mit vielen anderen Flugbegeisterten komme ich unkompliziert ins Gespräch, das fliegerische Du unter Luftfahrern geht bald gut über die Lippen, mal abgesehen davon, dass ich gelernt habe, den Typus Piloten zu meiden, der sich selber am liebsten reden hört und unablässig von seinen unendlichen Heldentaten zu berichten weiß. Das Tollste ist für mich immer wieder, dass man weltweit auf Flugbegeisterte trifft und sich sofort etwas zu erzählen hat. In vielen Ländern der Welt kann man bei einer dortigen Flugschule fliegen und auf diese Weise Land und Leute noch ganz anders kennenlernen. Am Anfang verbindet das gemeinsame Lernen für die Prüfung. Alter und Beruf spielen keine Rolle. Meistens weiß man gar nicht, wie der andere seinen Lebensunterhalt verdient oder wie er mit vollem Namen heißt. Was zählt, ist das gemeinsame Erleben, der Austausch übers Fliegen.

Auch ohne viel zu sprechen, lernt man den anderen beim gemeinsamen Fliegen im Cockpit gut kennen, weiß um seine Eigenarten und Grenzen. Und wenn es menschlich passt, schafft es eine feste, oftmals dauerhafte Verbindung. Wir sind seit unserer Ausbildung vor acht Jahren eine zusammengeschweißte Pilotengruppe von sieben bis acht Gleichgesinnten, die immer mal wieder gemeinsam fliegen.

Auch wenn der ein oder andere inzwischen woanders wohnt, der Kontakt hält. Und wann immer es geht, fliegen wir gemeinsam. Fliegen ermöglicht die Begegnung mit Menschen, die man sonst niemals kennengelernt hätte. Es herrscht eine große Kameradschaft und Hilfsbereitschaft unter Piloten, auch wenn das etwas altmodisch anmutet. Vom eher spröden Einzelgänger bis hin zum Unterhaltungsperfektionisten ist mir im Laufe der Jahre alles begegnet. Anknüpfungspunkte haben sich immer ergeben. *(S)*

Weil man sich gegenseitig hilft

Die Fliegerei ist eine eigene kleine Welt, quasi eine eigene Subkultur. Die Begeisterung für Flugzeuge jeder Größe und Form zieht sich durch alle Alters-, Bevölkerungs-, und Einkommensgruppen. Sei es mein damals fünfjähriger Neffe, der mit Begeisterung Papierflugzeuge faltet, oder die Leiterin des Großkonzerns, die auf der Suche nach neuen Herausforderungen und einer schönen Freizeitaktivität ist. Der Traum vom Fliegen und die Suche nach der Freiheit über den Wolken eint uns alle.

Dies spüre ich jeden Tag auf dem Flugplatz, wo es kein »Sie« gibt. Piloten duzen einander, aber sie helfen einander auch. Mitbewerber hin oder her, hat sich jemand festgefahren oder ein technisches Problem, spielt es keine Rolle, dass wir um dieselben Kunden streiten. Es steht außer Frage, dass alle kurz mit anpacken, um den Flieger wieder aus dem Schlamm zu befreien, oder dass wir mit unserem Batteriewagen Starthilfe leisten, und ist der Tag dann erfolgreich und sicher zu Ende gegangen und ich sitze wahlweise grillend vor dem Hangar oder bei größeren Touren im Hotel an der Bar, dann gesellen sich auch häufig andere Flieger und Crews dazu, und auch hier ist wieder vergessen, für wen jeder arbeitet. Nach Feierabend sind wir alle nur eines, Flieger!

Dies fällt auch unter den Begriff *good airmanship*, der sich zwar nicht wirklich übersetzen lässt, aber für ein rücksichtsvolles und verantwortungsbewusstes Handeln steht. *Good airmanship* beginnt schon am Boden, wenn ich nach dem Anlassen darauf achte, nicht das Ultraleichtflugzeug hinter mir »wegzupusten«, oder indem ich meinen Motorstandlauf in einer entfernteren Ecke des Flugplatzes kurz vor der Startbahn mache und nicht unmittelbar vor der Aussichtsterrasse, wo sich die Besucher dann nicht unterhalten können oder ihnen das Essen von den Tellern weht. Aber *good airmanship* steht auch für Rücksichtnahme in der Luft. Sieht mich der andere? Ich weiche lieber auch aus, anstatt auf mein Vorflugrecht zu beharren. Ist ein Soloschüler in der Platzrunde vor mir, halte ich guten Abstand, um ihn nicht zu verunsichern. Und sehe ich, dass jemand Hilfe braucht, dann gehe ich dorthin und helfe ihm, wenn ich kann. Ich halte das alles für selbstverständlich, und so aufgeschrieben klingt es auch so. Doch eine Fahrt durch den Feierabendverkehr führt mich hier regelmäßig auf den Boden der Tatsachen zurück. Auch in der Fliegerei gibt es natürlich immer jemanden, der unaufmerksam oder rücksichtslos ist. Die älteren Mitglieder meines Segelflugvereins erzählen da noch vom Röhngeist, der früher des Nachts kam und solchen Personen den Hosenboden mit Spannlack eingestrichen hat. Auch wenn dieser Gedanke mitunter verlockend ist, lösen sich solche Probleme für gewöhnlich recht schnell mit Worten. In guter Erinnerung ist mir da der Helikopterpilot im Anflug, welcher meinen Flugschüler und mich über Funk angeschnauzt hat, wo zur Hölle wir denn langfliegen würden und ob wir unseren Flugschein im Lotto gewonnen hätten. Beim klärenden Gespräch am Boden stellte sich dann heraus, dass er keine Anflugkarte für den Platz dabeihatte und somit leider selber keine Ahnung hatte, wo er da gerade entlangflog. Nach kurzem verlegenen Schweigen hat er sich dann bei meinem, ob dieser Attacke etwas verunsicherten, Flugschüler entschuldigt, und von mir gab es noch eine ausgedruckte Anflugkarte für den nächsten Flug.

Daher versuchen wir als Lehrer schon in der Ausbildung darauf zu achten, unseren Schülern ein gewisses Grundverständnis von *good airmanship* mitzugeben. Denn sie hat nicht nur etwas mit allgemeiner Höflichkeit, sondern auch viel mit Sicherheit zu tun. *(F)*

Weil man auf Airshows 100.000 Freunde trifft

Airshows und Fly-Ins sind für mich immer eines der Highlights des Jahres. Nicht nur, dass ich Tage damit verbringen könnte, mir unterschiedlichste Flugzeuge anzusehen, sei es am Boden, wartend auf den nächsten Flug oder am Himmel, ganz in ihrem Element. Für mich sind das Besondere an diesen Veranstaltungen die Stimmung und die anderen Menschen. Denn egal wer neben mir steht oder wen ich am Startbahnrand, neben einem besonders schönen Flugzeug oder einfach nur am Würstchenstand anspreche, wir haben alle eines gemeinsam: die Liebe und Faszination für Flugzeuge. Somit ist ein gemeinsames Thema schnell gefunden, und bei Würstchen und Cola oder, wenn nicht mehr geflogen werden soll, bei Würstchen und Bier lässt sich wunderschön fachsimpeln.

Ist dies in Europa schon ein Erlebnis, so sind Airshows in Amerika noch einmal in einer ganz eigenen Liga. Nicht nur, weil hier häufig viele Flugzeuge zu sehen sind, welche es bei uns, wenn überhaupt, nur noch in Museen gibt. Sondern auch, weil der Umgang der Menschen mit den Flugzeugen noch mal ein anderer ist.

In Europa sind die meisten Maschinen an den Ausstellungsflächen durch ein Seil oder durch Aufpasser von den restlichen Besuchern abgetrennt. Ist das mal nicht der Fall, sieht man dann meist schnell den Grund für die sonstige Absperrung: Menschen, die die Flugzeuge antatschen; Kinder, die unbeaufsichtigt von den Eltern versuchen, ins Cockpit zu schauen oder am Propeller zu drehen.

In Amerika ist das wundersamerweise anders. Hier sind selbst historische Maschinen recht frei zugänglich und können aus nächster Nähe bestaunt werden, und trotzdem halten die Besucher einen respektvollen Abstand. Niemand klopft gegen die

Tragfläche, um zu sehen, wie das denn klingt. Umso entspannter und freundlicher sind somit auch die Piloten und Besitzer dieser Maschinen. »Wo kommst du her? Was fliegst du so? Setz dich gerne mal rein«, begleitet von einer einladenden Geste Richtung Cockpit, sind Worte, die mein Herz höherschlagen lassen.

Aber auch unter den Besuchern entstehen immer wieder spontane Freundschaften, die bis zum Ende der Airshow oder auch ein Leben lang halten können. Manchmal ist es einfach der begeisterte Zuschauer mit dem doch noch mal besseren Objektiv und der größeren Kamera, der anbietet das eine oder andere Foto weiterzuleiten. Oder der Sitznachbar, der den Platz frei hält, während ich mich mit einem Burger oder einem Eis bewaffne.

Die Fliegerei bietet hier aber erfreulicherweise auch nur wenig Streitpunkte. Ob man nun Hoch-, Tief- oder Doppeldecker schöner findet, ist mit Sicherheit Geschmackssache, aber nicht wirklich einen Streit wert. Denn am Ende eint alle Besucher und Teilnehmer das Gleiche, egal ob bei einer kleinen Veranstaltung mit nur wenigen Maschinen oder einem riesigen Fly-In mit 100.000 Besuchern: Wir alle sind glücklich, wenn die Sonne scheint und der Klang von Flugmotoren die Luft erfüllt. *(F)*

33. *Grund*

Weil man auf den Turm rauf darf

Bei meinen ersten eigenen Flugtouren in Florida, USA war ich sofort begeistert, dass ich die Plätze einfach frei anfliegen konnte, ohne Rücksicht auf die Betriebszeiten und Koordination durch einen Flugbetriebsleiter wie in Deutschland. Das fühlt sich an wie die absolute Freiheit. Beim Anflug koordinieren die Piloten untereinander über Funk ihre Bewegungen und geben ihre Positionen und Absichten kund.

Dafür gibt es feste Verfahren und Vorfahrtsregeln, und es funktioniert bestens. Und bei Nacht? Durch eine bestimmte Anzahl von Klicks auf den Funkknopf kann ich während des Fluges sogar die Beleuchtung auf vielen Flugplätzen selber einschalten. So viel Freiheit beim Fliegen ist in Deutschland leider undenkbar. Der Flugbetrieb ist genauestens geregelt, an den kleineren Plätzen gibt es einen Flugbetriebsleiter, auch kurz Türmer genannt. Eigentlich als Freund und Helfer für die Piloten gedacht, soll er über Funk die Landerichtung, die Infos zum Wind am Platz und für die Höhenmesser-Einstellung den Luftdruck bekannt geben. Und er kann bestimmen, was auf dem Boden des Flugplatzes passiert. Mehr nicht. Weisungsbefugnisse gegenüber den Piloten hat er nicht, im Gegensatz zu den Fluglotsen an den Verkehrsflughäfen.

Statt Start- und Landefreigaben gibt es eine zu verwendende sogenannte Sprechgruppe, die da lautet: »Nach eigenem Ermessen«. Der Flugbetriebsleiter sagt mir, welche Bahn in Betrieb ist, etwa die Bahn 09, und ich gebe beim Starten die Meldung: »Starte in der 09 nach eigenem Ermessen.« Doch nicht jeder Türmer bescheidet sich mit den ihm übertragenen Aufgaben. Gerne fühlen sich die Flugleiter zu Höherem berufen und möchten das Fluggeschehen rund um ihren Platz lenken und leiten. Sie haben zwar offiziell keine Weisungsbefugnis gegenüber den Piloten, je nach Persönlichkeit tritt aber so mancher wie ein echter Lotse eines Verkehrsflughafens auf. Es ist mir durchaus passiert, dass ich gemaßregelt wurde, weil ich angeblich zu tief angeflogen bin oder die Maschine in seinen Augen nicht korrekt geparkt habe. Meistens stellt sich heraus, dass derjenige den Job noch nicht lange macht und seine Unerfahrenheit überdeckt durch entsprechend autoritäres Auftreten. Was mich als Fluganfängerin jedoch anfangs ziemlich eingeschüchtert hat.

Die meisten sind jedoch sehr hilfsbereit, oftmals mit eigenem umfangreichen fliegerischen Hintergrund. Der Türmer sitzt mit seinem Funkgerät und seiner Wetterstation auf den meisten Plätzen in einem mehr oder weniger improvisierten und karg ausgestatteten kleinen Turm, mit Blick auf das Fluggeschehen. Oftmals mehrstöckig gebaut mit einer Rundumverglasung, strahlen sie den Charme eines Bauwerks der 1960er- oder 1970er-Jahre aus. Da Landungen hierzulande etwas kosten, ist der Aufstieg nach dem Abstellen der Maschine obligatorisch. Der Weg nach oben erfolgt gerne über eine schmale Wendeltreppe, es gilt rechtzeitig den Kopf einzuziehen, sonst nimmt man rasch eine Beule als Erinnerung an den Besuch mit. Von oben wird man mit einem Rundumblick aus der verglasten Turmkanzel belohnt, und manchmal gibt es einen netten Plausch und einen Kaffee gratis dazu. Je nach Jahreszeit ist es mal heiß, stickig oder zugig kalt. Ich mag den Ausblick von dort oben sehr. Auf den Türmen der Inselflugplätze, die wir im Norden regelmäßig anfliegen, ist es jedes Mal wieder grandios, einen 360-Grad-Blick über die Dünen bis zum Wasser zu haben.

An meinem Heimatflugplatz sind die Flugplatzleiter sehr hilfsbereit und angenehm im Umgang, auch wenn viel los ist. Sind an schönen Flugtagen diverse Flugzeuge rund um den Platz unterwegs nebst Segelflugverkehr auf der Nordseite, kann es beim Anflug rasch hektisch werden. Wo sind die anderen Maschinen, wie hoch, wie weit, ein guter Türmer als Koordinator ist da Gold wert.

Möchte man mal erleben, wie Air Traffic Controller an den Verkehrsflugplätzen im Tower arbeiten, ist dies nach etwas Vorarbeit und Formalitäten durchaus möglich und ein eindrucksvolles Erlebnis. Mir ist mein Besuch auf dem Kontrollturm am Flughafen Hamburg noch sehr gut in Erinnerung.

Im Minutentakt werden in den Stoßzeiten die Starts und Landungen der Flugzeuge koordiniert. Jede Minute sind höchste Konzentration und Aufmerksamkeit gefragt. Im Internet findet man gute Mitschnitte vom Funkverkehr an Flughäfen, die geben einen ersten Einblick in die Abläufe. Live mithören kann man den Funkverkehr von einigen Flugplätzen in den USA unter www.liveatc.net. *(S)*

Weil man kein eigenes Flugzeug braucht, um fliegen zu können

Gerade frisch den Führerschein gemacht, möchte man am liebsten sofort ein eigenes Auto besitzen. Nicht mehr mühsam herumfragen und ausleihen, die mögliche neue Mobilität soll schließlich ausprobiert und praktiziert werden. Ein Auto hatte ich damals recht schnell. Den Wunsch nach einem eigenen Flugzeug habe ich noch immer, dieser rückt nach Bestehen der Pilotenlizenz aus vielerlei Gründen rasch nach hinten auf der Liste der Wünsche und Prioritäten.

Fast alle Privatpiloten, die ich kenne, träumen immer mal wieder den Traum vom eigenen Flugzeug. Der Gedanke ist doch sehr verlockend, flexibel immer dann fliegen zu können, wenn ich Zeit habe und das Wetter passt, ohne Abstimmungen mit einem Eigentümer oder Verleiher. Ein kleines Rechenexempel zeigt mir rasch, dass der Traum von einer eigenen Maschine bis auf Weiteres ein Traum bleiben wird.

Zu hoch ist der Finanzbedarf, zu herausfordernd sind die Anforderungen an den Betrieb. Die Auflagen für die Wartung sind strikt, abhängig von der Art des Flugzeugs darf man (zum Glück) nicht sehr viel in Eigenarbeit machen. Also sind regelmäßige Werftaufenthalte für die Routineüberprüfungen und für anfallende Reparaturen zu organisieren und vor allem auch zu bezahlen. Wenn es dem Gesetzgeber einfällt, wie jüngst geschehen, die Funkfrequenzen neu zuzuordnen, werden für den Einbau eines neuen Funkgerätes rasch mal mehr als 10.000 Euro fällig.

Den Traum vom Fliegen kann ich jedoch trotzdem leben. Fast jede Flugschule verchartert nach einem kurzen Überprüfungsflug ihre Flugzeuge an Piloten. So bin ich sehr schnell Stammkundin in der Flugschule geworden, in der ich meine Lizenz gemacht habe. Drei weitere Maschinen kann ich chartern in einem Aeroclub, neue Kontakte fürs gemeinsame Fliegen eingeschlossen. So kann ich die Freuden des Fliegens genießen mit recht hoher Flexibilität und vor allem ohne die damit verbundenen Pflichten für die Wartung und Reparaturen.

Viele Tage an den Wochenenden sind der großen Freiheit in der Luft gewidmet. Ich tanke dabei Energie und nehme das beschwingte Lebensgefühl nach einem schönen Flug mit in die nächste Woche. Bald gibt es eine Reihe von Lieblingszielen in der Umgebung wie zum Beispiel die Insel Föhr. Der Anflug über das weite Wattenmeer ist jedes Mal wieder grandios. Nach der Landung geht es dann zu Fuß an den Strand in wenigen Minuten. Ab in den Strandkorb eines Cafés mit Blick auf die Halligen, die wie gestrandete Containerschiffe aus dem Wasser aufragen. Und das Beste ist, dass es viele Gleichgesinnte gibt, mit denen ich abwechselnd zusammen unterwegs bin. Vielleicht sind Piloten etwas verrückter als andere, die Golf spielen, segeln oder wandern. Auf jeden Fall habe ich in den nunmehr mehr als acht Jahren Flugsport eine Vielzahl von leicht verrückten Piloten mit ausgeprägter Flugleidenschaft kennengelernt.

Ich gebe jedoch zu, dass mich von Zeit zu Zeit die Idee eines Flugzeugkaufs immer mal wieder umtreibt. Dann schaue ich im Internet und Fachzeitschriften nach möglichen Objekten meiner Träume. Ich sehe meine eigene Maschine vor mir, im Hangar auf mich wartend. Bislang hat meine Vernunft die Oberhand behalten. Ich stille meine Flugsehnsucht mit weiteren spannenden Touren und lasse den Traum vom Fliegen Wirklichkeit werden, immer wieder. Wenn ich dann erst mal unterwegs bin, spielt es keine Rolle, ob es eine eigene oder eine gecharterte Maschine ist.

Und ein wenig gehören mir ja auch die Flugzeuge des Fliegervereins sogar mit. Allerdings gibt es inzwischen ernsthafte Überlegungen, sich mit mehreren anderen Piloten doch eine eigene Maschine zu teilen. Eine Haltergemeinschaft mit Flugbegeisterten, sozusagen ein Carsharing der Lüfte. *(S)*

35. Grund

Weil Wolken und Wetter
Geschichten erzählen

»Fliege nie in eine Wolke rein, es könnt schon jemand drinne sein«. Diesen simplen Spruch höre ich bereits in den ersten Stunden meiner praktischen Ausbildung. Er bringt auf den Punkt, was man als Sichtflugpilot meiden sollte, nämlich den (Ein-)Flug in die Wolken. Wolken sind unsere ständigen Begleiter beim Fliegen, sie zeigen sich in allen erdenklichen Formen und Gestalten am Himmel. Von märchenhaft schön bis hin zu furchteinflößenden Ungetümen ist alles dabei.

Es gilt also einschätzen zu lernen, welche Wolken zu sehen sind und was diese für einen Flug bedeuten könnten. Ob Wolken für Flugzeuge gefährlich sein können? Ja, es gibt eine Wolkengattung, die Piloten um jeden Preis meiden: Hochreichende Gewitterwolken, auch als Kumulonimbus bezeichnet, sie sind die Wolkenform von Wirbelstürmen und können unvorstellbare Mengen an Wasser enthalten. In ihnen bilden sich Eis und Blitze, sie verursachen heftige Turbulenzen, die ein Flugzeug zu einem Spielzeug in der Luft werden lassen können.

Als Kind habe ich oft fasziniert zum Himmel geschaut, Schäfchenwolken gezählt, Tiere, Gesichter und Fantasiegestalten in den Wolken entdeckt, das schnelle Ziehen der Wolken bei Sturm beobachtet, dass mir fast schwindelig geworden ist.

Bin ich auf Dienstreisen mit einem Verkehrsflugzeug als Passagierin unterwegs, ist es jedes Mal wieder ein beglückendes Erlebnis, oftmals binnen von Minuten nach dem Start aus trübem Bodenwetter durch die undurchdringliche scheinende Wolkenschicht auf den hellsten Sonnenschein über den Wolken zu stoßen. Dicke weiße Wolkendecken sehen aus wie kuschelige weiße Decken, oder türmen sich wie Berge von Zuckerwatte auf. Jede Wolke und jedes Wetter erzählen eine eigene Geschichte.

Das Tief jagt das Hoch, macht sich drüber her, oder umgekehrt, dabei wirbelt der Wind alles durcheinander. Wolken verändern sich ständig, lassen sich nicht einfangen, wachsen, werden zu Riesen und lösen sich wieder auf. Sie bestehen aus Wasser, Eis und kleinsten Staubpartikeln, die Wolke ist sichtbarer Wasserdampf. Wolken sind federleicht bis tonnenschwer, je nachdem, wie viel Wasser sie bereits gespeichert haben. Als Radfahrerin habe ich das Wetter einfach in trocken und nass eingeteilt, dazu gibt es in Hamburg meistens mehr oder weniger Wind. Die entscheidende Frage lautete also: Soll ich Regensachen einpacken oder nicht?

Meine Wahrnehmung von Wetter und Wolken ändert sich rasch, als ich beginne, mich mit der Flugwetterkunde zu beschäftigen. Erst gezwungenermaßen, denn es ist eines der Theoriefächer, in denen man geprüft wird. Ich tue mich anfangs schwer, die verschiedenen Wetterphänomene in der Theorie überhaupt zu verstehen. Da tauchen trockenadiabatische und feuchtadiabatische Hebungsgradienten auf, Warm- und Kaltfronten treiben ihr Unwesen, können sich sogar verfolgen und zur Okklusion werden.

Ich lerne, dass Wettervorhersagen auf der Auswertung von riesigen Datenfluten der weltweiten Wetterstationen und Satelliten beruhen, die nach bestimmten Modellen verarbeitet werden. Stratus, Zirrus und Kumulus schwirren umher, sehen federleicht aus, sind doch Tonnen schwer. Die Wolkenarten sind zu lernen und ihre Besonderheiten, zehn Gattungen in vier unterschiedlichen Höhenlagen können meinen Flug beeinflussen.

Wenn ich rausschaue, sehen die Wolken am Himmel nie so aus wie auf den Fotos im Lehrbuch zur Meteorologie. Es scheint mir unendliche Kombinationen und Formen zu geben. Ich fange sogar an, von Wolken zu träumen, so sehr beschäftigt mich das.

Ich lerne, dass es letztendlich drei Größen sind, die alles Wetter bestimmen: Luftdruck, Luftfeuchtigkeit und Lufttemperatur. Als Fluganfängerin habe ich großen Respekt vor Wind und Wolken, studiere vor jedem Flug intensiv die Flugwetterberichte. Mir schwirren die vielen Geschichten im Kopf herum, wie rasch es passieren kann, die Orientierung bei Einflug in eine Wolke zu verlieren und damit auch die Kontrolle über das Flugzeug.

Beim Fliegen unter sogenannten Sichtflugbedingungen sind also eine gute Sicht und Wolkenfreiheit auf der beflogenen Route zwingend. Ein Wetterseminar für Piloten lässt mich endlich die Zusammenhänge der Wetter- und Wolkenbildung besser verstehen. Auf einer Flugzeugmesse entdecke ich ein kleines Büchlein, das sich als perfekt erweist, Wetter- und Wolken einzuschätzen. Diese Einstiegslektüre für angehende Wetterfrösche macht aus mir eine echte Hobbymeteorologin. Die Fotos haben guten Wiedererkennungseffekt, ich kann auf meinem Sofa sitzend nach draußen in den Himmel schauen und das Wettergeschehen einordnen.

In der Luftfahrt gilt der Grundsatz, dass man Wolken, durch die man durchsehen kann, auch durchfliegen kann. Alles andere sollte man als Pilot lassen, der zu Sichtflugbedingungen unterwegs ist.

Während der Ausbildung testet man jedoch auch das Fliegen unter sogenannten Instrumentenflugbedingungen. Dies wird mit einer Art Kopfhaube simuliert, die man während des Fluges aufsetzt und die verhindert, dass man aus dem Cockpit sehen kann. Wie ein Verkehrspilot konzentriere ich mich ausschließlich auf die Instrumente und deren Anzeige. Ein sehr nützliches Training, denn sollte ich mal in eine Wolke einfliegen oder von Wolken ein-

Abflug aus Lüderitz, Namibia, auf den Spuren deutscher Geschichte.

Oben: Nachtanken aus dem Kanister in Mosambik. **Unten:** Das Breitling Wingwalking Team weckt die Lust, selbst wieder fliegen zu gehen.

Oben: Kurzer Check, ob noch genug Flugbenzin (AvGas) im Tank ist. **Unten:** Leider nur Probesitzen in der P-51 Mustang – was gäbe ich dafür, hier den Gashebel nach vorne zu schieben.

Bevor es in den richtigen Flieger geht, heißt es beim Jet: ab in den Simulator.

Oben: Flugzeug gut vertäut, auf geht's nach Visby, Gotland, Schweden. **Unten links:** Mobilität ist alles, Gotland, Schweden. **Unten rechts:** Genug Benzin sollte man immer dabei haben, der Autor beim Tanken für den nächsten Flug.

Nostalgisch anmutende
Tankstelle des Goodwood
Aerodrome in England.

Oben: Entspannen am Flugplatz in den Alpen vor dem Weiterflug. **Unten:** Ein schöner Arbeitsplatz – noch schnell den nächsten Flug einprogrammieren, dann kann es losgehen.

Oben: Warten auf den Einsatz, Lake Hood Harbour, Anchorage, Alaska.
Unten: Andere Welten auf Cedar Key, Florida.

»Big Daddy« und
»Düne 45« im
Sossusvlei, Namibia.

Oben: Überflug über die Bahamas, beliebtes Ziel für Segler. **Unten links:** Die Erde rast auf mich zu nach dem Looping. **Unten rechts:** Eine sanfte Rolle im Steigflug zum Eingewöhnen und prüfen, ob der Gurt fest genug sitzt.

Oben: Der Abflug ist erstmal um zwei Stunden verschoben, in die Front möchten wir lieber nicht einfliegen. Aber sie sieht fantastisch aus. **Unten:** Optimales Flugwetter in den Alpen, gleich geht es weiter.

Unten: Abflugbereit am Flugplatz Sion, Schweiz.

Oben: Dünenlandschaft an der Küste von Mosambik auf dem Weg nach Bazaruto Island. **Unten:** Erste gemeinsame Tour zum Fly-In nach Tannkosh (Tannheim) 2011, es sollten noch viele weitere folgen.

Oben: Wackeliger Flug über Extremadura, Südspanien, viel Thermik in der sehr warmen Luft.
Unten: Fahrstuhlfahren in den Alpen.

Weißenhäuser Strand an der Ostseeküste im Abendlicht.

geschlossen werden, dann weiß ich, dass auf die Signale des Körpers und den Blick nach draußen kein Verlass sein wird. Wolken und Wetter begleiten jeden meiner Flüge und erzählen immer wieder neue Geschichten. *(S)*

36. Grund

Weil Ultraleichtflugzeuge keine fliegenden Gartenstühle sind

Ultraleichtflugzeuge sind ihrer luftrechtlichen Definition nach eigentlich keine Luftfahrzeuge, sondern gelten als sogenannte Luftsportgeräte. In den Anfängen der Ultraleichtfliegerei war dieser Begriff auch noch deutlich zutreffender. Waren die ersten Ultraleichtflugzeuge doch häufig Eigenbauten, welche übertrieben gesagt aus einem auf einen Stock geschraubten Gartenstuhl mit stoffbespannten Tragflächen bestanden. Der Motor wurde häufig aus einem anderen Gefährt oder Gerät entnommen, und somit flogen diese ersten Luftsportgeräte dann mehr oder weniger gut.

Auch wenn es noch immer solche »fliegenden Gartenstühle« gibt, ist der Unterschied zwischen einem modernen Ultraleichtflugzeug und einer »normalen« Sportmaschine heute kaum mehr zu erkennen. Leistungstechnisch sind die Ultraleichten den vergleichbaren, oft deutlich schwereren Sportflugzeugen, häufig deutlich überlegen.

Fliegerisch macht es keinen allzu großen Unterschied, ob ich ein Ultraleichtflugzeug oder ein Sportflugzeug fliege. Häufig sind die Ultraleichten noch ein gutes Stück wendiger. Wer von einer Cessna 152 auf eines der modernen als Tiefdecker ausgelegten ULs umsteigt, wird von der Agilität der Maschine überrascht und begeistert sein. Bei meistens vergleichbarer Geschwindigkeit, aber teilweise mehr als halbiertem Verbrauch ist ein UL daher auf jeden Fall eine Überlegung wert. Die Umschreibung vom PPL auf die Ultraleichtflug (UL) Berechtigung dauert ca. fünf Stunden und stellt fliegerisch keine besonderen Anforderungen. Von der UL-Berechtigung zum PPL ist da doch ein gutes Stück aufwendiger.

Kaum ein Bereich der Fliegerei bietet zu so vergleichsweise geringen Kosten eine solche Vielzahl an Möglichkeiten. Die Bandbreite bietet: Moderne Hochleistungsmaschinen mit Einziehfahrwerk und Verstellpropeller, welche Reisegeschwindigkeiten von bis zu 150 kt also knapp 270 km/h erreichen. Doppeldecker und Spornradflugzeuge zum gemütlichen Luftwandern, welche eher an Oldtimer aus den Anfängen der Fliegerei erinnern. Aber auch die oben erwähnten »fliegenden Gartenstühle« aus Rohr und Tuch, welche die Puristen glücklich machen, die mit möglichst wenig in die Luft wollen und dort angekommen nicht durch Kabinenhaube und Cockpitkanzel eingeschränkt sein möchten.

Kunstflug und Instrumentenflug sind in Deutschland mit Ultraleichtflugzeugen verboten, was jedoch nicht daran liegt, dass es nicht theoretisch möglich wäre. In anderen Ländern wie beispielsweise den USA fliegen die gleichen Flugzeuge IFR sowie Loopings und Rollen.

Der größte wirkliche Nachteil der Ultraleichten liegt in ihrer Gewichtsbeschränkung von aktuell 472,5 kg (D, A, CH) plus Rettungsgerät. Es ist derzeit jedoch eine Gesetzesänderung geplant, welche diese Grenze auf 600 kg anheben würde, was die UL-Fliegerei noch deutlich vielseitiger machen würde.

Der größte Vorteil liegt in den deutlich geringeren Unterhaltskosten. Wartung und Verbrauch sind einfach deutlich günstiger als bei den großen Geschwistern. Auch der Erwerb der Lizenz ist etwas einfacher geregelt. Ist der UL-Schein dann erworben, steht mir das gesamte oben erwähnte Spektrum zur Verfügung. Und wer sich jetzt überlegt, mit einem solchen Flugzeug einen Lieferverkehr, Personentransport oder Bannerschlepp anzubieten: Auch dies ist ohne allzu großen Aufwand möglich. Da ULs »nur« als Luftsportgeräte gelten, ist für eine gewerbsmäßige Nutzung bisher keine Berufspilotenlizenz notwendig.

Als abschließendes Highlight sei noch erwähnt, dass jedes in Deutschland fliegende UL gesetzlich dazu verpflichtet ist, ein sogenanntes Gesamtrettungssystem an Bord zu führen. Zum richtigen und sauberen Funktionieren des Gerätes ist zwar eine gewisse Ausgangshöhe notwendig. Doch wenn etwas schiefgeht, segelt in einem solchen Fall das gesamte Flugzeug an einem Fallschirm zu Boden. Das ist doch ein überzeugendes Argument, es einmal selber auszuprobieren. *(F)*

37. Grund

Weil sich jedes Flugzeug anders fliegt

»Die Schleppkupplung ist leicht zur Seite versetzt eingebaut, du musst das am Anfang mit dem Seitenruder ausgleichen.«

»Denk dran, der Motor dreht andersrum, das Flugzeug will also beim Start nach rechts und nicht nach links, das musst du ausgleichen.«

»Wenn du nicht genau mit 70 anfliegst, sondern mit 80, schwebst du ewig und musst im Zweifel durchstarten.«

»Sie springt oft ein bisschen schwer an, du solltest die Benzinpumpe mindestens fünf Sekunden laufen lassen und dann das Gas circa halb reinschieben.«

Zwei Tragflächen, drei Räder, ein Propeller. Der Aufbau der meisten Sportflugzeuge ist irgendwie immer gleich, und dennoch hat jedes Flugzeugmuster seine Eigenarten. Und nicht bloß jedes Muster, jedes einzelne Flugzeug unterscheidet sich auch vom nächsten. Sei es durch einen etwas anderen Innenausbau, durch das Verhalten beim Anlassen oder auch in der Luft. Wir haben acht Cessna 172 in der Flugschule, und ich bin noch einige mehr geflogen, und natürlich sind es alles dieselben Flugzeuge, und dennoch unterscheiden sie sich deutlich voneinander. Die eine fliegt etwas schneller, die andere steigt ein bisschen besser. Die Golf Lima hat die größeren Tanks, damit kann ich also länger fliegen. Dafür hat die Whisky Quebec die größte Zuladung und steigt am besten. Die Oskar Whisky fliegt am schnellsten, dafür bekommt sie im Winter am ehesten eine Vergaservereisung. Die Flugzeuge, liebevoll nach den letzten zwei Buchstaben ihrer Kennung benannt, sind über die Jahre etwas älter geworden, haben neue Motoren bekommen, und hier und da wurden noch Instrumente nachgerüstet. All das gibt ihnen eine Geschichte mit und sorgt dafür, dass sie zwar alle das gleiche Muster darstellen, aber eben doch nicht alle gleich sind.

Wenn ich dann das erste Mal in einem neuen Flugzeug sitze, gilt es, dieses kennenzulernen und sich darauf einzustellen. Ist es ein vertrautes Muster, reicht dazu ein Flug aus. Bei einem neuen und mir zuvor noch unbekannten Muster jedoch gehört etwas mehr dazu. Ein intensives Auseinandersetzen mit dem Flughandbuch, den notwendigen Handgriffen und den Notverfahren ist Grundvoraussetzung zum sicheren Beherrschen eines neuen Flugzeugs. Ist es etwas für mich völlig Neues, empfiehlt sich eventuell eine Vertrautmachung mit einem Fluglehrer. Für manche Maschinen und Unterschiedsschulungen ist dies sogar vorgeschrieben. Die erste Landung auf einem Spornradflugzeug sollte beispielsweise mit einem Fluglehrer erfolgen, welcher auf die Unterschiede und Tücken hinweisen kann.

Ist das neue Flugzeug jedoch einsitzig, besteht diese Möglichkeit nicht. Daher gehört der erste Flug in einem einsitzigen und bis dahin für mich unbekannten Flugzeug für mich immer zu den spannendsten Erfahrungen. Wie wird sich die Maschine in der Luft verhalten? Was muss ich beachten? Wie ist das Landeverhalten? Wie das Verhalten in Extremsituationen? Kein Flughandbuch und keine noch so detaillierte Erzählung kann das Gefühl ersetzen, das Flugzeug wirklich zu steuern, selber den Gashebel nach vorne zu schieben oder in einem Segelflugzeug den Daumen zu heben und der Winde zu signalisieren, dass es losgehen kann.

Ist der Start dann geschafft, beginnt das wirkliche Kennenlernen. Erst behutsam und entspannt, dann etwas wilder und ausführlicher. Am Ende folgt dann jedes Mal das beruhigende Gefühl, das Flugzeug zu beherrschen, und nach der gelungenen Landung ist die persönliche fliegerische Erfahrung um ein Muster reicher. Das Flugzeug lässt sich genauso steuern und fliegt nach den gleichen Gesetzen und Prinzipien wie all die anderen Maschinen, aber gleichzeitig ganz anders! *(F)*

38. Grund

Weil es großartig ist, hinter einem Airbus am Rollhalt zu stehen

»D-EIEA, rollen Sie zum Rollhaltepunkt Lima der Piste 05, über Linie 5 und Kilo und Lima, achten Sie auf Jetblast vom vorausrollenden Airbus A320.«

Mein Schüler bestätigt, und dann rollen wir los. »Da vorne links, oder?« Und schon folgen wir dem vor uns rollenden Airbus der damals noch existenten Air Berlin. Kurze Zeit später stehen wir mit ordentlichem Abstand hinter dem Airliner. Abstand, damit wir nicht vom Abgasstrahl seiner Turbinen durchgewirbelt werden und auch für den Fall, dass er beim Anrollen Staub aufwirbelt, der uns dann wie Steinschlag beim Autofahren treffen könnte. Heute ist nur die Piste 05 in Betrieb, und so müssen wir noch ein bisschen warten.

Während auf ungefähr unserer Höhe die gerade landende Boeing 737 aufsetzt, naht hinter uns schon die nächste Linienmaschine. Ein kurzer Blick nach hinten aus dem Cockpitfenster zeigt große Räder, riesig erscheinende Turbinen und weit oben das Cockpit. Wir kommen uns ganz schön klein vor. Aber gleichzeitig ist es auch ein beeindruckendes Gefühl, zwischen all diesen Verkehrsmaschinen zu stehen und auf den Abflug zu warten. Die Air Berlin vor uns bekommt die Freigabe und rollt auf die Startbahn, langsam geben wir Gas und rollen hinterher. Schon kommt die Aufforderung, auf die Towerfrequenz zu wechseln, und wir bekommen gerade noch mit, wie die Air Berlin die Startfreigabe zurückliest.

Kurz noch steht die Maschine vor uns still, dann fangen die Triebwerke an zu dröhnen. Ich spüre die Vibrationen bei uns im Cockpit, und es wird uns noch einmal klar, was für gewaltige Kräfte wirken, während sich der tonnenschwere Metallkoloss langsam in Bewegung setzt, schneller wird und nach rechts an uns vorbeirollt. Das Dröhnen der Triebwerke wird leiser, und als sich die Nase hebt und die Maschine mit einem leichten Durchbiegen ihrer Tragflächen in den Himmel erhebt, bekommen auch wir die Freigabe, auf die Piste aufzurollen.

Wir werden noch einmal vor Jetblast der Maschine gewarnt und bekommen mitgeteilt, dass wir noch kurz warten müssen, damit wir nicht in die Wirbelschleppen des gerade gestarteten Airbus geraten. Eine gefühlte Minute später kommt dann auch die Startfreigabe für uns. Landescheinwerfer an und Vollgas. Wir beschleunigen. Was vorher ein mächtiges Dröhnen war, ist bei uns das helle Brummen der kleinen Cessna. Rechts verschwindet die hinter uns wartende Linienmaschine aus dem Bild, und dann sind auch wir in der Luft. Um die Bahn schnell frei zu machen und um wirklich sicherzugehen, dass wir frei von den Wirbelschleppen des vorher gestarteten Fliegers bleiben, biegen wir früh nach links ab und verlassen den Hamburger Flughafen in Richtung Westen. Kaum sind wir einigermaßen von der Bahn weg und außerhalb des unmittelbaren Flughafengeländes, bekommt schon die nächste Linienmaschine die Landefreigabe auf die 05.

Es dauert zwar häufig ein bisschen länger, wenn man auf einem Verkehrsflughafen startet, aber man fühlt sich dabei umso größer und professioneller. Auch mein Schüler hat ein Lächeln auf den Lippen und scheint froh zu sein über seinen ersten Start von einem großen Flughafen, der trotz des hohen Verkehrsaufkommens problemlos gelungen ist und schon Vorfreude auf den nächsten weckt. *(F)*

3. Kapitel

Start

Weil das erste Solo unvergesslich ist

Die Kabinenhaube ist verriegelt, ich bin fest und sicher ange-schnallt, die Ruder sind freigängig, und der Höhenmesser ist auf Platzhöhe eingestellt. Ich zögere kurz, warte auf die Bestätigung vom Fluglehrer, die nicht kommt, weil niemand mehr hinter mir sitzt.

Es ist später Nachmittag, die letzten Starts des Tages. Die Son-ne steht schon tief, aber unter der Kunststoffhaube ist es immer noch heiß. Noch kurz den Hut zurechtrücken, und dann gebe ich mit gehobenem Daumen das Zeichen für Startbereitschaft. Mein Kollege an der Tragfläche hebt den Arm, und in der Ferne, am anderen Ende des Platzes, signalisiert das gelbe Blinklicht, dass die Winde läuft.

»Noch kann ich ausklinken«, geht es mir durch den Kopf, dann strafft sich das Seil, die ASK 21 beschleunigt. Alle Nervosität ver-fliegt, und das Training übernimmt:

Tragflächen parallel zum Boden halten, sanft steigen, schon bin ich auf Baumwipfelhöhe, einen Augenblick später auf 380 Meter. »KLAK«, der dumpfe Knall zeigt mir an, dass das Schleppseil aus-geklinkt ist. Nase nach vorne drücken! Geschwindigkeit kontrol-lieren! Dreimal nachklinken, trimmen, dann bin ich frei!

Anspannung und Aufregung sind wie weggeblasen, keine Stim-me mehr hinter mir, ganz alleine im Cockpit, alleine am Himmel. Das Gefühl ist unbeschreiblich, sanft drehe ich das Flugzeug nach links in den Platzrundenbereich und genieße die Aussicht. Am Horizont färbt die Sonne den Himmel pastellfarben, genau wie bei den Flügen zuvor und doch ganz anders.

Ich hatte später im Laufe meiner Ausbildung noch mehrere »erste« Solos: das erste Solo im Motorsegler, im Motorflugzeug, den ersten Flug nach Instrumenten oder später den ersten Flug

im Jet. Aber nichts hat sich so sehr in mein Gedächtnis einge-
brannt wie dieser warme Sommertag auf dem Segelflugplatz! *(F)*

40. Grund

Weil Abheben, Ankommen und Landen
immer wieder Spaß machen

Über mir zeigt sich ein wolkenfreier Himmel, unter mir die tiefblaue Nordsee. Heute steht mit Helgoland eine ganz besondere
Destination auf meinem Flugplan. Die Insel ist nicht nur die
einzige deutsche Hochseeinsel, sondern hat auch die kürzesten
Landebahnen aller Flugplätze im Norden mit 370 Metern bzw.
480 Metern. Zur Vorbereitung bin ich Platzrunden in Itzehoe
geflogen.

Dort befindet sich eine fast exakt gleichlange Asphaltbahn,
allerdings schließt sich daran die noch einmal eine Grasbahn von
über 400 Metern an. Setzt man zu spät auf, rollt das Flugzeug dort
auf dem Rasen weiter.

Helgoland besteht aus zwei Inseln, die dicht beieinander liegen.
Der Flugplatz liegt auf der Insel Düne, nur wenige Bootsminuten
von der Hauptinsel entfernt. Und an beiden Enden der Landebahn ist nur das Wasser der Nordsee, Fehler beim Aufsetzen
werden nicht verziehen und können mit einem Bad bei den dort
ansässigen Kegelrobben enden. Je nach vorherrschender Windrichtung landet man auf der kurzen Bahn oder der sehr kurzen
Bahn. Der Flug übers offene Wasser hat zwar nicht den Charme
einer Karibiktour, aber es geht übers offene Meer mit Wind und
Wellen und ohne Land am Horizont.

In der Ferne sehen wir bereits kurz nach dem Verlassen der
Küste in Höhe von St. Peter Ording eine etwas unscharfe Erhebung aus dem Wasser aufragen, da muss Helgoland sein, oder ist

es einfach eine riesige Bohrinsel, von denen es hier auch einige gibt. Nein, richtig gesehen, es ist unser Ziel inmitten des Meeres. Rasch nähern wir uns der Düne neben der Hauptinsel, höchste Konzentration ist geboten, um mit der richtigen Geschwindigkeit anzufliegen und rechtzeitig auf der Landebahn zum Stehen zu kommen. Bei einem Anflug auf Sicht ist immer eine vorgegebene Route zum Platz einzuhalten. Man kann sich diese wie feste Luftbahnen meistens an der linken Seite des Platzes vorstellen, bestehend aus dem Gegenanflug (parallel zur Landebahn), dem sich im 90 Grad anschließenden Queranflug und dem Querabflug nach dem Start.

In jedem der Abschnitte bereitet man das Flugzeug weiter auf die Landung vor. Ich verringere die Geschwindigkeit, fahre die Landeklappen auf 30° und halte das Flugzeug möglichst stabil über dem Wasser in der Luft.

Über Land gibt es bei den Platzrunden meistens gut von oben erkennbare Landschaftspunkte wie etwa eine Straße, die Spitze eines kleinen Waldgebietes oder das Ufer eines Sees. Über Wasser sieht das Ganze natürlich anders aus, da ist einfach nur ganz viel Wasser unter mir. Wie also richtig die Platzrunde fliegen und möglichst auch anderen Luftverkehr rechtzeitig sehen und im Auge behalten? Da hilft mir meine Flugerfahrung aus der Karibik, allerdings muss ich jedoch deutlich tiefer und langsamer anfliegen, sonst reicht die Bahn nicht, um rechtzeitig zum Stehen zu kommen.

Fast in Höhe des Zaunes, der direkt vor dem Anfang der Bahn auf den Dünen verläuft, lasse ich die Maschine auf die Bahn sinken. Die Spaziergänger am Strand davor haben gefühlt für den Moment meines Überflugs besser ihre Köpfe eingezogen. Die am Strand liegenden Robben sind vollkommen unbeeindruckt vom Anflug. Ich jedenfalls bin zufrieden, wir sind gut angekommen, die Länge der Bahn hat gereicht. Zum Baden gehen wir bestens gelaunt zu Fuß, die Cessna wartet brav auf der Parkfläche des

Flugplatzes auf uns. Beim Abflug strecken einige der hier heimischen Kegelrobben neugierig ihre Köpfe aus dem Wasser, fast glaube ich ihre Flossen zu sehen, mit denen sie uns beim Abheben zuwinken. Bis zum nächsten Mal auf der Hochseeinsel. *(S)*

41. Grund

Weil Checklisten wichtig sind

Alles bereit: Der Außencheck ist gemacht, ein Griff zur Checkliste, und los geht es:
- Parkbremse – Gesetzt
- Vergaservorwärmung – Kalt
- Gemisch – Reich
- Tankwahlschalter – Beide
- Anlasseinspritzung – Nach Bedarf
- Hauptschalter – Ein
- Generator – Ein
- Beacon – An
- Gashebel – Offen (ca. 1 cm)
- Zündschalter – Start

Checklisten – eines der Dinge, die es in Filmen meist nicht oder wenn, dann falsch dargestellt gibt. Wenn es im Cockpit hektisch wird, dann ist das Letzte, was ein Verkehrspilot macht, hektisch an 100 Schaltern zu spielen und am besten noch dabei laut zu schreien, um die schrillen Warnsignale zu übertönen. Für diese Fälle gibt es Checklisten, und während beispielsweise der Kapitän das Flugzeug unter Kontrolle behält, sucht der Kopilot die entsprechende Checkliste heraus und arbeitet diese dann methodisch ab. Aber Checklisten werden in der Verkehrsfliegerei nicht nur in Notfällen genutzt, sondern während des gesamten Fluges. Dies liegt nicht etwa daran, dass das Flugzeug sonst zu komplex wäre oder die Piloten nicht in der Lage wären, ohne Checkliste zu fliegen. Natürlich würde das Flugzeug auch ohne Checklisten ans Ziel kommen, und als Passagier würde man keinen Unterschied merken. Aber der Hauptzweck von Checklisten ist das Maximieren der Sicherheit, und das ist etwas, was auch für uns als Privatpiloten an erster Stelle stehen sollte. Natürlich ist es bei einem klassischen Schulflugzeug problemlos möglich, alle Checks ohne Checkliste zu machen. Viele Schüler empfinden Checklisten daher zu Beginn zwar noch als nützlich, aber oft schon bald als lästiges Übel.

Genau das ist dann jedoch der Punkt an dem sich Fehler einschleichen. Checklisten sind, auch wenn sie beim 100. Mal lesen für gewöhnlich nicht spannender werden, wichtig, um nicht doch irgendwann einen entscheidenden Schritt auszulassen. Fliegen sieht auf den ersten Blick anspruchsvoll und komplex aus. Der Trick dabei besteht darin, alle Teile des Fluges in einzelne Teile zu zerlegen, die man methodisch immer wieder in der immer gleichen Reihenfolge ausführt. Um dies für den Piloten noch einfacher und greifbarer zu machen, gibt es die Checkliste.

In der Verkehrsfliegerei hat man hier noch den Vorteil, im Cockpit immer mindestens zu zweit zu sein. Als Privatpilot gibt es diese zusätzliche Hilfe nicht. Daher ist es hier, wenn es hektisch wird, natürlich in erster Linie wichtig, das Flugzeug unter Kontrolle zu behalten statt noch schnell die Anflugcheckliste zu lesen. Damit man aber auch als Einzelkämpfer im Cockpit trotzdem immer mit ausgefahrenem Fahrwerk landet, bringe ich meinen Schülern sogenannte *Memory Items* bei, welche auch dann, wenn die Checkliste leider gerade im Anflug aus dem offenen Fenster geflogen ist, dafür sorgen, dass kein wichtiges Item vergessen wird.

Auch hier ist es wie überall in der Fliegerei wichtig, dass man einen »Flow« hat, mit dem die entsprechenden Steps abgehandelt werden, und diese bei jedem Flug in der immer gleichen Reihenfolge wieder ausführt.

Dennoch ernte ich bei Checkflügen regelmäßig wieder erstaunte Blicke, wenn ich nach einer Checkliste frage. Die häufigste Antwort ist: »Brauche ich nicht, ich weiß, was zu machen ist.« Ich bin mir aber ziemlich sicher, dass der Kapitän, der heute die 7000. Landung in seiner Boeing 737 gemacht hat, auch weiß, was zu machen ist, und dennoch wird hier für jeden Schritt eine Checkliste gelesen.

Muss man also Checklisten lesen? Nein. Wer an Bord seines Flugzeugs beschließt, es nicht zu machen, wird wohl nicht, außer vielleicht hin und wieder bei einem Übungsflug mit Lehrer, darauf angesprochen werden. Aber die Chancen, dass er oder sie im nächsten YouTube-Video mit dem Titel: »Kleinflugzeug landet ohne Fahrwerk – lustig« als Hauptdarsteller auftritt, sind deutlich größer als bei jemandem, der den richtigen Ablauf mit Checklisten sicherstellt. *(F)*

42. Grund

Weil jeder Flug anders ist

Es ist dunstig in der Luft, die Umrisse der Küste sind nur angedeutet zu erkennen, die Bojen im Meer unter mir kann ich als Orientierungspunkte kaum sehen, den Horizont nur erahnen. Ich fliege von Wangerooge, der nördlichsten der Ostfriesischen Inseln, zurück nach Uetersen über den Jadebusen, eine große Meereseinbuchtung der Nordsee nahe Bremerhaven.

Am Strand der Insel sah der Himmel noch sehr klar und sonnig aus. Von oben zeigt sich die Feuchtigkeit in der Luft in einer dunstig verschleierten Weit- und Bodensicht. Der Effekt ist ähnlich wie bei Nebel, Entfernungen sind schwerer zu schätzen, Konturen verschwimmen und verändern die Landschaft. Ich bewege mich in einer Grenzsituation, die gleiche Strecke bei Sonnenschein fühlt sich anders an. Es gibt Routinen und Abläufe unabhängig vom Flugziel, die bei jedem Flug ähnlich verlaufen. Beispielsweise der Walk-Around als erster Check vor einem Abflug oder das Prüfen der Funktionen des Flugzeugs nach Checklisten. Doch das einzigartige Zusammenspiel zwischen der persönlichen Stimmung, den eigenen fliegerischen Fähigkeiten, Wind und Wetter, dem Flugzeugtyp und der Flugroute ergeben unendlich viele Varianten, wie ein Flug dann tatsächlich verläuft.

Also heißt es, sich jedes Mal wieder erneut einzulassen auf den jeweiligen Flug und seine Besonderheiten. Wir sind Bodengeschöpfe, und das Bewegen im Medium Luft, dem dreidimensionalen Raum mit eigenen Gesetzen, bedeutet, sich auch dessen Besonderheiten zu stellen. Nicht nur die Sicht und Perspektive verändern sich mit zunehmender Höhe, die Leistungsfähigkeit eines Piloten kann sich bereits ab etwa 2.000 Meter Höhe (ca 6.500 Fuß) über dem Meeresniveau vermindern, wenn ohne Druckkabine geflogen wird, wie sie Verkehrsflieger haben. Der allmählich auftretende leichte Sauerstoffmangel kann in Höhen über 10.000 Fuß zu einer euphorischen Stimmung oder auch geistiger Verwirrung führen. Ähnlich wie bei einem Tiefenrausch eines Tauchers ist der Pilot dann unter Umständen nicht mehr in der Lage, eine rationale Entscheidung zu treffen und die Lage zu beherrschen. Deshalb sollte bei längeren Strecken in Höhen über 10.000 Fuß Sauerstoff mitgeführt werden.

Als ich mit Fliegen angefangen habe, konnte ich mir nicht vorstellen, wie tief es meine Gefühle und Träume berührt. Und dass ich häufiger an die Grenze meines Leistungsvermögens kommen würde. Es fühlt sich für mich so an, als ob das Flugzeug selber unmittelbar alles reflektiert, was in mir vorgeht und wie ich mich beim Flug fühle.

Das Cockpit erweist sich als unbestechlicher Sparringspartner beim Ausloten der eigenen Fähigkeiten. Bin ich mal nicht so gut drauf, merke ich das sofort, gefühlt ist der Flieger unwilliger, das zu tun, was ich möchte. Die persönliche und seelische Verfassung am jeweiligen Flugtag macht einen großen Unterschied in der Performance aus.

Zig Mal hat die Landung geklappt, und mit einem Mal kommt wieder nur ein ruppiges Gehoppel dabei raus. Ich möchte souverän funken, und mir fällt nicht die passende Formulierung ein, ich schaue auf die Wetterkarten und kann mir keinen Reim darauf machen, ob das Wetter fliegbar ist oder nicht.

Doch mit der wachsenden Erfahrung über die Jahre mit sehr vielen unterschiedlichen Flugzielen wächst die Sicherheit. So kann ich inzwischen entspannter auch bei dunstigen Wetterbedingungen von den Ostfriesischen Inseln über das Wasser zurückfliegen. Ich habe gelernt, mich an den Umrissen der Küste, an Schiffen im Wasser und Bojen gut zu orientieren. Klare Sache, sollte richtiger Seenebel aufkommen, dann bleibt das Flugzeug am Boden.

Eine interessante, aber auch erschreckende Erfahrung ist in schwierigen Fluglagen bei eingeschränkter Sicht oder beim versehentlichen Einfliegen in eine Wolke das sogenannte Hosenbodengefühl. Diese Lagesensoren des Körpers spiegeln insbesondere bei schlechten Sichten Fluglagen in der Luft vor, die nicht existieren. Der ganze Körper signalisiert, dass man eine Kurve fliegt, man fühlt den Kurvenflug, während man jedoch in Realität bereits nach unten sinkt.

Die Wahrheit zeigt sich auf den Instrumenten im Cockpit. Hier heißt es dann, stur auf diese Anzeigen zu reagieren und danach zu handeln und die Empfindungen des Körpers ignorieren. Das wird zum Glück auch in der Ausbildung trainiert. So ist jeder Flug anders, ein Stück neues kleines Abenteuer, Wetter und Wind und die eigene Stimmung erzeugen unendlich viele Kombinationen. Kurzum, Fliegen fordert mich jedes Mal wieder neu, zeigt mir Grenzen auf und spornt mich an, meine Fähigkeiten zu trainieren und zu erweitern. Das ist Teil des Glücksgefühls in der Luft. *(S)*

Weil man dem Vulkan ins Herz blicken kann

Wir sind unterwegs im Land der Vulkane und Geysire mit drei gecharterten Cessnas einer Flugschule in Reykjavik. Die Lizenz zum Selberfliegen habe ich noch nicht allzu lange in der Tasche. Dieses neue Privileg möchte ich intensiv nutzen und in meiner Freizeit so viel fliegen wie möglich, und das am liebsten in anderen Ländern. Vom Flughafen am Rande von Reykjavik, der Hauptstadt Islands, gestartet, möchten wir die Insel von oben entdecken und vor allem auch Vulkane überfliegen.

Die Erde unter uns verwandelt sich außerhalb der Stadt in eine unwegsame, bizarre Felsen- und Schotterlandschaft, keine Zeichen von Zivilisation sind auszumachen. Eine Gegend der Extreme, in der aktive und erloschene Vulkane, Wasserfälle, Seen und riesige Gletscher die Natur bestimmen.

Hier haben die unzähligen Vulkanausbrüche in den letzten Jahrtausenden ganze Arbeit geleistet. Zwar ist die Lava in den meisten Gegenden seit Jahrhunderten erkaltet, doch ich kann mir die Wucht vorstellen, mit der das flüssige Gestein einstmals rot glühend aus der Tiefe ausgespuckt wurde und die Berge hinuntergeflossen ist. Zeugnis von der Hitze im Erdinnern legen auch die Geysire und vielen heißen Quellen ab, deren Dampfsäulen weithin sichtbar sind bei klarem Wetter. Wir fliegen über den für uns unaussprechlichen Vulkan Eyjafjallajökull, der zuletzt nur zwei Jahre vor unserer Tour wochenlang den gesamten Luftraum in Europa mit riesigen Aschewolken für den Luftverkehr lahmgelegt hat. Ein riesiger Krater ist unter uns zu sehen, an dessen Hängen sich jede Menge Schnee gesammelt hat. Die Gegend wirkt unwirklich, rau und abweisend, ist dennoch von einer schroffen Schönheit, vom ewigen Eis riesiger Gletscher bedeckt.

Ich finde es atemberaubend, über diese Urlandschaft selber zu fliegen, die Thermik über den Schneefeldern lässt die Maschine leicht auf und ab tanzen. Der wilde aktive Vulkan Katla in direkter Nachbarschaft des Eyjafjallajökull ist züchtig bedeckt mit einer dicken Eisschicht. Im Falles eines Ausbruchs schützt diese jedoch wenig, da würde das mehrere Hundert Meter dicke Eis mit unvorstellbarer Gewalt einfach hochgeschleudert.

Halb von der Lava verdeckte und verschüttete Häuser entdecken wir beim Rundflug über Heimaey, die größte der Westmännerinseln, etwa eine halbe Stunde Flug von Reykjavik aus 20 Kilometer vor der Küste im Atlantik gelegen. Fast hatte die Lava 1973 den kompletten Ort ausgelöscht, als der Vulkan Eldfell ausbrach. Lavaberge und Gesteinstrümmer zeugen von der unaufhaltsamen Wucht des Ausbruchs. Faszinierend schön und gnadenlos zugleich. Die Blicke in die Herzen der Vulkane, die Krater und auf die unwirtlichen Lavalandschaften während der Tour machen Lust auf weitere Annäherungen an diese Naturgewalten.

Kurzum, ich möchte mehr davon sehen, rot glühende Lava soll es sein. Und möglichst viel davon. Big Island Hawaii erscheint mir der perfekte Ort dafür zu sein. Dort speit der Kilauea als einer der aktivsten Vulkane der Erde regelmäßig glühende Lava, spektakulär zuletzt im Frühjahr 2018 ausgebrochen. Das Leben der Menschen am Rande dieses Berges ist im wahrsten Sinne des Wortes stets ein Tanz auf dem Vulkan. Das sehr schöne Gästehaus, in dem wir übernachtet haben, ist leider auch ein Opfer des letzten Ausbruchs geworden.

Einige Straßen enden hier an bereits erstarrten Lavawällen. Nie können die Bewohner der Orte ringsherum sicher sein, ob sie nicht vielleicht von einem Moment auf den anderen alles stehen und liegen lassen müssen bei einer Evakuierung. Ich aber möchte endlich fließende Lava sehen, möglichst nahe herankommen. Die Enttäuschung darüber, dass es leider nicht möglich ist, selber ein Flugzeug zu chartern und über die Lavafelder zu fliegen, währt nicht lange.

Eine Helikoptertour ist eine gute Alternative. Mit ausgehängten Türen, vorne neben dem Piloten sitzend kann ich ja auch viel besser fotografieren und alles von oben in Ruhe betrachten. Wir fliegen nach dem Start zuerst etliche Minuten über dichtes üppiges Grün. Diese riesige wuchernde grüne Gartenlandschaft, durchzogen von kleinen Wasserläufen, zeugt von der Fruchtbarkeit des Bodens rund um den Vulkan. Abrupt endet die Vegetation, als wir die Hänge des Kilauea-Vulkans entlangfliegen. Lavaströme winden sich als silbrig glänzende riesige Wulste wie auf breiten Bahnen langsam die steilen Hänge des Vulkans hinunter. Wir fliegen so tief, dass ich das rot glühende Innere der grau-staubigen Lavastränge erkennen kann, und ich spüre die aufsteigende Hitze der Lava durch die offene Helikoptertür an meinen Beinen bis ins Gesicht.

Überall an den Rändern der Lavaströme brennen die Pflanzen bei Berührung mit den zähflüssigen rot glühenden Auswürfen aus dem Erdinneren zischend und krachend weg. Selbst große Baumstämme und dicke Äste lodern nur kurz auf, übrig bleibt nur etwas Kohle und Asche. Über das Headset singt mir Johnny Cash ins Ohr »I fell into a burning ring of fire«. Der Heli fliegt maximal tief, der Songtext passt perfekt zu dem Manöver. Wir landen sicher wieder auf dem Airport von Hilo, Big Island. Ich habe das Herz des Vulkans schlagen sehen. *(S)*

44. *Grund*

Weil es Luftrennen gibt

Fly Fast – Fly Low – Turn Left. Diese sechs Worte beschreiben die Anleitung zum schnellsten Motorsport der Welt, Air Racing.

Das wohl größte Event dieser Art findet jedes Jahr in der Nähe der Stadt Reno im US-Bundesstaat Nevada statt. Die National Championship Air Races sind besser bekannt als Reno Air Races und bieten eine Vielzahl an Luftfahrzeugklassen, welche in verschiedenen Rennen um den Sieg fliegen. Von den kleinen Maschinen der Formula-One-Klasse über Doppeldecker bis zu den Unlimited Racern, alle Rennen finden auf einem Kurs nur wenige Meter über dem Boden statt. Besonders spektakulär sind hierbei die Unlimited Gold Racer, welche zumeist aus alten komplett umgebauten Propellerjägern aus den 1930er-, 1940er- oder 1950er-Jahren bestehen. Mit Motorleistungen weit jenseits der 3.000 PS und unglaublichen Geschwindigkeiten sind diese Maschinen eine der Hauptattraktionen des Events. Das Rennflugzeug RARE BEAR hält bis heute den Geschwindigkeitsrekord für Kolbenflugzeuge mit 850,24 km/h.

Hier in Europa und auch insgesamt dem Massenpublikum bekannter sind vermutlich die Red Bull Air Races, welche ähnlich wie bei der Formel 1 an verschiedenen Orten der Welt als Rennserie stattfinden. Hierbei kommen reine Kunstflugmaschinen wie die EXTRA 330 oder die EDGE 540 zur Anwendung, welche nach bestimmten Vorgaben durch einen Parcours fliegen, welcher mit großen luftgefüllten Stoffröhren abgesteckt wird.

Die ersten Luftrennen fanden jedoch schon in der Anfangszeit der Fliegerei statt. Damals waren es meist verschiedene Luftfahrtnationen, die versucht haben zu beweisen, dass ihre Flugzeughersteller die besseren Flugzeuge bauen können. Schon im März 1928 erreichte beispielsweise ein italienisches Rennflugzeug eine Geschwindigkeit von über 500 km/h. Damals waren solche Rennflugzeuge häufig noch Wasserflugzeuge, da die Startstrecke zu lang war für an Land gebaute Pisten. Im damaligen Wettlauf ging es aber auch um Streckenwettflüge und Höhenrekorde.

Als Privatperson sind die modernen Rennen, ähnlich wie die Formel 1, fast ausschließlich als Zuschauer zu erleben. Aber es gibt auch heute noch Wettflüge, welche für alle Teilnehmer offen und eine durchaus spannende Sache sind. Beispielsweise veranstaltet der Luftsportverband Schleswig-Holstein jedes Jahr die sogenannte Rallye zwischen den Meeren. Einen Navigationswettflug für Sportflugzeuge, Motorsegler und Ultraleichtflugzeuge. Ziel dabei ist es, eine Strecke genau zu planen und dann abzufliegen. Durch das Hinzukommen verschiedener Aufgaben inklusive eines Ziellandewettbewerbs gewinnt hier nicht automatisch das schnellste Flugzeug, wodurch der Wettbewerb spannend bleibt und auch für Teilnehmer reizvoll ist, die über kein eigenes Flugzeug verfügen. Der Sieg kann auch in einer einfachen gecharterten Cessna 150 errungen werden.

Bei den ersten Flügen dieser Art musste noch eine Kamera mitgeführt werden, um verschiedene Wendepunkte zu markieren, heute gibt es GPS Logger, welche den gesamten Flugweg mitplotten. Diese Logger haben im Segelflug zur großen Beliebtheit des OLC (Online Contest)* beigetragen. Fast jedes Segelflugzeug ist heutzutage damit ausgestattet und ermöglicht dem Piloten so, seinen Flug hinterher online in das System zu laden und sich so mit Hunderten anderer Piloten zu vergleichen. Es erfolgt so eine genaue Auswertung, und es werden am Ende die Sieger ermittelt. Die Plattform ist in den letzten Jahren immer größer geworden und komplett ehrenamtlich betreut.

Es gibt also viele Möglichkeiten, sich im Wettbewerb mit anderen Piloten zu messen, und wem das nicht zusagt, dem kann ich auf jeden Fall die Teilnahme als Zuschauer ans Herz legen. Die Veranstaltungen des Red Bull Air Race oder das Reno Air Race sind auf jeden Fall einen Besuch wert und ein beeindruckendes Erlebnis. *(F)*

---

* *www.onlinecontest.org*

Weil Rundinstrumente schön sind

Wie an anderer Stelle auch erwähnt, hat das für mich perfekte Flugzeug das dritte Rad hinten (Spornrad), einen Steuerknüppel und dann wahlweise mehr als 300 PS und/ oder ist älter als 50 Jahre. Ich finde die Flugzeuge aus den frühen Tagen der Fliegerei wunderschön. Sei es eine Ju52 oder ein alter Doppeldecker aus Holz. Wie bei alten Autos sind Flugzeuge damals auch fürs Auge gebaut worden.

Ein alter Fliegerspruch aus Amerika besagt: »Was gut aussieht, fliegt auch gut.« Doch die Cockpits der damaligen Zeit waren alles andere als ergonomisch aufgebaut. Instrumente wurden dort untergebracht, wo sie gerade hinpassten, und das war nicht unbedingt immer dort, wo sie gut einsehbar oder erreichbar gewesen wären. Trotzdem geht von diesen alten Cockpits eine Faszination auf mich aus. In kleinen Flugzeugen gab es oft nur wenige Instrumente, diese meist mit Messingrand und Zeigern. Digitale Anzeigen gab es noch nicht, und so wurde alles mit sogenannten Rundinstrumenten dargestellt. In den großen Maschinen der damaligen Zeit wird es dann ganz und gar unübersichtlich. Wer das Cockpit einer Super Constellation oder einer DC-6 betritt, wird fast erschlagen von der Unzahl kleiner Uhren und Schalter. Damals war man im Cockpit noch zu viert unterwegs, und so teilen sich die Instrumente auf vier Arbeitsflächen auf. Den Kapitän und den Kopiloten, den Bordingenieur, verantwortlich für die Triebwerksüberwachung, und den Navigator. In meinen Augen: wunderschön.

Auch für die Schulung bin ich grundsätzlich ein Fan von Rundinstrumenten, sie entwirren in den Schulmaschinen zu Beginn das Leben für den Schüler, da er sich anfangs auf jedes Instrument einzeln konzentrieren kann.

Aber: Auch wenn ich Rundinstrumente und alte Cockpits schön und faszinierend finde und in meiner Freizeit fast immer einen Oldtimer einem neuen Flugzeug vorziehen würde, in meiner täglichen Arbeit möchte ich die moderne EFIS-Instrumentierung nicht eine Sekunde missen. EFIS ist das Akronym zu »Electronic Flight Instrument System« und steht für das moderne »Glascockpit«. Anstelle von unzähligen kleinen Anzeigen verfügen moderne Instrumentensysteme nur über wenige große Monitore, welche alle Werte sauber und sinnvoll kombiniert anzeigen. Das sieht am Anfang etwas überwältigend aus und ist der Grund, aus dem ich es für den Schüler als leichter empfinde, mit einer klassischen Instrumentierung zu starten, macht einem dafür aber später das Leben um einiges einfacher. Mehrere Zeiger in einem Instrument? Umschalten von verschiedenen Navigationsquellen? Präzises Ablesen von Kursen und Werten? Alles kein Problem, alles darstellbar, umschaltbar, konfigurierbar. Sobald man sich vom ersten Schock der Informationsflut erholt hat, machen sich die Vorteile bemerkbar. Anstelle von zitternden Zeigern habe ich klare Werte, mit denen ich arbeiten kann. Alles ist auf einen Blick erkennbar, sobald ich weiß, wohin ich schauen muss. Für die tägliche Arbeit und das Fliegen nach Instrumentenflugregeln und erst recht im modernen Jet-Cockpit ist das EFIS eine unglaubliche Arbeitserleichterung, die fortlaufend weiterentwickelt wird. Touchscreen und Head-up-Display halten auch in der Fliegerei Einzug. Ein EFIS aus den ersten Tagen ist heute so gut mit den neuen Systemen vergleichbar wie die ersten Geräte mit den Rundinstrumenten aus den Anfangstagen der Fliegerei.

Der Nachteil aus den modernen Systemen wird gerne »Children of the Magenta« genannt. Die magentafarbenen Anzeigen und Linien im Display sind die, welche sich auf das GPS und den entsprechenden Berechnungen des Bordcomputers beziehen. Mit GPS und dem Flight Director (einer Art Nadel, welcher man mit dem Flugzeug folgt, um den vom Flugzeug errechneten Kurs zu fliegen) wird Navigation und Fliegen insgesamt denkbar einfach. Doch fallen diese System aus, kann es mitunter recht schwer sein, sich umzustellen. Damit dies im Flugzeug nicht zum Risiko wird, gehen Airline-Piloten mindestens alle sechs Monate in den Simulator und trainieren dort sicher den Umgang mit dem Flugzeug in allen Notlagen und natürlich auch den Ausfall diverser Instrumente. Jedem Privatpiloten kann ich somit nur empfehlen: Nutzt das System, wann immer es geht, aber fliegt doch bei gutem Wetter auch einfach mal einen Anflug »Raw Data« (ohne Flight Director und Bordcomputer) oder mit der Stand-by-Instrumentierung. Es funktioniert auch hervorragend und hält fit für den Ernstfall, der hoffentlich nie eintritt. *(F)*

46. Grund

Weil es Tage gibt, an denen man nicht fliegen sollte

Es blitzt, es donnert, der Himmel ist schwarz!

Der Hauptgrund, am Boden zu bleiben, ist das Wetter. Einfach, weil es gewisse Minima gibt, die ein Fliegen nach Sichtflugregeln ausschließen. Schwieriger wird es, wenn das Wetter zwar schlecht ist, sich jedoch noch innerhalb der legalen Werte befindet. Mit Schülern habe ich diese Debatte häufiger, und wenn sie in ihrer Ausbildung weit genug sind, drehen wir dann auch gerne eine kleine Runde, einfach um festzustellen, dass man zwar fliegen darf, aber vielleicht nicht unbedingt sollte und schon gar nicht muss. Mein vermutlich tristester Rundflug war mit einem Ehepaar, welches darauf bestand, unbedingt heute und jetzt sofort fliegen zu gehen, sie hätten schließlich ein Ticket. Ich hatte den Fehler begangen, ihnen zu erklären, dass wir zwar legal fliegen dürfen, sie aber außer Nieselregen und Wolkenschleiern nicht viel sehen werden. Das Ergebnis war, dass wir 35 Minuten die Elbe auf und ab geflogen sind, wie versprochen außer Nieselregen und Wolkenschleiern nichts gesehen haben und die beiden mir am Ende erklärten, dass Fliegen ja überhaupt keinen Spaß macht, wenn man dabei nichts sieht, und warum ich denn nichts gesagt hätte.

Mein alter Fluglehrer hat es einmal so schön auf den Punkt gebracht: »Wenn die Schwalben zu Fuß gehen, solltest du zu Hause bleiben, mien Jung.« Diese Entscheidung mag nicht immer leichtfallen, aber sie stellt sicher, dass man kein unnötiges Risiko eingeht und die Flüge in der Mehrzahl auch genießen kann.

Viel schwieriger wird es jedoch, wenn es um die eigene Leistungsfähigkeit geht. Fühle ich mich fit und ausgeruht? Gehe ich fliegen, weil ich Zeit und Lust habe, oder ist alles stressig und ich tue es nur, weil ich es versprochen habe. Es gibt diese Tage, da weiß man schon beim Aufstehen, dass man gleich liegen bleiben sollte. Zwingt man sich dann doch dazu, das sichere Federbett zu verlassen, ist das auf jeden Fall einer der Tage, an denen man besser mit den Füßen auf der Erde bleibt. In der Fliegerei gibt es dafür ein schönes Akronym: I'M SAFE.

Wie vieles in der Fliegerei ist es dem Englischen entnommen.

- I --> Illness
- M --> Medication
- S --> Stress
- A --> Alcohol
- F --> Fatigue
- E --> Emotion

Die Idee liegt darin, dass jeder Pilot für sich diese Punkte vor dem Flug durchgeht und ermittelt, ob er sich einsatzbereit und fit fühlt. Ist auch nur einer der Punkte unsicher, sollte ich mir Gedanken machen, ob der Flug heute nicht doch lieber zu einem anderen Zeitpunkt stattfinden sollte. Denn nicht nur offensichtliche Dinge wie Alkohol oder eine Krankheit haben einen starken Einfluss auf die Flugbereitschaft und die Reaktionsfähigkeit. Habe ich gerade viel Stress bei der Arbeit, in der Familie, habe ich in der letzten Nacht vielleicht schlecht geschlafen oder sind meine Gedanken vielleicht eher bei einem kranken Familienmitglied als bei der Durchführung des Fluges? All dies sind gute Gründe, einen Flug nicht durchzuführen.

Einer der Hauptgründe, aus dem es zu Flugunfällen in der Privatfliegerei kommt, ist menschliches Versagen. Und die Einstellungen »Das Wetter wird schon, hab ja zur Not einen Autopiloten«, »Ich MUSS heute ankommen, der Termin ist wichtig!«, »Ach, das wird schon werden« können den Anfang menschlichen Versagens bilden.

Bevor ich einen Flug beginne, bei dem ich mich nicht zu 100% sicher fühle, sollte ich mir immer zuerst die Frage stellen: »Egal welche Konsequenzen die Absage des Fluges hat, würde ich in einer Woche überhaupt noch daran denken? Und wenn ja, wäre ich bereit, mein Leben für diese eine Sache aufs Spiel zu setzen?«

Der Gedanke hinter der privaten Fliegerei sollte immer ein »Möchte«, ein »Kann« oder ein »Darf« sein und niemals ein »MUSS«! Genau deshalb gibt es Tage, an denen man nicht fliegen sollte. *(F)*

47. Grund

Weil man zusammen fliegen kann, aber auch alleine

Das erste Mal alleine zu fliegen ist für alle Piloten ein einschneidendes und unvergessliches Erlebnis. Am Boden fiebern die Lehrer und Flugleiter mit, der Flug ist eine echte Zäsur in der Ausbildung. Mit der Lizenz in der Tasche kann ich mich immer neu entscheiden, ob ich mich alleine in der Luft tummeln möchte oder Lust habe, das Flugerlebnis zu teilen.

Das Fliegen zu zweit oder zu dritt finde ich am schönsten, gerne auch begleitet von Passagieren. Das Gefühl, vollkommen im Hier und Jetzt zu sein beim Ausflug in die Luft, den Alltag hinter sich zu lassen, verbindet mich mit vielen meiner Pilotenfreunde.

Das gemeinsame Genießen des Flugerlebnisses im Cockpit empfinde ich intensiver, als wenn ich alleine unterwegs bin. Zusammen im Flugzeug zu sitzen bedeutet auch, auf Tuchfühlung zu gehen ohne Ausweichmöglichkeiten. Ist der Flieger erst mal in der Luft, gilt es miteinander klarzukommen. Anhalten und Aussteigen fällt aus bekannten Gründen aus.

Die Befindlichkeiten und die eigenen Grenzen beim Miteinander im Cockpit offenbaren sich sehr schnell und ungeschminkt. Vor allem unter Stress, wenn beispielsweise bei einem Landeanflug in der Platzrunde mehrere andere Flugzeuge höchste Umsicht und passende Flugmanöver vom Piloten erfordern. Oder Wind und Wetter einen zwingen, spontane Alternativen zur ursprünglichen Planung zu entwickeln. Letztendlich entscheidet der Pilot In Command (kurz PIC), wie und was er fliegt, diese Beschlüsse gemeinsam mit meinen Mitfliegern zu treffen ist für mich der richtige Weg. Ich mag die Nähe, die entsteht durch die gemeinsamen Erlebnisse bei Flugtouren. Auch ohne viel zu sprechen entsteht eine starke Verbindung in dieser Zeit.

Das Alleinfliegen erfordert doppelte Aufmerksamkeit, die Maschine ist zu steuern, der Kurs ist zu halten, der Luftraum zu beobachten, und gefunkt werden muss auch noch. Ein Freund von mir fliegt bevorzugt alleine, dann kann er spontan los, er und seine Kamera. Das Ergebnis bekommen wir im Pilotenfreundeskreis seit vielen Jahren in Form eines Kalenders mit seinen Luftaufnahmen zu Weihnachten. Es ist immer wieder ein besonderes Gefühl, alleine im Cockpit zu sitzen und zu wissen, dass man alles komplett selber in der Hand hat.

Die herausragenden fliegerischen Leistungen in der Geschichte der Luftfahrt sind fast ausschließlich Soloflüge gewesen. Ich denke da an die Atlantiküberquerung von Charles Lindbergh im Jahr 1927. Oder auch der Rekord von Amelia Earhart, die 1932 als erste Frau auf sich alleine gestellt ebenfalls den Atlantik überquerte.

Beeindruckend auch der Alleinflug von Matthias Rust im Mai 1987. Mit wenig Flugerfahrung, erst 18 Jahre alt, fliegt er alleine mit einer gecharterten Cessna aus Uetersen über mehrere Stationen von Helsinki in fünfeinhalb Stunden durch die damalige Sowjetunion nach Moskau, landet dort schließlich auf der Großen Moskwa-Brücke in der Nähe des Roten Platzes.

Erst später habe ich erfahren, dass mein Prüfer zur Abnahme der praktischen Flugprüfung tatsächlich der Ausbilder von Matthias Rust gewesen ist. Den hat er gut ausgebildet, alleine über die Färöer, Island, Bergen, Helsinki nach Moskau zu fliegen ohne die heutigen elektronischen Navigationshilfen ist eine beachtliche Leistung. Die alte Clubmaschine, eine Cessna 172, hat diese Tour sogar ohne Schaden überstanden und kann heute im Deutschen Technik-Museum Berlin besichtigt werden. Solopiloten scheinen häufig von einem besonders starken Willen und Abenteuerlust angetrieben zu werden zu ihren einsamen Touren, deren Eindrücke sie nur im Nachhinein teilen können. Wie gut, dass ich jedes Mal neu entscheiden kann, ob ich lieber alleine oder in Gesellschaft fliegen möchte. *(S)*

Weil ein Hüpfer von fünf Minuten dich in eine andere Welt bringen kann.

Unter uns im Meer des Golfs von Mexiko sichte ich zahlreiche Inseln. Sie gehen scheinbar ineinander über, bilden einen löchrigen grünen Teppich mit hellen Rändern so weit das Auge blickt. Aus dem Cockpit unserer Cessna ist trotz geringer Flughöhe nicht klar auszumachen, wo die Küste aufhört und die Inselwelten beginnen.

Mangroven, kleine Palmen und Zedern formen in dieser Marschlandschaft im blauen Golf von Mexiko zahllose grüne Flecken mit fingerartigen Fortsätzen, die sich in alle Richtungen erstrecken. Von der Küstenlinie sind es nur fünf Minuten Flug in eine andere Welt. Es ist eine Zeitreise in das ursprüngliche alte Florida, ohne künstliche Disneywelten, Shoppingmalls und andere Großartigkeiten der amerikanischen Zivilisation. Man fühlt sich hier um 100 Jahre zurückversetzt. Kreative, Künstler und Schriftsteller zieht es hierher, um sich inspirieren zu lassen von der besonderen Atmosphäre.

Vor mir sehe ich auf einer winzigen Inselausbuchtung die Landebahn von Cedar Key, sie beginnt und endet am Wasser. Ich denke beim Anblick sofort an die Landung auf einem Flugzeugträger. Die 718 Meter lange Piste nötigt dem mitfliegenden amerikanischen Piloten aus St. Augustine Respektsbekundungen ab. Ich bin eher unbeeindruckt, denn diese Bahnlänge ist für Privatpiloten in Europa eher der bekannte Standard. Auch der häufig böige Seitenwind, der hier bereits den einen oder anderen Flieger beim Landen von der Bahn geweht haben soll, scheint mir keine große Herausforderung zu sein. Crosswind in allen Facetten ist im Norden von Deutschland alltäglich. Da Flugplatzleiter in den USA weitestgehend unbekannt sind, meldet man beim An- oder

Abflug zur Landebahn, wo man sich befindet, und funkt direkt mit anderen Piloten in der Nähe, wer wo was vorhat.

Auf meine Positionsmeldung hin meldet sich eine Frauenstimme über Funk und fragt, ob wir denn einen Transport in die Stadt brauchen. Ja gerne, das kommt uns gerade recht. Und so schaukeln wir nach dem Abstellen des Flugzeuges im riesigen Dodge von Judie sitzend gegen ein paar Dollar in den Ort.

Von den riesigen Zedernbäumen links und rechts der Straße hängen lange Flechten, üppig grün ist es überall. Bunte große Holzhäuser stehen links und rechts an den Straßen, auf ihren überdachten Holzveranden stehen Schaukelstühle und Hollywoodschaukeln. Ich fühle mich wie in einer riesigen etwas kitschigen Filmkulisse, sehe mich bereits in einem dieser Schaukelstühle sitzen. Die Zeit ist hier stehen geblieben, es gibt keine Ampeln, kaum Verkehr und keine Zäune.

Der einzige Polizist der Insel fährt mit einem Golfkarren herum und posiert mit mir für ein paar Erinnerungsfotos. Viel zu tun hat er nicht, wie er auf mein Befragen hin antwortet. Die einzigen Vergehen sind wohl Verkehrsverstöße, wenn die Scooter und Golfkarren versuchen, sich ein Rennen zu liefern. Alles erscheint verlangsamt, wie aus der heutigen Zeit gefallen. Kein Straßenlärm, keine Hektik, Brausen und Toben, es gibt keine Fast-Food-Restaurants. Am Ufer stehen im Wasser Pfahlbauten, miteinander verbunden durch Holzstege.

Einige dieser schmalen Holzbrücken führen auf das Wasser hinaus, so können wir gut die Pelikane und Reiher beobachten, die dabei sind, den Fischern eine Mahlzeit abzujagen. Diese einzigartige Atmosphäre nimmt mich sofort gefangen. Selbst die Bäume strahlen Ruhe und Gelassenheit aus und wirken durch die vielen herabhängenden Flechten verwittert und wie aus einer anderen Zeit.

Etwa 800 Bewohner hat die Insel, eine einzigartige Mischung aus Muschelzüchtern, Fischern und kreativ Tätigen sowie einigen

Hotel- und Restaurantbetreibern. Es gibt etwas Tourismus, da die Insel jedoch etwas abseits der Touristenzentren liegt und keine richtigen Strände bietet, bleiben die meisten Besucher Floridas auf dem Festland. Früher wurden hier aus dem Holz der hiesigen Zedern sogar Bleistifte hergestellt und nach Deutschland gebracht vom fränkischen Unternehmen Faber-Castell. Mit Gelassenheit und einigen nostalgischen Gefühlen im Gepäck starten wir zur Abenddämmerung hin den Rückflug nach St. Augustine Richtung Osten, zurück an die Atlantikküste. Wir drehen noch eine kleine Abschiedsrunde über Cedar Key nach dem Abheben, das sanfte orangefarbene Abendlicht der untergehenden Sonne lässt die Farben der Häuser intensiv aufleuchten. Nach fünf Minuten Flug sind wir wieder über dem Festland und in der Jetztzeit angekommen. *(S)*

4. Kapitel

Steigflug

Weil die Gesetze der Schwerkraft manchmal nicht gelten

Mein Blick folgt gebannt dem Doppeldecker, er kommt tief von links über der Landebahn. Mein Kopf ruckt von links nach rechts und die Köpfe Tausender Airshowbesucher in Oshkosh, Wisconsin, mit mir, als »Screaming Sasquatch« an uns vorbeijagt. Das Geräusch des Motors: erst ein lautes Dröhnen, welches zum unvergleichlichen sonoren Blubbern des 9-Zylinder-Sternmotors wird, als die Maschine uns passiert. Kaum an uns vorbei, reißt Pilot John Klatt die 1929 gebaute Waco senkrecht nach oben. Höher und immer höher geht es, bis der Schwung und die 305 PS des Motors nicht mehr ausreichen. Kurz steht die Maschine still am Himmel, die Sonnenstrahlen reflektieren in der rot-schwarzen Lackierung, ganz langsam, fast unmerklich beginnt der Flieger wieder zu sinken. Die meisten anderen Kunstflugzeuge würden jetzt einige Fuß rückwärtsfallen, dann vielleicht noch ein, zwei Umdrehungen trudeln und zur nächsten Figur übergehen. Doch »Screaming Sasquatch« ist nicht wie die meisten Kunstflugzeuge. Zum Rauch, dem langsam sinkenden Flugzeug und dem Dröhnen des Motors mischt sich plötzlich das Kreischen eines Turbinentriebwerks. Die Waco fällt langsamer, hält wieder an, und während das Brüllen beider Motoren ohrenbetäubend wird, beginnt sie wieder zu steigen, beschleunigt weiter und verschwindet senkrecht im Himmel bis an die Sichtgrenze. Erst hier dreht John die Maschine durch einen sauberen Turn und kommt mit ein, zwei Rollen zurück zum tiefen Überflug. Diesmal von rechts nach links, diesmal mit beiden Triebwerken an. Beim Annähern hören wir wieder das Brummen des Sternmotors, doch als uns die Maschine passiert, übertönt das Brüllen des unter dem Rumpf angehängten General-Electric-Triebwerks den Sternmotor, und es könnte auch ein Kampfjet sein, welcher dort vor uns wieder steil in den Himmel zieht und erneut die Gesetze der Schwerkraft zu brechen scheint.

Während John sein Flugzeug landet und wegrollt, ist am Himmel über uns schon der nächste Pilot dabei, uns zu beweisen, dass in einer gewissen Höhe über dem Platz die Gesetze der Physik nicht zu greifen scheinen. Mein Fliegerkollege Sven, seines Zeichens Naturwissenschaftler, definiert diese Höhe kurzerhand zur »Gravopause«, und jeder nachfolgende Airshowteilnehmer scheint dies bestätigen zu wollen. Sei es Sean Tucker, der mit seinem speziell für ihn gebauten Kunstflugdoppeldecker drei in Bodennähe gespannte Seile im Messer- und Rückenflug durchtrennt, oder Rob Holland, der mit seiner MXS Manöver an den Himmel bringt, welche mit den meisten anderen Flugzeugen undenkbar wären. Wer sich einmal ein Bild davon machen möchte, was ein Kunstflugpilot während einer solchen Performance sieht, dem kann ich empfehlen, auf YouTube nach Rob Holland und den Worten »What I see« zu suchen.

Das Highlight des heutigen Tages soll aber erst noch kommen. Während eine der wenigen Kunstflugpilotinnen überhaupt, Patty Wagstaff, die Zuschauer begeistert, gehen Leute vom Airshow Staff die Zuschauerreihen entlang und warnen, dass es gleich sehr laut wird und für kleine Kinder Ohrenschützer empfehlenswert wären. Kurze Unruhe im Publikum, aufmerksam wird der Himmel abgesucht, und dann entdecken wir drei Punkte am Horizont, die schnell näherkommen. Die Punkte werden größer, deutlicher, sehr viel lauter und stellen sich als drei »Harrier Jump Jets« heraus, welche erst einmal schnell über die Landebahn hinwegfegen und sich dann fein aufgereiht nebeneinander schwebend einfinden. Das Bild dieser tonnenschweren Jets, welche unter infernalischem Heulen der Triebwerke 25 Meter über der Landebahn schweben, ist atemberaubend. Langsam setzen die drei Jets an verschiedenen Stellen der Bahn auf. Es wird kurz leiser, bevor die Piloten die Schubhebel wieder nach vorne schieben und die Maschinen senkrecht aufsteigen, sich noch einmal um die eigene Achse drehen und dann, langsam beschleunigend, wieder in Richtung Horizont verschwinden.

Mit unserer gutmütigen Cessna ist wohl nichts von dem, was wir heute gesehen haben, möglich, aber der Gedanke, dass es Flugzeuge gibt, für deren Piloten die Schwerkraft nicht zu greifen scheint, lässt uns doch vom nächsten Schritt träumen. Sei es ein eigenes Flugzeug, ein Kunstflugschein oder einfach nur die nächste Flugstunde. *(F)*

50. Grund

Weil Grenzen und Unterschiede unwichtiger werden

Wer die Menschen einst fliegen lehrte, der hat alle Grenzsteine verrückt, alle Grenzsteine selber werden für ihn in die Luft fliegen, die Erde wird er neu taufen – als »die Leichte, so hat es Friedrich Nietzsche einst vorausschauend formuliert, ein deutscher Philosoph (1844–1900).

Auch wenn die Freiheit beim Fliegen in der Luft gefühlt grenzenlos ist, gilt es trotzdem unsichtbare Grenzen und Begrenzungen zu kennen und zu beachten. Wir bewegen uns mit einem Flugzeug immer in unterschiedlichen, festgelegten Lufträumen. Diese kann man sich wie riesige übereinandergestapelte eckige Kisten unterschiedlicher Größen vorstellen, die manchmal auch ineinander verschachtelt sind. Die Dimensionen und Ausdehnungen sind exakt definiert, sie unterteilen den ganzen Himmel.

In Deutschland gibt es fünf Luftraumarten, mit den Buchstaben C wie Charlie bis G wie Golf bezeichnet. Einige davon werden durch Lotsen kontrolliert, es gelten jeweils unterschiedliche Flugregeln für die Piloten, z. B. zu den erforderlichen Sichtverhältnissen und den Wolkenabständen. Ländergrenzen sind natürlich nicht sichtbar aus der Luft, in Europa ist jedoch das grenzüberschreitende Fliegen recht unkompliziert.

Beliebt ist bei uns Piloten im Norden ein Ausflug zu den dänischen Inseln. Das Überfliegen der Ländergrenze spielt nur eine Rolle bei der Übergabe des deutschen Fluginformationsservice an die dänischen Kollegen. Ich melde mich mit meiner Flugzeugkennung, dem Flugzeugtyp und meinem Flugziel beim dänischen Lotsen an, und das war es.

Bei Ausflügen in angrenzende Länder wie beispielsweise die Niederlande, Belgien oder Frankreich ist etwas mehr Formalismus gefragt. Ein Flugplan ist vor dem Flug aufzugeben, das ist die schriftliche Ankündigung und Beschreibung des geplanten Fluges. Praktischerweise geschieht dies in Europa inzwischen fast überall online. Der Flugplan wird dann beim Flugberatungscenter der Deutschen Flugsicherung bestätigt und gespeichert.

Die Lotsen im Zielland wissen dann mit einem Blick in ihren Computer, was man so vorhat. Spannend wird es immer, wenn der Lotse den Flugplan nicht im System findet, da heißt es dann Nerven bewahren und gut zu kommunizieren. Nach der Landung muss der Flugplan geschlossen werden, sonst wird man als vermisst registriert. Dann macht sich nach einer gewissen Zeit der Such- und Rettungsdienst auf den Weg, um einen zu finden. Bei einem Fehlalarm ist das ein sehr teurer Spaß für den verantwortlichen Piloten.

Anfangs habe ich sehr großen Respekt vor Flügen ins benachbarte Ausland. Jedes Land hat seine individuellen Besonderheiten in den Flugvorschriften und den Luftraumstrukturen, fast immer frei im Internet, zu finden: im Luftfahrthandbuch für Sichtflug, der Aeronautical Information Publication (kurz AIP). Die Deutschen machen es einem da allerdings schwer, hier kann darauf nur gegen Bezahlung zugegriffen werden.

Auch eine Flugtour quer durch Europa wird so mit etwas Vorbereitung zu einer unkomplizierten Angelegenheit. Der Funk erfolgt auf Englisch, die jeweilige Landessprache setzt die entsprechenden Akzente. Insbesondere in Italien und Spanien bin ich bei den ersten Funkkontakten nicht immer davon überzeugt, dass es sich wirklich um englische Ansagen handelt. Sogar die Tour von Uetersen aus bis nach Afrika, genauer gesagt nach Tanger, Marokko, mit drei Maschinen war entspannt in mehreren Tagen zu fliegen.

Die größte Spaßbremse ist noch am ehesten das Wetter oder ein technisches Problem mit einem der Flugzeuge. Wir tanken nochmals auf in Jerez, Spanien, und nach Aufgabe des Flugplanes geht es den einstündigen Hüpfer über die Straße von Gibraltar tatsächlich nach Afrika. Im späten Nachmittagslicht landen wir auf der riesigen Asphaltbahn von Tanger. Es ist weiter nichts los am Flughafen, wir dürfen sogar unbeaufsichtigt über das Vorfeld bis zur Abfertigung und Passkontrolle laufen. Das dauert dann gefühlt ewig, die Angaben in unseren Pässen werden mühselig einzeln in die Computer eingetippt. Wir möchten uns nicht vorstellen, wie lange es dauert, wenn ein Verkehrsflieger mit womöglich 150 Passagieren ankommt. Die Erfahrung lehrt, dass die Anzahl der Dokumente und offiziellen Bestätigungen zunimmt, je südlicher in Europa man unterwegs ist. Etwas Geduld, Verständnis und Freundlichkeit helfen über die bürokratischen Hindernisse elegant hinweg. Europa wird so mit etwas Umsicht und Flexibilität zu einem fliegerischen Sprungbrett für Leichtigkeit in der Luft ohne Grenzsteine. *(S)*

51. Grund

Weil man den Weltraum
und die Erdkrümmung sehen kann

Gastkapitel von Andreas Spaeth, Luftfahrtjournalist

Das Fliegen kann auch deswegen faszinierend sein, weil es einem ermöglicht, mit eigenen Augen die Beschaffenheit unserer Erde in einer Weise zu sehen, die normalerweise nur Astronauten wahrnehmen können. Natürlich nicht aus einem Sportflugzeug. In den kleineren, die nicht nach Instrumentenflugregeln unterwegs sind, gibt es meist nicht einmal eine Druckkabine oder Sauerstoffmasken, die der menschliche Organismus aber ab einigen Tausend Metern Höhe braucht, um zu überleben. Aber es gab einmal ein außergewöhnliches Passagierflugzeug, das einem solche ungeahnten Perspektiven eröffnete: die Concorde, das einzige Überschall-Verkehrsflugzeug der Welt, das jahrzehntelang im internationalen Linienverkehr eingesetzt war. Und das ganz schön lange, von 1976 bis 2003. Das sowjetische Konkurrenzmodell Tupolew Tu-144 brachte es 1977/78 nur kurz zu Linienflugeinsätzen innerhalb des Landes.

Die Concorde war in ihrem zeitlosen Deltaflügel-Design nicht nur das schönste, sondern natürlich auch das schnellste Passagierflugzeug der Welt, ihre Reisegeschwindigkeit betrug Mach 2,02, etwas mehr als doppelte Schallgeschwindigkeit, rund 2.190 km/h und damit schneller als eine Pistolenkugel. Oder stellen Sie sich vor, die Zeit, die es dauert, allein diesen einen Satz hier zu lesen, reichte, um in der Concorde über drei Kilometer Distanz zu überwinden. Die Concorde flog nur bei British Airways und Air France, zwischen London bzw. Paris und New York. Eine Atlantiküberquerung, für die ein normaler Airbus oder eine Boeing in westlicher Richtung je nach Ausgangsort mindestens

135

sieben bis acht Stunden benötigt, schaffte die Concorde in etwa drei Stunden. Der Rekord liegt bei zwei Stunden und 52 Minuten.

Damit war die Concorde fast wie eine Rakete unterwegs, so schnell, aber vor allem auch so hoch wie kein anderes ziviles Flugzeug (die militärische SR-71 Blackbird erreichte 1976 dagegen den Weltrekord von 85.069 Fuß, knapp 26.000 Meter Höhe, bei über 3.500 km/h). Daher hatten die Concorde-Piloten das Privileg, ab einer Flughöhe von 55.000 Fuß (rund 16.700 Meter) nach eigenem Ermessen weiter zu steigen, ohne sich mit den Fluglotsen abzustimmen. Hier kam ohnehin niemand sonst hin. Während normale Verkehrsflugzeuge üblicherweise zwischen zehn und zwölf Kilometer hoch fliegen, konnte die Concorde bis auf 60.000 Fuß (rund 18.000 Meter) aufsteigen. Hier war die Luft so dünn, dass sie weniger Widerstand erzeugte. Die Concorde aber war so schnell, dass selbst hier oben – bei minus 50°C Außentemperatur – die Rumpfnase sich durch die Reibung auf plus 127°C erhitzte. Von all diese Extremen bekamen die Passagiere kaum etwas mit. Außer dass die Fenster der Concorde sehr klein waren, etwa so groß wie die Hand eines Erwachsenen. Und sogar die Plastikverkleidungen innen richtig heiß wurden im Reiseflug.

Die Sitze der Concorde waren ziemlich eng beieinander, und nur hundert Passagiere passten hinein. Dafür war man eben auch schnell am Ziel – und wurde unterwegs mit Kaviar, Hummer und Champagner vom Feinsten versorgt. Schließlich war ein Ticket mit der Concorde extrem teuer, hin und zurück konnte der Flug nach aktuellen Preisen locker 10.000 Euro kosten, unvorstellbar heute, wo es das First-Class-Ticket von Frankfurt nach New York und zurück auch zur Hauptsaison schon ab ca. 4.300 Euro gibt. Aber dafür gab es eben auch gratis seltene Eindrücke, die ich auf meinen neun Flügen mit der Concorde mehrfach selbst gesehen habe. Denn die Concorde war im Reiseflug am Rande des Weltalls in der oberen Stratosphäre unterwegs. Oberhalb der Troposphäre, die bis etwa 15 Kilometer über der Erde reicht. Ab ca. 80

Kilometer Höhe spricht man bereits vom Weltall. Dahin hat es die Concorde natürlich nicht geschafft. Aber wenn der Horizont nicht durch Wolken oder Dunst unscharf konturiert war, konnte man aus den kleinen Gucklöchern von Kabinenfenstern klar den leicht gekrümmten Horizont erkennen. Der Beweis: Die Erde ist keine Scheibe, sondern tatsächlich eine Kugel. Wer kann schon sagen das mit eigenen Augen gesehen zu haben und bezeugen zu können?

Aber auch der Blick nach oben lohnte sich aus der Concorde. Dazu musste man sich aber ziemlich verrenken und auf oder neben seinen Sitz kriechen, um dann aus dem Fensterchen nach oben zu spähen. Der Himmel ist zwar auch hier, wo die Concorde flog, bei Tage tiefblau. Aber oben drüber – pechschwarz! Das Weltall leuchtet nämlich keinesfalls blau, sondern das endlose Universum ist schwarz wie die Nacht, auch am helllichten Tag. So war der Flug mit der Concorde nicht nur eine sagenhaft schnelle Reise, sondern im besten Wortsinn eine Horizonterweiterung.

Und tatsächlich gibt es Hoffnung, dass auch jüngere Leser bald eine ähnliche Erfahrung wieder machen können: In den USA arbeitet die Firma Boom an einem neuen Überschall-Verkehrsflugzeug, kleiner als die Concorde, das schon Mitte des kommenden Jahrzehnts in den Liniendienst gehen soll. Wenn das nichts wird, schließlich gab es schon häufig leere Versprechen dieser Art, klappt vielleicht bis dahin der Weltraumtourismus, etwa mit Virgin Galactic. Deren Raumschiffe sollen Passagiere auf einem dreistündigen Kurztrip ins All und zurück bringen, von wo aus Erdkrümmung und Weltraumblick definitiv die Attraktion sein werden. Aber das ist eine andere Geschichte.

www.aspapress.com, twitter: @SpaethFlies

Weil Fliegen Freiheit ist

Sanft drücke ich den Steuerknüppel nach vorne, das Rauschen des Fahrtwindes im Cockpit wird lauter, die Nadel des Fahrtmessers steigt, und ich jage dicht an der Höchstgeschwindigkeit auf die nächste Wolke zu. Kurz vorher ziehe ich wieder leicht am Knüppel, sanft presst mich die Fliehkraft in den Sitz, als das Flugzeug die Geschwindigkeit in Höhe umsetzt. Bei 100 km/h neige ich den Steuerknüppel nach links. Ein bisschen Seitenruder dazu, und das Flugzeug neigt sich mit. Ich fliege in einer ruhigen Linkskurve unter der Wolke im Aufwind.

Es ist mein erster Flug in einem einsitzigen Segelflugzeug. Das Gefühl ist berauschend. Auch wenn ich vorher schon in unserer zweisitzigen ASK21 alleine geflogen bin, ist es doch noch einmal komplett anders. Das Wetter ist wunderschön, ein strahlender Sommertag, mit vereinzelten Kumuluswolken. Ideale Bedingungen zum Segelfliegen. Der Anfang war etwas zäh, aber seit ich über 1.000 Meter gekommen bin, ist es fast unmöglich, nicht zu steigen.

Mein Flugzeug ist unser Mistral, im Vergleich zur deutlich größeren ASK 21 fühlen sich alle Steuerbewegungen schneller und direkter an. Anstatt hinter mir einen leeren Sitz spazieren zu fliegen, endet dort das Cockpit. Gefühlt wachsen die Tragflächen aus meinen Schultern. Die Position im Cockpit ist eine eher liegende, und durch die vollverglaste Kabinenhaube erstreckt sich der Blick auf das umliegende Land.

Als ich von der Wolke abfliege, bin ich knapp 1.800 Meter hoch, und mir wird klar, dass sich so für mich Freiheit anfühlt. Das Flugzeug reagiert auf die leichtesten Bewegungen, und auch diese fühlen sich natürlich, fühlen sich richtig an. Steuerknüppel nach rechts, und wir lehnen uns nach rechts, fliegen nach rechts.

Ein kurzes Ziehen, und schon steigen wir dabei. Im höchsten Punkt des Steigflugs ein kräftiger Druck nach vorne, und ich werde schwerelos. Meine Wasserflasche, eben noch vor mir liegend, fliegt erst hoch bis an die Kabinenhaube und schwebt dann einen Moment vor mir, ehe ich den Steuerknüppel an den Bauch ziehe und die Schwerkraft wieder greift. Ich genieße das Gefühl, allein zu sein am Himmel, zwischen den Wolken, ganz klein unter mir die Städte, mit Schule, Hausaufgaben, Abiturvorbereitungen – alles Themen für einen anderen Tag. Hier oben interessiert nur der nächste Aufwind, die nächste Wolke, die nächste Kurve. Alles andere ist am Boden geblieben.

Über den Wolken von Reinhard Mey kommt mir in den Sinn. »Alle Ängste, alle Sorgen, sagt man, blieben darunter verborgen, und dann würde, was uns groß und wichtig erscheint, plötzlich nichtig und klein.« Mit diesen Gedanken ziehe ich die Maschine sanft immer steiler nach oben, Querruder dazu, ein bisschen Seitenruder, und während der Fahrtmesser immer weiter zurückfällt, wird es ruhiger und ruhiger, und dann, für einen kurzen wunderschönen Moment, ist es ganz still. Weit unter mir liegt unser Flugplatz, über mir eine einzelne Wolke, die Sonne reflektiert auf meinen Instrumenten, meine Wasserflasche fängt wieder an zu schweben, und noch während ich nach ihr greife, ist der Augenblick vorüber. Erst sanft, dann immer schneller rutscht das Flugzeug über die Tragfläche in die Kurve, neigt sich die Nase wieder der Erde entgegen, das Rauschen des Fahrtwinds nimmt wieder zu, und ich leite den Bogen aus, mache mich auf die Suche nach der nächsten Wolke. Glücklich, heute hier oben zu sein. Frei zu sein! *(F)*

Weil Fliegen besonders viel Spaß macht, wenn die Erde nicht mehr unten, sondern oben ist.

»Seil straff ...«, die Winde zieht an, mein Kopf wird gegen die Stütze gedrückt. Innerhalb von drei Sekunden stehen 100 km/h auf dem Fahrtmesser. Die Bäume verschwinden unter mir. Während mein Fluglehrer unsere ASK 21 ausklinkt und anfängt, nach Thermik zu suchen, ist mir etwas flau, und ich frage mich, ob das wirklich das Richtige für mich ist.

Mein erster Flug im Segelflugzeug war alles in allem ein eher ernüchterndes Erlebnis. Leider erweise ich mich nämlich als nicht besonders luftfest und bin nach dem Landen und Aussteigen doch sehr grün im Gesicht. Fester Boden fühlt sich auch gut an, und so mache ich mich an diesem ersten Tag meines zweiwöchigen Sommer-Schnupper-Segelfluglehrgangs erst mal auf den Weg zum Hausarzt, um mir die geforderte gesundheitliche Unbedenklichkeit attestieren zu lassen. Dies stellt kein Hindernis dar, aber meine Gedanken auf der Rückfahrt gehen eher in die Richtung: »Noch zwei Wochen!«, »Bin ich wirklich dafür gemacht?«

Am Abend lassen wir nach dem Grillen noch ein wenig die Modelle steigen, und mit ihnen steigt auch meine Motivation und gute Laune wieder.

Der nächste Tag wird dann auch schon etwas besser. Aber als wir beim dritten Flug endlich an diesem etwas unruhigen Tag Thermik erwischen und mein Fluglehrer uns begeistert nach oben schraubt, muss ich ihn leider wieder um die Landung bitten, welche auch gelingt, bevor ich von der Spucktüte Gebrauch machen muss! (Es war knapp, sehr knapp!)

Durch diesen Dämpfer wieder etwas verunsichert, starte ich in den dritten Tag. Das Wetter sieht vielversprechend aus, und noch ahne ich nicht, dass der heutige Tag alles verändern soll.

Der Ablauf des Tages ist wie folgt: Fluglehrer Mario steigt hinter mir ein. Kurz darauf verschwinden wieder die Bäume unter mir, und ein lautes »KLACK« zeigt mir an, dass das Schleppseil ausgeklinkt hat. Dreimal nachklinken, und schon sind wir in der Thermik. Heute geht es deutlich besser! Schon bald fliegen wir in über 1.000 Meter Höhe erst über das Büchener Waldschwimmbad und dann über mein Elternhaus. Ein komisches, neues Gefühl macht sich in mir breit. Freude? Schnell mache ich ein Foto, und dann geht es zurück in Richtung Flugplatz. Von hinten tönt es: »Wie schnell dürfen wir hier fliegen?« Ein kurzer Blick auf den Fahrtmesser zeigt mir: 250 km/h in ruhiger Luft.

»Mario? Wie definiert sich ›ruhig‹?« – »Das ist hier schon ziemlich ruhig«, kommt die Antwort von hinten. Ich neige den Steuerknüppel also nach vorne. Wir beschleunigen, werden immer schneller, und das sanfte Rauschen der Luft um die Kabinenhaube schwillt zu einem Brausen an. Meine Mundwinkel heben sich in gleichem Maße wie der Zeiger des Fahrtmessers.

Einen Moment später fliegen wir so mit fast 250 km/h unter der Wolkendecke entlang. Das Gefühl ist atemberaubend und macht all die Momente mit Übelkeit/ Unsicherheit vergessen. Auf meine Frage, ob wir eine hochgezogene Fahrtkurve fliegen können, kommt die kurze Gegenfrage, ob meine Gurte festgezogen seien. Als ich dies bejahe, zieht der Flieger steil nach oben, dreht sich langsam nach rechts, und das uns umgebende Rauschen wird leiser, als wir über Kopf ankommen. Es ist still im Cockpit, unter uns, durch die Panoramascheibe des Flugzeugs gut zu sehen, zeichnet sich die Flugplatzumgebung ab, in der Ferne erhasche ich einen Blick auf die Stadt Mölln. Dann nimmt das Rauschen wieder zu, der Flieger nimmt die Nase nach unten, und schon fliegen wir wieder richtig herum. »Yeehaa!!!«, schreie ich, und dies als Zustimmung deutend, zieht Mario unser Flugzeug wieder steil nach oben. Diesmal wird es ein kompletter Looping. Das Gefühl ist unglaublich! Warum noch mal war ich mir unsicher, ob ich fliegen möchte? Kaum aus dem Looping heraus, geht es wieder steil nach oben. Der Fahrtmesser wird langsamer, und kurz bevor er stillsteht, geht ein Ruck durch die Maschine und wir drehen sauber nach links. Im Scheitelpunkt stehen wir gefühlt still. Kein Rauschen mehr, kein Piepen des Variometers, keine Anzeige auf dem Fahrtmesser. Die Zeit steht still.

Dann ist der Moment vorbei, die Nase zeigt senkrecht zum Erdboden, und wir werden wieder schneller. Aus irgendeinem Grund liegt neben uns plötzlich wieder der Flugplatz. Fünf Minuten später stehe ich mit beiden Beinen am Boden, aber die Gedanken sind in der Luft, die Mundwinkel ungefähr auf Höhe der Ohren, und ich weiß: »Ich will nichts anderes mehr machen als Fliegen!!!« *(F)*

54. Grund

Weil Vögel deine Kameraden sind

Schon am Boden sehe ich den Bussard. In gemächlich aussehenden Kreisen dreht er über der Waldkante unseres Segelflugplatzes. Fünf Minuten später bin ich selber in der Luft. Das tiefe Summen des elektrischen Variometers verheißt aber nichts Gutes für die Dauer meines Fluges. Noch 100 Meter bis zur Position, keine Wolke am Himmel, doch da sehe ich den Bussard wieder, er hat die Waldkante gewechselt und kreist schräg rechts vor und 30 Meter unter mir.

Schnell schwenk ich in seine Richtung, und tatsächlich, kurz bevor ich über ihm bin, spüre ich ein leichtes Heben der rechten Tragfläche, und auch der Ton des Varios wandelt sich vom traurig monotonen Pfeifen zum fröhlich hektischen Piepen, das das Steigen anzeigt. Ohne weiter zu zögern, kreise ich nach rechts ein und liege kurz darauf im schönsten Bart des Tages. Unter sanftem

Piepen des Variometers schraube ich mich in die Höhe. Auch der Bussard scheint den Tag und den Aufwind zu genießen. Schon nach kurzer Zeit hat er mich eingeholt und fliegt nun nur wenige Meter von meiner Tragflächenspitze entfernt mit mir seine Kreise.

Gefühlt steht die Zeit still, als wir beide Flügelspitze an Flügelspitze in den Himmel steigen. Wie immer in solchen Momenten habe ich natürlich keine Kamera dabei und verfluche mich innerlich, sie unten gelassen zu haben. So bleibt mir nur den Moment zu genießen und im Kreis zu bleiben. Nach einigen weiteren Kreisen ist das Tier nun schon ein Stück über mir. Für mich reicht die Thermik langsam nicht mehr aus, mit einem letzten Blick zu dem Vogel über mir und wie mir scheint einem letzten Blick seinerseits zu mir, drehe ich ab und fliege entgegen dem Wind wieder in Richtung Platz zurück.

Mit nun komfortablen fast 950 Metern Höhe gestaltet sich die Suche nach einem Anschlussbart deutlich entspannter. Diesmal ist es jedoch kein Vogel, sondern ein Kollege, der aus der Winde heraus knappe 500 Meter unter mir Anschluss gefunden hat und mir so verrät, wo sich der nächste Bart versteckt hat. Mit jetzt 1.400 Metern verlasse ich den Platzbereich auf der Suche nach dem nächsten Bart.

Drei Stunden 40 Minuten stehen am Ende auf der Uhr, noch zweimal haben mir die gefiederten Kameraden angezeigt, wo es nach oben geht. Auch wenn mir zumindest an diesem Tag keiner mehr so nah gekommen ist, sind es doch unter anderem diese Momente, die das Segelfliegen so beeindruckend machen und von der Motorfliegerei unterscheiden. *(F)*

Weil man Leistung nur durch mehr Leistung ersetzen kann

Das Gefühl, den Gashebel nach vorne zu schieben, zu spüren, wie das Flugzeug vibriert, beschleunigt, leicht wird und schlussendlich schwebt, ist nur schwer zu beschreiben. Wer es noch nicht selbst erlebt hat, denkt vielleicht sehnsüchtig oder in manchen Fällen vielleicht auch mit Sorge daran. Für mich ist es immer wieder ein schöner Moment. Auch wenn ich nur als Passagier in einer großen Linienmaschine sitze, erfüllt mich der Start doch immer wieder mit Freude. Die Triebwerke heulen auf, ein Ruck geht durch das schwere Flugzeug, und die Landschaft am Fenster zieht immer schneller vorbei, bis sie sich ganz plötzlich sanft nach unten entfernt, kleiner und immer kleiner wird. Von der Beschleunigung her geht wohl nur wenig über den Start in einem Segelflugzeug an der Seilwinde. »Wie im Formel-1-Auto«, haben wir es im Verein immer genannt, wenn wir Werbung fürs Segelfliegen gemacht haben. Im Motorflugzeug ist die Beschleunigung dann doch sehr stark typenabhängig. In der kleinen Cessna 150 mit zwei Personen scheint eine kleine Ewigkeit zu vergehen, bevor die Räder den Boden verlassen, vor allem, wenn der Boden noch nass und aufgeweicht ist. Bei der Cessna 172 ist die Beschleunigung da schon eine andere, der Motor aber auch entsprechend größer. Schiebt man die Gashebel unserer zweimotorigen Britten Norman Islander nach vorne, geht es bei geringer Beladung auch ordentlich los. Zweimal 260 PS aus jeweils 9 Litern Hubraum klingen nicht nur gut, sondern schieben auch ordentlich an. Doch noch begeisternder wird es, wenn die Flugzeuge dabei dann auch leichter werden. Ein bei uns am Platz fliegendes Kunstflugzeug hat den quasi gleichen Motor wie die Islander (abgesehen von kleinen Änderungen für den Kunstflug), wiegt aber natürlich nur einen Bruchteil davon. Die hochgezüchteten Maschinen aus dem Red Bull Air Race oder gar aus dem Reno Air Race mit ihren teils über 4.000 PS erwähne ich hier eher der Vollständigkeit halber.

In ein neues Flugzeug mit mehr Motorleistung zu steigen ist immer ein aufregendes Gefühl: Wie wird es sich beim Start verhalten? Den meisten Flugmotoren ist ein großer Hubraum gemein, da die Leistung hier nicht wie bei Autos und Motorrädern aus einer hohen Drehzahl gewonnen werden kann. Bei den vielen Motoren ist der Propeller direkt auf die Kurbelwelle angesetzt, sodass bei zu hoher Drehzahl die Blattspitzen des Propellers in den Überschallbereich kommen würden.

Schiebt man dann die Hebel endlich nach vorne und es geht endlich los, begeistert mich und viele andere dieselbe Beschleunigung, welche auch die Faszination für starke Automotoren oder schnelle Motorräder auslöst. Meine diesbezüglich bisher schönste Erfahrung war der erste eigene Start im Jet. Der Simulator stellt das zwar schon recht realistisch dar, aber wirklich die Schubhebel im echten Flugzeug nach vorne zu schieben, zu hören und zu spüren, wie die Triebwerke hochfahren und dann im nächsten Moment in den Sitz gedrückt zu werden, während die Zahlen am Fahrtmesser nach oben schießen, liegen noch einmal auf einem völlig anderen Level.

Wer Beschleunigung und starke Motoren nicht mag, wird die Liebe dafür vermutlich auch bei Flugzeugen nicht entdecken. Doch ist man für so etwas zu begeistern, dann ist das ein weiterer Punkt, der die Liebe zur Fliegerei begründet und festigt. Sei es das dumpfe Blubbern eines Sternmotors oder das schrille Kreischen einer Turbine, die Freude an der Beschleunigung bleibt die gleiche und Leistung kann man bekanntlich nur durch mehr Leistung ersetzen. *(F)*

Weil man sich selber auf den Balkon gucken kann

Natürlich kann ich einfach aus dem Wohnzimmerfenster schauen, dann sehe ich auf meinen Balkon raus und gucke in den Himmel über Hamburg. Über mir kreisen zwei kleine Flugzeuge, die Stadt ist beliebt bei vielen Piloten als (Aus)flugsziel. Mir geht jedes Mal das Herz auf, wenn ich über Hamburg ein paar Kreise mit dem Flugzeug drehen kann. Sobald es die Wolken, Wind und die Fluglotsen vom Flughafen Hamburg zulassen, fliege ich gerne eine Runde über die Stadt, die Elbe und den Hafen und die Alster, die sich mitten in der Stadt als großer See zeigt.

Das große Gewässer ist gesprenkelt von den vielen weißen Segeln der kreuzenden Boote. Segeln ist hier sehr beliebt und durchaus anspruchsvoll aufgrund der unterschiedlichen Windverhältnisse, erzeugt durch die angrenzenden Straßenschluchten rings um den See. Einmal um den Fernsehturm kreisen als markanten höchsten Wegpunkt der Stadt oder der Elbphilharmonie mal aufs Dach gucken, die großen Containerschiffe aus aller Welt im Wasser liegen sehen, von oben alles auf handliche Spielzeuggröße geschrumpft. Das ist auch Heimat für mich.

Die großen Verkehrsachsen zerschneiden die Stadt in riesige ungleichmäßige Häuseransammlungen, verziert mit grünen Einsprengseln von Parkanlagen. Ab und zu ragen ein Turm und ein höheres Bauwerk aus dem Grün der vielen Bäume hervor, die im Sommer das Häusermeer fast verschwinden lassen.

Bei klarer Sicht ist das riesige Asphaltkreuz der zwei Start- und Landebahnen des Helmut-Schmidt-Flughafens im Stadtteil Fuhlsbüttel bereits weit vor der Stadtgrenze klar erkennbar. Es ist ein echter Stadtflughafen inmitten der dicht bebauten Viertel. Eine weitere Besonderheit ist, dass genau durch Flughafen und damit durch Hamburg der 10. Längengrad Ost verläuft und die

Stadt vom Flughafen über die Alster bis zur Hafencity durchzieht. Ich könnte jetzt behaupten, er verläuft auch durch meinen Balkon, aber knapp daneben trifft es genauer.

Also starte ich in Fuhlsbüttel, ein kleiner Schwenk nach links, und schon fliege ich über meinen Balkon. So sieht er also von oben aus, auch die Dachfenster erkenne ich. Gefällt mir besser als die Aufnahmen, die ich von Google Earth kenne. Und ich stelle fest, dass es immer mehr Dachterrassen gibt, das sind vielleicht neue Aussichtsplattformen, um die Flugzeuge zu beobachten. Ich freue mich immer wieder darüber, ab und zu von ganz oben auf meinen Balkon gucken zu können. Ich wackele über meinem Haus kurz durch Betätigen der Querruder mit den Flügeln, das ist der Fliegergruß für alle unten am Boden. Und für meinen Balkon. *(S)*

57. Grund

Weil man in den Alpen Fahrstuhl fahren kann

Als ausgebildete Flachlandpilotin kamen mir der Harz und der Thüringer Wald bereits wie Hochgebirge vor. Einen Aufenthalt in Tannheim im Allgäu nutze ich für eine erste Alpeneinweisung. Einmal Venedig und zurück wünsche ich mir. Vor dem Flugvergnügen ist etwas Theorie angesagt.

Ich erfahre einiges über Luv- und Lee-Winde, die launischen Wetterverhältnisse in den Bergen, über Staubewölkung und über das Navigieren mit Zahlen. Gut, dass mich mit Hubert ein erfahrener Alpenpilot begleitet. Er ist passionierter Alpenflieger, kennt fast jede Felsspitze in den Bergen der Umgebung. Der Wettergott ist in Hochform und gibt alles, ein Hochdruckgebiet hält sich stabil über dem Zentralalpenmassiv. Die Berge sind auf beiden Seiten des Alpenhauptkamms frei von Bewölkung.

Bald fliegen wir in die ersten Täler ein, und ich verliere etwas die Orientierung. Die Taleinmündungen sehen für mich alle gleich aus. Die Funknavigation hilft nicht weiter, da wir beim Fliegen in den Tälern gut abgeschirmt sind. Anhand der Streckenkarte haben wir die Zeiten ausgerechnet, die wir fliegen müssen, ehe wir in das nächste Tal abbiegen. Also auf die Uhr geschaut und die Täler abgezählt, es funktioniert erstaunlich gut. Immer tiefer geht es in die Alpenlandschaft. Unter mir ragt aus einem großen See eine Kirchspitze auf. Es ist der Reschensee, seit den 1950er-Jahren als Stausee und Wasserreservoir genutzt. Das Dorf wurde umgesiedelt, die Häuser und die Kirche sind in dem Stauwasser versunken. Der Kirchturm ist sogar vor einigen Jahren saniert worden, da er nicht nur im Wasser, sondern inzwischen auch unter Denkmalschutz steht.

Ich schaue auf den Höhenmesser im Cockpit und traue meinen Augen nicht, wir sind mal eben über 1.000 Fuß (also gut 300 Meter) innerhalb von wenigen Sekunden gestiegen. Wie kann das sein? In meinen Ohren knackt es noch hörbar. Ein unsichtbarer Fahrstuhl namens Thermik hat uns in Sekundenschnelle nach oben gesaugt. Ein unglaubliches Gefühl, ohne eigenes Zutun geht es einfach nach oben, nicht steuerbar, unaufhaltsam. Und gut für uns, so sparen wir den Aufstieg mit Motorkraft und kommen perfekt in 7.000 Fuß über den Reschenpass, um weiter in Richtung italienische Tiefebene zu fliegen.

Ich bin begeistert von dem Fahrstuhl in den Alpen. Die Sonne erwärmt die Erdoberfläche und die Luft, die warmen Luftpakete steigen auf und ziehen alles mit gewaltiger Kraft mit. Das wissen auch die zahlreichen Segelflieger und Paraglider zu nutzen. Allerdings erleben wir auf dem Rückflug auch die Schattenseiten, so rasch wie es uns nach oben befördert hat, so turbulent geht es dann auch gelegentlich wieder abwärts. Als habe jemand auf den Knopf »Ausgang Erdgeschoss« gedrückt. Einmal mehr bin ich froh, dass Hubert dabei ist und einzuschätzen weiß, wie nahe wir an den Berghängen fliegen dürfen. Zum krönenden Abschluss gibt es dann noch einen Blick auf Schloss Neuschwanstein im Vorbeiflug, ganz ohne Besucherschlangen und Anstehen. Fahrstuhlfahren in den Alpen ist einfach ein bewegend tolles Erlebnis. *(S)*

Weil Kunstflug die Kunst ist, mit großer Präzision geradeaus zu fliegen

Langsam kippt die Maschine über die linke Tragfläche, der Fahrtmesser ist fast bei null, ein kurzer Tritt ins rechte Seitenruder, und dann geht es abwärts. Der Motor dröhnt, und die Erde direkt vor mir wird immer größer. Kurzer Blick auf den Fahrtmesser. 70 kt! Jetzt! Querruder rechts, die Erde unter mir rotiert nach links. 90°! 180°! Stopp! Wieder ein Blick auf den Fahrtmesser. 130 kt. Ich ziehe am Steuerknüppel, und statt der üblichen 75 kg drücken mich bei 3 g 225 kg in den Sitz. Gut, dass ich nicht auf einer Waage stehe. Zur Belohnung liegt die Erde jetzt wieder unter mir. Ein kurzer Blick aufs Programm, Rolle rechts, dann Aufschwung. Okay und los!

Seit die Erde beim Segelflug das erste Mal kopfstand, war der Kunstflugschein auf Platz eins meiner inneren Wunschliste. Die Trudeleinweisung bei der Ausbildung zum Fluglehrer und unzählige Kunstflugvideos auf YouTube später haben diesen Wunsch noch verstärkt. Im Frühjahr 2013 ist dann endlich der Verkehrspilotenschein bestanden, und als Belohnung schenke ich mir selbst den Kunstflugschein.

Viele Gespräche und Internetrecherchen später steht dann auch das Wann, Wo und Womit: Herbst, in Dinslaken, auf der EXTRA 200. Knapp 3.000 € soll die Woche kosten. Lange habe ich gespart. Doch alles Günstigere bietet kein solches Flugzeug, und die Kunstflugpiloten am Platz haben mir die Schule ans Herz gelegt.

Der Lehrgang beginnt mit einem Tag ausführlichem Theorieunterricht. Wo liegen die Gefahren, was ist zu beachten, wie wirken sich Beschleunigungskräfte aus und alles Wissenswerte zum Flugzeug und dem Flugprogramm stehen auf dem Lehrplan. Denn bevor wir die Figuren in der Luft fliegen können, müssen wir uns am Boden mit ihnen auseinandersetzen.

Am nächsten Morgen geht es dann los. Die erste Session dreht sich um das Kennenlernen des Flugzeugs und das Gefühl, auf dem Rücken zu fliegen. Das ist gar nicht so einfach, liegt der Horizont doch auf der falschen Seite, und dass das Blut dabei in den Kopf fließt, macht es nicht einfacher. Die nächsten Flüge verbringe ich mit dem Anfangsprogramm und lerne so nach und nach die Grundfiguren Looping, Rolle, Turn, Aufschwung und Abschwung kennen. Parallel dazu beschäftigen wir uns mit den Facetten des Trudelns. Ich lerne, dass zum Kunstflug viel mehr dazugehört, als einfach nur am Knüppel zu ziehen, um einen Looping zu fliegen.

Jeden Abend im Hotel gehe ich gedanklich das Kunstflugprogramm durch und versuche mir darüber klar zu werden, was ich in welchem Moment zu tun habe. Der nächste Tag zeigt, dass die Trockenübung etwas bringt, und die Figuren laufen schon deutlich sauberer ab. Einen weiteren Tag später sitze ich zum ersten Mal alleine im Flugzeug. »Selbstbehalt ist 5.000 Euro, also mach sie nicht kaputt«, gibt mir Detlev, mein Lehrer, noch mit auf den Weg. Abzüglich der Kursgebühr ist mein Konto irgendwo bei null. Ich werde sie wohl heile lassen müssen, denke ich mir noch, dann schiebe ich den Gashebel nach vorne. Steil geht es nach oben, drei schnelle Platzrunden, dann bin ich in der Kunstflugbox und beginne mein Programm. Immer wieder ein kurzer Blick zum Platz. Fliege ich auch gerade? Hängt eine Fläche? Muss ich korrigieren? Nichts im Kunstflug ist ungeplant. Alle Kurven und Winkel sind vorgegeben, die Lage im Raum immer genau zur Umgebung definiert. Dass man ab und zu auf dem Kopf steht, tut dabei nichts zur Sache. Denn auch wenn es vom Boden betrachtet wild aussieht, ist Kunstflug eigentlich die Kunst, mit hoher Präzision geradeaus zu fliegen. *(F)*

59. Grund

Weil man im Tiefflug mehr sieht

»Achtung, da vorne steht ein Windrad!« – »Keine Sorge, da passen wir rechts dran vorbei.« Seit Einsetzen des Windenergiebooms sprießen sie wie Pilze aus dem Boden: Windräder. Eines der Hindernisse, die aufgrund ihrer Höhe, bei schlechter Sicht, auch einem niedrig fliegenden Flugzeug gefährlich werden können. Dabei macht niedrig fliegen doch wirklich viel Spaß.

Lange Zeit galt in Deutschland die Reiseflugmindesthöhe von 2.000 Fuß (ca. 600 Meter), welche nur aus Sicherheitsgründen, wie z.B. schlechtem Wetter oder zum Start und zur Landung, unterschritten werden sollte. Rein von der Überlegung her macht das auch insofern Sinn, dass man bei einem Motorausfall in 2.000 Fuß über Grund deutlich mehr Zeit hat, sich ein Feld auszusuchen. Und natürlich ist es selbstverständlich, niemals in niedriger Höhe über besiedeltes Gebiet zu fliegen, alleine schon aus Respekt und Lärmschutz. Aber es geht nicht viel über das Gefühl, in geringer Höhe (inzwischen gilt europaweit eine Höhe von 500 Fuß) über Wasser und nicht besiedeltem Gebiet durch die Landschaft zu fliegen. Die Geschwindigkeit über Grund, welche aus großer Höhe oft gering erscheint, wirkt schlagartig viel größer, jetzt wo die Landschaft dicht und schnell an uns vorbeizieht. Bäume, Häuser, Autos, alles wirkt näher, realer. Es ist ein beeindruckendes Gefühl, frei und ungebunden durch Zwänge wie Straßen oder Wege darüber hinwegzugleiten. 500 Fuß, das sind nicht einmal 200 Meter, mit einem Segelflugzeug hätten wir uns an dieser Stelle schon längt zu einer Außenlandung entschieden und würden konzentriert das vor uns liegende Feld ansteuern. Mit dem Motorflugzeug sind wir hier frei. Abgesehen von den Windrädern, welche aber, je weiter man in den Süden Deutschlands vordringt, immer weniger werden.

Über der Stadt braucht man hierfür eine sogenannte »Tieffluggenehmigung«, mit dieser darf man für besondere Zwecke auch in nur 1.000 Fuß über der Stadt fliegen. Hierbei muss dann immer sichergestellt sein, dass eine Notlandefläche in erreichbarer Nähe ist. Hamburg bietet hier mit Elbe und Alster beste Möglichkeiten, auch wenn mich die Vorstellung, im Wasser notzulanden, nur sehr bedingt anspricht. Aber wann immer ein Fotograf eine solche »Tieffluggenehmigung« brauchte, macht es unglaublichen Spaß. In der niedrigen Höhe entdecken wir den Hafen und die Stadt noch einmal aus einer völlig neuen Perspektive. Entdecken kleine Gebäude oder Gassen, die mir vorher bewusst noch nie aufgefallen sind. Auch wenn ich schon oft über Hamburg geflogen bin, ist doch jeder Flug anders, und ich entdecke auf jedem Flug noch etwas Neues. Steht zum Beispiel die Sonne in einem bestimmten Winkel am Nachmittag, dann reflektiert die gesamte Silhouette der Elbphilharmonie strahlend und golden in der Elbe.

Auch in der Schulung fliegen wir häufiger mal eine Strecke tief. Nicht nur, weil es wirklich unglaublichen Spaß macht, sondern auch weil die Navigation um einiges schwieriger wird. Bei gutem Wetter mit freier Sicht erscheint es noch leicht, doch bei einer Minimalsicht von 1,5 km wird die Welt aus 500 Fuß doch plötzlich sehr klein. Ist aber das Wetter schön, die Sonne lacht vom Himmel und die Sicht ist von Pol zu Pol, dann ist tief fliegen einfach nur schön.

Noch tiefer nach unten führt uns im Gelände dann nur noch die Notlandeübung. Hierfür erhält die Flugschule eine Erlaubnis zur »Unterschreitung der Sicherheitsmindesthöhe in gewissen Gebieten« von der jeweiligen Landesregierung. Hat der Schüler sich nun für ein Feld entschieden, geht es bis auf Ameisenkniehöhe hinunter, bevor wir das Gas wieder nachschieben und unseren Weg wieder etwas höher fortsetzen. Ein bisschen Neid kommt da schon auf, auf die Anfänge der Fliegerei, wo es im Tiefflug über die Wälder und Felder ging und der Gedanke an Lärmschutz und Lufträume noch in weiter Ferne lag. Wo das einzige Ziel für die Pioniere der Fliegerei darin bestand, möglichst lange in der Luft zu bleiben und möglichst nicht mit dem Baum im Nachbarfeld zusammenzustoßen. *(F)*

60. Grund

Weil man nicht auf Berge steigen muss, wenn man drüberfliegen kann

Meine Frau möchte mich häufiger zum Wandern in den Bergen animieren. Irgendwas von wegen Reiz der Natur und so. Das mit dem Reiz kann ich ja sogar noch nachvollziehen, doch warum wandern? Für mich gibt es nämlich nur wenig, was mit dem Gefühl vergleichbar ist, über den Berg drüberzufliegen.

Allgemein gehört das Fliegen in den Bergen zu den Dingen, die man als Pilot unbedingt einmal gemacht haben muss. Es empfiehlt sich allerdings eine gründliche Einweisung, denn in den Bergen kann es zu Gefahren kommen, welche man als nicht geübter Pilot leicht übersehen kann. Im Flachland gibt es beispielsweise fast immer einen Weg aus dem schlechten Wetter heraus, und solange ich eine gewisse Höhe beibehalte, sind auch Hindernisse eher selten ein Faktor. In den Bergen hingegen folge ich den Tälern, und wenn dann das Wetter den Weg versperrt, sind gute Ortskenntnisse von großem Vorteil.

Aber das Gefühl, dicht an einem Berghang entlangzufliegen, tief links unter mir das Tal, aber immer noch hoch rechts über mir der Gipfel, umgeben nur vom sonoren Brummen des Motors, ist etwas, was kaum zu beschreiben ist. Es führt mir immer wieder vor Augen, wie klein wir Menschen doch sind und wie groß und unveränderlich die Natur.

So kitschig dieser Vergleich auch in meinen eigenen Ohren klingt, empfinde ich ihn dennoch selten so stark wie beim Fliegen in den Bergen: Wenn ich in nur vergleichsweise geringer Höhe über einen Gipfel hinwegfliege, unter mir das Gipfelkreuz und vielleicht der ein oder andere Wanderer. Wenn ich dann nur Sekunden später in großer Höhe über dem Tal schwebe, weit unten grüne Wiesen und ein in der Sonne funkelnder See mit badenden Menschen. Beim Abbiegen in das nächste Tal oder dem Überfliegen des nächsten Gipfels wieder eine völlig neue Aussicht, eine völlig neue Welt.

Während ich im Flachland bei gutem Wetter scheinbar endlos weit gucken kann, überrascht die Gebirgsfliegerei mit einer sich ständig wandelnden Landschaft. Durch die sich ständig ändernde Höhe wandelt sich durchgehend die Perspektive, mit der ich meine Umgebung wahrnehme. Kommen jetzt noch Wolken und sich ändernde Lichtverhältnisse hinzu, bin ich quasi umgeben von einem Meer sich ständig ändernder Eindrücke. Bietet das Wandern und das Bergsteigen die Möglichkeit, eins mit der Natur zu werden und sie in der Ruhe und aus der Langsamkeit heraus zu erkunden, jedes Detail wahrzunehmen, so bringt die Fliegerei hier die Möglichkeit sich am ständigen Wechsel der Eindrücke und der doch immer gleichen Ruhe der Berge zu berauschen.

Aus dem Cockpit eines Motorflugzeugs ist der Wechsel der Landschaft und der Abstand zur Natur ein anderer als beispielsweise aus einem Segelflugzeug heraus, nur getragen von Hangwinden, immer dicht am Berg entlang, ohne Motorgeräusch, nur vom ständigen Rauschen des Windes umgeben. Häufig begegne ich bei solchen Touren Hanggleitern und Drachenfliegern. Ein Umstand, der mich im Motorflugzeug doch noch einen etwas größeren Abstand vom Berg halten lässt. Aber Hanggleiten oder Drachenfliegen sind eine Erfahrung, die mir noch fehlt, für die ich vielleicht aber auch bereit wäre, doch wieder mal auf einen Berg zu steigen, um mich dann sanft an einem Schirm in die Luft zu begeben. Ganz frei über dem Berg zu schweben, umgeben nur von Luft und Natur, muss ein wirklich einzigartiges Gefühl sein. *(F)*

61. Grund

Weil schon in der Ausbildung die Erde auf dem Kopf stehen kann

Die Sonne steht tief am Abendhimmel, welcher in ein rotes warmes Licht getaucht ist. Irgendwo über uns surrt hell der Elektromotor eines Modellflugzeugs, und von links kommt ein angenehmer Geruch vom noch nachglühenden Grill. Es ist die zweite Woche des Segelflugsommerlagers 2008, und ich bin noch weit entfernt von Gedanken ans Jetfliegen oder Fluglehrer sein. Ich habe knappe 21 Starts im Segelflugzeug hinter mir und bin noch sehr dankbar, dass hinter mir ein Fluglehrer sitzt, der dafür sorgt, dass wir im Zweifel wieder heil herunterkommen. Beim Planen des nächsten Tages beugt sich einer der erfahreneren Flieger zu mir rüber und meint: »Hey Flo, wenn du Herbert morgen ärgern willst, dann warte, bis ihr wirklich hoch seid, und dann ziehst du schlagartig den Knüppel nach hinten und trittst voll ins Seitenruder.« Auch wenn meine Flugerfahrung damals noch nicht so groß war, war mir doch immerhin klar, dass das grundsätzlich keine besonders gute Idee sein kann.

Am nächsten Morgen erwartet uns bestes Flugwetter. Wir finden direkt nach dem Start einen Thermikanschluss, der uns auf deutlich über 1.000 Meter bringt. Hier oben angekommen und gerade auf der Suche nach dem nächsten Bart, fällt mir die Unterhaltung vom Vorabend wieder ein. Nach kurzem Überlegen berichte ich meinem hinter mir sitzenden Fluglehrer davon und frage auch, was denn passieren würde, wenn ich der Aufforderung nachgekommen wäre. Als Antwort kommt die kurze Frage, ob denn meine Gurte alle festgezogen wären. Nach kurzer Bestätigung übernimmt mein Lehrer die Kontrolle und zieht mit einer schnellen Bewegung den Steuerknüppel nach hinten, gleichzeitig spüre ich, wie das Seitenruderpedal voll durchgetreten wird. Die Nase unserer ASK 21 jagt nach oben, dann setzt die Drehbewegung ein, und im gefühlt nächsten Augenblick liegen wir auf dem Rücken, die Erde nun über und den Himmel unter uns, dann tauchen wir nach unten ab und fliegen so den »Abschwung« komplett. Das Gefühl ist berauschend! Nach meinen ersten leichten Kunstflugerfahrungen am dritten Tag des Lehrgangs ist es nun schon das zweite Mal, dass das Flugzeug auf dem Kopf steht. Begeistert frage ich, ob wir das noch mal machen können. Wir können, auch wenn mein Fluglehrer mir erklärt, dass das Manöver besser funktionieren würde, wenn wir ein Flugzeug fliegen würden, welches trudeln kann, weil dann die Strömung besser abreißt und die Drehung noch schneller wird. Die ASK 21 trudelt jedoch ohne spezielle Gewichte am Heck nicht. Heute, nachdem ich auch in dafür ausgelegten Kunstflugmaschinen geflogen bin, verstehe ich, was er gemeint hat. Damals aber war die Drehung das Schnellste und Coolste, was ich mir vorstellen konnte, und der Plan, den Kunstflugschein zu machen, war geboren. *(F)*

5. Kapitel

Reiseflug

Weil der Mile High Club nur mit Autopilot funktioniert

Der Mile High Club ist jener elitäre inoffizielle Club, der all denjenigen vorbehalten ist, die Sex im Flugzeug hatten, optimalerweise in über 1.852 Metern, also in über einer Meile über Grund. Auch wenn es natürlich keinen wirklichen Mile High Club gibt, träumen doch viele von einer Mitgliedschaft. Diverse Seiten im Internet geben Tipps, wie man es am besten anstellt, ohne erwischt zu werden. Nachtflüge, am besten First Class, getrennt zur Toilette gehen – diese und ähnliche Tricks werden dort empfohlen. Begehrt ist der Mile High Club auf jeden Fall! Einer Umfrage eines britischen Datingportals mit 11.000 Teilnehmern zufolge träumen 78% der Befragten von einem Schäferstündchen im Himmel, und 5% gaben an, schon Mitglied zu sein. In den Medien gibt es auch immer wieder mal Berichte über Paare, die erwischt wurden. Damit das nicht passiert, gibt es inzwischen Fluggesellschaften, die ein Geschäft daraus entwickelt haben. Mit LoveCloud in Las Vegas kann man beispielsweise einen Rundflug in einer speziell umgebauten Cessna 421 Golden Eagle buchen. Auch diverse Prominente haben schon in Talkshows berichtet, den besonderen Luxus, den ein Privatjet bietet, ausgenutzt zu haben.

Will man sich nicht vom Piloten zuschauen oder der Stewardess erwischen lassen, empfiehlt sich ein Flugzeug mit Autopilot, wie die Flugunfalluntersuchungsstelle der USA bescheinigen kann. Im Abschlussuntersuchungsbericht zu einer 1991 abgestürzten Piper kommen die Ermittler zu dem Schluss, dass die Insassen, welche beide einen Pilotenschein besaßen, vermutlich die Kontrolle über das Flugzeug verloren haben, als sie sich auf dem Copilotensitz der Maschine vergnügten. Dies ist der einzige mir bekannte Bericht mit Todesfolge.

Doch auch dem mutmaßlichen Begründer des Mile High Clubs war nicht nur Glück beschieden. »Aerial Petting – Ends in wetting«, titelten die Zeitungen im November 1916. Lawrence Sperry, ein Erfinder und Tüftler der damals noch jungen Fliegerei, gab der bekannten und vor allem verheirateten New Yorkerin Mrs. Waldo Polk Flugstunden in einem Curtiss-Flugboot. Er gab später wohl an, gegen die Gyro-Plattform des selbst gebauten Autopiloten gestoßen zu sein, was zu einer Bruchlandung in New Yorks South Bay führte. Dort wurden die beiden nackt, aber zum Glück nur leicht verletzt geborgen. Beide gaben bei der Einlieferung ins Krankenhaus zunächst an, dass die Kleidung beim Aufprall heruntergerissen wurde. Was nun wirklich stimmt, muss jeder selbst entscheiden. Auf jeden Fall ist es die erste überlieferte Mile-High-Club-Geschichte, die auf der Seite www.milehighclub. com.de mit der ausdrücklichen Genehmigung von Sperrys Nachkommen veröffentlicht ist.

Wir sehen also, dass ein zuverlässiger Autopilot eine empfehlenswerte Einrichtung für alle Anwärter des Mile High Clubs ist. An dieser Stelle sollte natürlich noch einmal ausdrücklich darauf hingewiesen werden, dass auch unter Autopilotennutzung der Pilot jederzeit in der Lage sein muss, die Kontrolle wieder zu übernehmen, und sexuelle Handlungen aus luftrechtlicher Sicht somit nicht gestattet sind. Für Airlines gilt übrigens Ähnliches: Da Flugzeuge offiziell als öffentlicher Raum gelten, droht, auch wenn es selten umgesetzt wird, eine Anzeige wegen Erregung öffentlichen Ärgernisses, und es ist auf jeden Fall ein recht peinlicher Moment, wenn man entdeckt wird.

Allen, die sich von solchen Unwegsamkeiten nicht schrecken lassen, wünsche ich viel Spaß und »Herzlich willkommen« in einem Club, von dem mit Sicherheit mehr Menschen behaupten, Mitglied zu sein, als es tatsächlich sind. *(F)*

Weil es verschiedene Geschwindigkeiten gibt

»Wie schnell fliegen wir gerade?« – Diese Frage ist eine der meist-
gestellten im Flugzeug, und auch wenn sie recht einfach klingt,
ist sie doch erstaunlich schwer genau zu beantworten. Natürlich
ist die erste Antwort bei so etwas ein Blick auf den Fahrtmesser.
»Wir fliegen 100 kt schnell.« Damit der meist nicht luftfahrterfah-
rene Fragesteller damit etwas mehr anfangen kann, kommt dann
noch ein »das sind ungefähr 200 km/h«.

Wenn wir aber von der Tatsache absehen, dass es rechnerisch
genaugenommen 185 km/h sind, ist die spannendere Frage dahinter aber eigentlich, 185 km/h in Bezug auf was? Diese Frage
ist bei einem Auto recht schnell beantwortet: zum Boden. Fahre
ich 185 km/h, komme ich in einer Stunde 185 km weit. Klingt
so weit recht simpel. Im Flugzeug ist es leider nicht ganz so einfach. Bei wirklich starkem Wind haben wir in der Jugendgruppe
beim Segelfliegen immer versucht, zu starten, auszuklinken, dann
rückwärts über den Platz zu fliegen und dann wieder zu landen.
Dieser Trick, welcher nur bei wirklich starkem Wind funktioniert,
ist mit dem Motorflugzeug durch die deutlich höhere Grundge-
schwindigkeit nur schwer möglich. Aber in der Luft stillstehen
kann man bei entsprechend starkem Wind auch ohne Helikopter.
Unsere Geschwindigkeit bezieht sich nämlich immer auf die uns
umgebende Luft. Fliegen wir also mit sagen wir 70 kt genau in
den Wind und dieser weht auch mit 70 kt, dann stehen wir über
Grund still. Fliegen wir dann aber in die andere Richtung, fliegen wir über Grund plötzlich mit 140 kt. Dies ist vielleicht am
besten vergleichbar mit einer Rolltreppe. Gehe ich auf einer fah-
renden Rolltreppe entgegen der Fahrtrichtung mit der gleichen
Geschwindigkeit vorwärts, mit der auch das Band fährt, so stehe
ich für den danebenstehenden Betrachter scheinbar still. Laufe

ich mit der Rolltreppe, so erscheine ich für denselben Betrachter doppelt so schnell.

Heute, wo die meisten Flugzeuge eingebaute GPS-Geräte haben, oder zumindest jeder eine App fürs Smartphone oder Tablet hat, ist das Vorhersagen der Geschwindigkeit über Grund nichts Besonderes mehr. Der noch angehende Flugschüler muss das in der Flugvorbereitung noch per Hand ausrechnen, wobei es auch hier eine große Anzahl hilfreicher Apps gibt.

Schauen wir uns an dieser Stelle kurz an, wie wir im Flugzeug die Geschwindigkeit überhaupt messen. Das System dahinter ist nämlich auch denkbar einfach aufgebaut und seit vielen Jahren unverändert. Unser Fahrtmesser misst dazu nämlich den Druck der von vorne anströmenden Luft und gleicht diesen mit dem Umgebungsdruck ab. Was übrig bleibt ist der reine Druck, der von der anströmenden Luft erzeugt wird. Dieser wird dann mit einem Zeiger als Geschwindigkeit angezeigt. Ähnlich wie auch beim Höhenmesser und beim Variometer ein sehr simples Prinzip, welches vom Segelflugzeug über das Ultraleichtflugzeug, bis hin zum Airbus A380 gleich funktioniert, wenn auch beim Airbus ein paar mehr Computer zwischengeschaltet sind.

Bevor ein Schüler bei mir jedoch das erste Mal Solo-Überland fliegt, simuliere ich auch gerne einmal den totalen Ausfall des Fahrtmessers. Der angehende Pilot muss das Flugzeug alleine nach Motorleistung und Anstellwinkel fliegen. Das ist grundsätzlich problemlos möglich. Das für mich Spannendste dabei ist, dass die meisten Schüler die Geschwindigkeit ohne für sie sichtbare Fahrtmesseranzeige deutlich besser halten und sauberer fliegen als mit.

Die Sache mit der Geschwindigkeit ist also nicht ganz so einfach, wie sie auf den ersten Blick erscheint. Es gibt alleine noch drei weitere Geschwindigkeiten, deren Erklärung den Rahmen hier sprengen würde. Aber allen gemein ist der große Spaß, den es macht, sich in der Luft von ihnen berauschen zu lassen. *(F)*

Weil es Flüge gibt, die man einmal gemacht haben muss

Wenn es draußen stürmt, der Regen an die Scheibe prasselt und selbst die Schwalben zu Fuß gehen, dann ist die richtige Gelegenheit, sich vor eine Landkarte zu setzen und den nächsten Flug zu planen. Doch wohin soll es gehen? In den Süden? Sommer und Sonne sind für mich immer eine gute Motivation. Oder vielleicht doch lieber in den Norden, die Dänische Südsee ist wunderschön. In den Osten, nach Prag oder doch an die französische Küste? Alles für sich gute Ideen und tolle Flüge.

Seit ich meinen PPL habe, wollte ich große Strecken fliegen, auf den Spuren Elli Beinhorns und anderer Streckenpiloten wandeln und das nicht mit dem Jet oder unter IFR, sondern wie früher: im Sichtflug. Sich von Flugplatz zu Flugplatz hangeln und so aus geringer Höhe das Land entdecken. Abends die örtliche Küche ausprobieren und eine neue Stadt entdecken. Seit ich meine erste Tour organisiert habe, damals einmal quer durch Deutschland zum Tannkosh Fly-In, welches es inzwischen leider nicht mehr gibt, stand für mich ein Ziel im Hinterkopf fest: Afrika! Die Vorstellung, Europa zu durchqueren und am Ende den Kontinent zu wechseln, auch wenn es über die Straße von Gibraltar nur ein kurzer Hüpfer ist, hat mich fasziniert. Doch es sollte noch ein paar Jahre dauern, bis dieser Traum Wirklichkeit wurde.

Das Ziel des Fluges für das Jahr 2016 hieß nämlich am Anfang einmal Mallorca. Den Flug von Hamburg nach Mallorca hatte ich drei Jahre zuvor schon einmal geplant, damals war er jedoch leider nicht zustande gekommen. Doch diesmal kommt nichts dazwischen: drei Flugzeuge, drei Fluglehrer und sechs reisefreudige Charterkunden. Nur noch ein letztes Treffen zum Besprechen der detaillierten Reiseroute steht aus. Und hier zeigt sich dann wieder einmal: Erstens kommt es anders und zweitens, als man denkt.

Während ich die Luftraumkarten auf den Tischen verteile, wirft mein Kollege Fabian die geplante Gesamtstrecke mit dem Beamer an die Wand, und auf einmal sieht Marokko so nah aus. Was wäre eigentlich, wenn …?

Fabi und Heinrich, der dritte Fluglehrer im Bunde, sind sofort Feuer und Flamme, und als der Abend zu Ende geht, haben wir ein neues Ziel gefunden. Tanger in Marokko.

Die Zeit bis zum Start vergeht wie im Flug, und so stehen wir plötzlich morgens mit gepackten Koffern am Flugplatz. Die Maschinen sind getankt, die Karten eingepackt, und dann geht es auch schon los. Beim Start in Richtung Brügge begleitet uns noch schlechtes Wetter, und der nächste Tag zwingt uns sogar zum Ausweichen quer durch Frankreich, wo unser Gepäck von höchst misstrauischen Zollbeamten durchsucht wird und wir Zeuge eines Motorausfalls über dem Platz werden. Das Flugzeug landet kurz darauf unbeschadet auf der Bahn, und wir machen uns wieder auf den Weg, in Richtung Dune du Pilat, der höchsten Sanddüne Europas. Von hier geht es über Madrid nach Jerez, und dann wird mein Traum wahr: Vor uns liegt die Straße von Gibraltar, und die Stimme im Funk hat keinen spanischen Akzent mehr, sondern heißt uns herzlich willkommen in Tanger. Afrika! *(F)*

65. Grund

Weil bei Nacht alle Städte goldene Netze sind

Fliegen bei Nacht hat etwas Magisches. Ich sitze im Dunkeln des Cockpits, nur die beiden Flugdisplays vor uns spenden etwas Licht. Diese zeigen mir virtuell alle wichtigen Daten an wie Kurs, Geschwindigkeit, Höhe, Steigen, Sinken und die Position der Maschine. Der Start bei Dunkelheit war bereits ein Erlebnis für sich, ich steige hoch in die schwarze Nacht, der künstliche Horizont auf dem Display hilft mir, nicht in Schieflage zu geraten.

Ein riesiger heller Mond hängt zum Greifen nahe am Himmel vor dem Cockpitfenster. Die Dunkelheit, die den Flieger umgibt, hüllt alles ein und schirmt uns ab. So ähnlich muss das Gefühl in einer Raumkapsel sein. Die Schwärze der Nacht ist wie eine dicke Schutzschicht, die sich über den hellen Tag gelegt hat.

Man gleitet gefühlt lautlos durch den dunklen Himmel. Das Licht der Straßenlaternen, die Scheinwerfer der Autos und die erleuchteten Gebäude geben der Umgebung ein komplett anderes Gesicht als tagsüber, die Dimensionen verändern sich. Entfernungen sind nicht mehr einschätzbar, kein Horizont ist zu sehen. Was bei Tag gut zu erkennen ist wie Flüsse, Bahnlinien, Seen und Hügel, ist in der Dunkelheit verschwunden. Dörfer und Siedlungen, die man tagsüber gar nicht wahrgenommen hat, bilden kleine Lichtinseln am Boden. An vielen Stellen blinkt es rot und weiß unter uns. Das sind die Windkraftparks, deren Anzahl ich durch ihre rot blinkenden Augen im Schwarzen viel besser erfassen kann als im Hellen.

Die vom Mondschein angeleuchteten Wolken schweben wie exotische Wesen durch die Finsternis, kleine Wolkenfetzen gleiten wie Geister am Fenster vorbei. Über die Stadt hat sich eine riesige leuchtende Wolkenglocke gestülpt. Die Sterne blinken hell. Ich kann mir nun gut vorstellen, dass sich unsere Vorfahren auf See mittels Sextanten daran orientiert haben. Die beiden wichtigsten Instrumente des Piloten sind immer noch seine Augen, und die spielen einem bei Dunkelheit gerne mal einen Streich. Sinnestäuschungen können leichter auftreten als am Tage. Ein bekanntes Phänomen ist die Verwechslung von Bodenlichtern mit Sternenlicht in Gebieten, in denen es kaum Lichtschein am Boden gibt.

Das Gehirn erliegt einer optischen Täuschung und interpretiert die wenigen Lichter am Boden als Sternenlicht. Diese

Irritation kann schlimme Folgen haben, wenn der Pilot durch Manöver versucht, die für ihn als Sterne identifizierten hellen Punkte zu unterfliegen. Auf die Augen ist in der Dunkelheit der Nacht nur eingeschränkt Verlass. Fixiert ein Pilot ein stationäres schwaches Licht vor dunklem Hintergrund für einige Sekunden, dann scheint sich dieses Licht auf einmal zu bewegen, kommt vermeintlich auf ihn zu. Wer nicht um dieses Phänomen weiß, der vermutet ein anderes Luftfahrzeug und fühlt sich zu unnötigen Ausweichmanövern veranlasst.

Augen brauchen fast eine halbe Stunde, um sich an die Dunkelheit zu gewöhnen. Wie gut, dass bereits der Außencheck des Fliegers vor dem Start in der Dämmerbeleuchtung auf dem Vorfeld erfolgt ist. Jeder, der mal nachts im Wald oder einer unbeleuchteten Gegend unterwegs war, kennt das Gefühl, anfangs nichts sehen zu können. Nach und nach werden Umrisse von Bäumen sichtbar, sind Lichtungen und Wege erkennbar.

Nachts ist deutlich weniger Thermik in der Luft, gefühlt gleiten wir auf Schienen durch den Himmel. Ab und zu schießt der Gedanke an einen möglichen Notlandeplatz durch meinen Kopf. In der Kleinfliegerei ist die Überlegung, wohin man bei einem Motorenausfall steuern und landen sollte, Teil der Ausbildung. Man simuliert zu Übungszwecken Notlandungen über freien Flächen und Feldern, natürlich ohne wirkliche Landung. Nachts wird das Ganze zu einer sehr viel größeren Herausforderung, Hindernisse sind nicht zu erkennen wie beispielsweise Stromleitungen, Bäume oder Gräben. Und auf einer Straße zu landen ist im Zweifelsfall vielleicht auch keine so gute Idee. Ich schiebe den Gedanken beiseite, der Motor brummt gleichmäßig vor sich hin, es wird schon alles passen.

Die Autobahnen winden und schlängeln sich als endlose Lichtbänder unter uns durch die schwarze Landschaft. Ich hoffe, dass ich mich an der richtigen Autobahn orientiert habe, um meinen Weg von Hamburg nach Hannover zu finden. Auch ein Nachtflug ist ja in der Kleinfliegerei ein Sichtflug, nur unter etwas anderen Vorzeichen. Orientierung ist im Dunkeln ungewohnt, gut, dass wir Hilfsmittel wie ein elektronisches Display mit einer Karte haben sowie GPS. Man funkt mit den Großen, wird also auch wie ein Verkehrsflieger behandelt, das ist Airliner-Feeling pur. So macht es doppelt Spaß, hört man doch so mal, wie die Piloten von Lufthansa, British Airways und anderen Fluggesellschaften von den Lotsen durch die Nacht geleitet werden.

Wo bitte soll denn der Flughafen Hannover sein? Nach der elektronischen Anzeige auf dem Display sollten wir ihn in wenigen Meilen voraus erreichen. Die Lichter von Hannover leuchten wie ein riesiges Knäuel aus Lichterketten. Als ob jemand ein großes goldenes Netz über die Stadt geworfen hat. Die Landebahnen sollten doch auch gut beleuchtet sein. Ich stelle fest, dass von oben und von weiter weg gesehen genau das Gegenteil der Fall ist.

Dort, wo es im goldenen Netz am dunkelsten ist, befinden sich die Landebahnen. Die Lichter auf der Bahn für den Anflug strahlen eben nur in Richtung Landebahn ab. Als ich mich weiter nähere, sehe ich endlich auch die volle Lichterpracht der Landebahnen. Weihnachtsbeleuchtung pur, das ganze Jahr über: Gelbe, orange, grüne, weiße und blaue Lichter überziehen den Boden und bilden ganz eigene Muster. Es ist keine Zeit, darüber nachzudenken, welcher Lichterfarbe ich später am besten folgen sollte, um von der Landebahn zum Terminal zu kommen.

Ich konzentriere mich auf die Landung, nachdem der Kontroller im Turm mir eine Freigabe erteilt hat. Nachts schrumpft das sonst gewohnte 3-D-Sehen gefühlt auf 2-D zusammen, es fehlen Anhaltspunkte, wie hoch man noch ist, in welcher Fluglage man sich befindet. Also alles noch vorsichtiger als sonst angehen, sinken, warten, bis die Landescheinwerfer die Bahn erfassen, die Nase des Fliegers etwas hochziehen, und dann setzt sie sich sanft hin. So weit die Theorie.

Auch als ich fast unten bin, möchte ich die Landung etwas abkürzen. Der Flieger mag es überhaupt nicht, wenn er nicht lange genug ausschweben kann, um Geschwindigkeit abzubauen. Er plumpst unsanft auf den Boden und hopst leicht unwillig weiter. Da bin ich wohl noch zu hoch gewesen. Zum Glück sind Cessnas sehr robust und vertragen durch ihre Metallkonstruktion einiges. Wir entscheiden uns für einen sogenannten Go-Around, also gleich wieder Vollgas geben, die ausgefahrenen Landeklappen fast ganz einfahren, und ab geht es mit dem vorhandenen Schwung wieder in den dunklen Himmel.

Nach einem erneuten Anflug klappt die nächste Landung deutlich besser. Wir rollen aus und entscheiden uns für die richtige leuchtende Farbschlange, deren Lichter uns zum Abstellplatz führen. Zum Glück bin ich nicht alleine im Cockpit. Eine kurze Verschnaufpause und der Pilotentausch für den Rückflug sind der nächste Programmpunkt. Für die Kleinfliegerei gibt es an fast allen Flugplätzen eigene Terminals oder Bereiche. Hier geht es etwas familiärer zu als im großen Passagierterminal. Allerdings ist ein Getränkeautomat meistens die einzige greifbare kulinarische Erbauung.

In den sogenannten General Aviation Terminals werden auch die Reichen und Mächtigen der Welt zu ihren Privatjets gebracht oder abgeholt, oder Passagiere, die es sich einfach leisten können und wollen. Wir treffen dieses Mal keine Promis, nur auf den etwas knurrigen Angestellten, bei dem wir die Landegebühren bezahlen. Zurück geht's zum Flugzeug, noch einmal eine gute Stunde Airliner-Feeling, bevor wir die golden leuchtenden Stadtlichter von Hamburg vor uns sehen. Kurz vor knapp landen wir wieder, um 23 Uhr schließt der Platz für die Nacht. *(S)*

Weil das Wattenmeer ein lebendes Gemälde ist

Was könnte verlockender sein, als an einem sonnigen Tag im Frühsommer die Elbe hinauf zur Nordsee zu fliegen. Mit Kurs auf Sylt, der Flugplatz liegt in Fußweite des Strandes von Westerland. Ich fliege die breite Wasserstraße entlang Richtung Mündung. Je näher ich der Nordsee komme, desto weniger tiefe Wasserstellen sehe ich. Die wenigen Segelboote scheinen auf der Stelle zu stehen, die Elbe ist fast wasserlos.

Unter mir breitet sich ein riesiges abstraktes Gemälde aus ineinanderlaufenden Braun-, Beige- und Grautönen aus. Die Sonne lässt die kleinen, stehen gebliebenen Wasserlachen glitzern und glänzen wie riesige Kristallfelder. Es sind faszinierende, atemberaubende Farbenspiele unter mir, alles verändert sich im Minutentakt. Große Sandbänke bilden sich, ich sehe viele dunkle Punkte auf einer hellen Erhebung, das müssen Seehunde und Robben sein, die sich dort tummeln. Die ständig wechselnden Ansichten erinnern mich an die vergänglichen Gemälde der Sandmalerei, bei der die Künstler per Hand lebendige Bilder schaffen – einzig für den Augenblick.

Aus dem Flug über das Wasser wird so ein Flug über die Farbenspiele des wasserlosen Meeresgrundes, durchzogen von einem Spinnennetz von Wasseradern. Zieht sich das Wasser zurück, bilden sich so unzählige Wasserstraßen, Rinnsale und Verästelungen, die wiederum in größere Wasserstraßen münden. Sie bilden ein eindrucksvolles Relief, in den tiefen Rinnen fahren einige Boote und Fähren und halten während dieser Zeit die Verbindungen zwischen den Inseln und Halligen aufrecht.

Ich bin fasziniert und spiele in Gedanken durch, ob man auf dem Wattboden wohl landen könnte. Besser nicht, denn die meisten Stellen dürften so weich sein, dass der Flieger sofort einsinken würde. Vor einigen Jahren habe ich am Funk mitverfolgen können, wie ein Kleinflugzeug auf einer kleinen Sandbank in der Nordsee notlanden musste. Der Pilot hatte wohl nach einem Motorschaden seiner Maschine einen Notruf gesendet. Ich hörte dann auf der Frequenz für uns Sichtflieger, wie der Flugberater in Bremen andere Flugzeuge in der Nähe über Funk aufforderte, doch bitte nach dem Flugzeug Ausschau zu halten. Sogar eine zweimotorige Propellermaschine der Air Berlin beteiligte sich kurzzeitig an der Suche. Zum Glück kam dann die Entwarnung, dass die kleine einmotorige Beechcraft Bonanza tatsächlich unbeschädigt auf einer Sandbank gelandet war. Der Pilot, die Passagierin und der mitfliegende Hund konnten unverletzt geborgen werden, der Abtransport der Maschine hat allerdings einige Tage Vorbereitung erfordert. Zum Glück waren sie auf einer der Sandbänke gelandet, die durch die Flut nicht vollkommen verschluckt werden. Das Wattenmeer sieht bei Ebbe jedes Mal anders aus, jeder Flug ist eine neue Entdeckungsreise in ein lebendes und sich ständig änderndes Gemälde. *(S)*

67. Grund

Weil ein Glascockpit das Leben einfacher macht

Papier ist immer noch Trumpf in der Ausbildung zum Privatpiloten. Die Routenplanung, die Beladung, die Balance des Flugzeugs sowie die geplanten Zeiten, alles wird sorgsam vor dem Flug auf einem Vordruck eingetragen. Im Cockpit sitzend bin ich damit beschäftigt, die Flugkarte richtig zu falten und die diversen Planungszettel samt Karte sinnvoll auf dem Kniebrett zu anzuordnen, sodass ich fast vergesse, die Maschine zu steuern.

Bereits beim Start gerät der Stapel das erste Mal durcheinander, die Karte rutscht in den Fußraum, Papierchaos pur. Gut, dass der

Fluglehrer das alles gelassen beobachtet und im richtigen Moment eingreift. Zum Papier passt gut das analoge Cockpit, der sogenannte Uhrenladen. Uhrenförmige Instrumente zeigen uns im Cockpit an, was für die Orientierung in der Luft wichtig ist. Für die wichtigsten Angaben während eines Fluges wie Höhe, Geschwindigkeit, Steigen und Sinken, Kurvenneigung und Geradeausflug etc. gibt es jeweils ein eigenes Instrument.

Anfangs ist es nicht einfach, alles im Blick zu halten. Konzentriere ich mich auf die Anzeige der Fluggeschwindigkeit, verliere ich die Sinkgeschwindigkeit oder die Drehzahl des Motors aus dem Auge. Mit etwas Übung habe ich den Bogen raus, alle »Uhren« mit meinen Blickbewegungen im Auge zu behalten. Es dauert einige Flugstunden, bis ich dann auch die Anordnung der Papiere auf dem Kniebrett im Griff habe.

Das digitale Zeitalter hat jedoch in Form von Glascockpits auch in den kleineren Flugzeugen Einzug gehalten. Statt der lieb gewonnenen »Uhren« zeigen zwei Bildschirme an, was wichtig ist für den Flug. Die Herausforderung bei der Umstellung ist, die neue digitale Informationsflut zu bewältigen. Alles sieht plötzlich ganz anders aus. Statt der tachoähnlichen Anzeigen für Geschwindigkeit und Höhe z. B. finden sich an den Bildschirmrändern sogenannte »Stripgages«, die eher einem Bandmaß ähneln. Auch die Genauigkeit irritiert zunächst. Ist man bei einem Rundinstrument eher geneigt, kleine Abweichungen zu tolerieren, zwingen einen die unerbittlich genauen, exakt ablesbaren digitalen Zahlenwerte zu mehr Korrekturen im Flug. Auch die Gleichzeitigkeit aller Anzeigen, vereint in einer Ansicht, trägt anfangs zur Verwirrung bei.

Bei meinem ersten Nachtflug mache ich mit dem Glascockpit erste nähere Bekanntschaft. Sehr viele Informationen blinken und leuchten mir entgegen, unten, oben, am Rand. Vergebens suche ich die mir vertrauten Zeigeranzeigen. Auch die Genauigkeit irritiert mich zunächst sehr. Die gewohnten Uhren zeigen im

Vergleich zu den digitalen Anzeigen wohlwollend großzügig und nicht auf den letzten Fuß genau an.

So wie eine analoge Körperwaage abhängig von den Ablese-fähigkeiten des Gewogenen nur ungefähr das Gewicht anzeigt im Gegensatz zur digitalen Waage, die jedes Gramm auf Nachkom-mastelle leuchten lässt. Die digitalen Zahlenwerte des Glascock-pits sind in der Ausbildung für mich folglich ein unbestechlicher Gradmesser für die bereits erreichten Flugfertigkeiten.

Die virtuelle Karte auf dem Bildschirm, die sogenannte Moving Map, erspart das mühsame Umfalten der großen Papierkarte. All-zu rasch ist man über den jeweiligen Knick mit einem kleinen Sportflugzeug hinausgeflogen, wenn man mit rund 200 km/h Reisegeschwindigkeit unterwegs ist. Das Glascockpit warnt mich auch rechtzeitig, wenn ich versuche, mich einem kontrollierten Luftraum ohne Erlaubnis zu nähern. Möchte ich mich entspannt der Beobachtung von Luft und Landschaft widmen, aktiviere ich den Autopiloten. So kann ich mir entspannt die Welt von oben anschauen ohne Papierakrobatik. So macht digitales Fliegen rich-tig Spaß. *(S)*

68. Grund

Weil es spannend ist, durch Wolken zu fliegen

»Flieg nicht in die Wolke ein, es könnt schon jemand drinnen sein« ist ein Fliegerspruch, den ich jedem neuen Flugschüler mitgebe. Vor allem an schönen Tagen, mit blauem Himmel und hübschen kleinen Schäfchenwolken, ist das sogenannte Sekun-den-IFR nämlich leider sehr beliebt. Nur mal eben kurz, für vier Sekunden, durch eine kleine Wolke zu fliegen klingt doch eigent-lich auch gar nicht so gefährlich. Grundsätzlich wäre es das auch nicht. Zumindest wenn man sich sicher sein kann, dass es wirklich nur eine kleine Wolke ist und sie sich nicht dahinter viel weiter erstreckt als angenommen. Um durch Wolken fliegen zu dürfen und zu können, benötige ich die sogenannte Instrumentenflugberechtigung. Aber auch mit dieser darf ich nicht einfach so nach Lust und Laune durch Wolken fliegen. Nach knapp 50 Stunden Ausbildung bin ich im Anschluss aber in der Lage, sicher durch und in Wolken zu fliegen. Die große Gefahr bringt aber der Anfangssatz zum Ausdruck. Kommen nämlich zwei Piloten auf die gleiche Idee und fliegen aus unterschiedlichen Richtungen in die Wolke ein, dann fallen im Zweifel beide nach unten aus ihr heraus. Auch wenn das vermutlich recht unwahrscheinlich ist, würde ich mein Leben nicht auf diese Statistik setzen.

Fliegen wir aber nach Instrumentenflugregeln, sieht die Sache schon ganz anders aus, und hier beginnt es dann auch wirklich Spaß zu machen. Beim Fliegen nach Instrumentenflugregeln bin ich nämlich durchgehend unter Radarkontrolle und werde vom Lotsen überwacht. Dieser gibt mir dann gewisse Kurse und Höhen frei und sorgt so dafür, dass andere Flugzeuge und ich uns nicht in die Quere kommen. Jeder Flug in einer Linienmaschine wird so durchgeführt, unabhängig davon, ob es am besagten Tag Wolken gibt oder nicht. Starte ich also nun nach Instrumentenflugregeln und der Himmel ist wolkenverhangen, dann geht es dort meistens hindurch, und das ist oft mit leichtem Schaukeln, aber nahezu immer mit einem spektakulären Anblick verbunden. Hoch oben in der Luft ist die Wahrnehmung der eigenen Geschwindigkeit stark eingeschränkt. Der Blick aus dem Fenster einer Linienmaschine erweckt nicht den Eindruck, dass ich mich mit knapp 800–900 km/h fortbewege. Wolken bieten hier wieder eine Referenz, und so ist das Eintauchen in Wolken immer ein spannender Anblick, genauso wie das Fliegen durch kleinere Wolkenbänke, über welche ich mal hinweg und mal hindurch fliege. Es ist faszinierend zu sehen, wie sich die weißen Wolkenberge ständig verändern und mal grellweiß, dann grau, dann wieder weiß wirken und eine immer andere weiße Welt errichten. Der schönste Moment aber ist für mich immer das sogenannte »cloud breaking«, also der Moment, an dem das Flugzeug die Wolkendecke nach oben durchstößt und darüber der Himmel blau ist, die Sonne scheint und die Welt sich auf einen Schlag komplett verwandelt. Eben noch ein trüber Himmel, vielleicht leichter Nieselregen und tief unter mir eine graue, nasse und trübe Landschaft. Dann im nächsten Moment über mir ein wundervoller blauer Himmel, die Sonne scheint hell herab und beleuchtet das weiße Wolkenmeer, welches nun in strahlender Pracht unter mir liegt. Eben rase ich noch dicht über den Wolken dahin, dann sinken sie langsam ab, werden mit jedem Fuß, den ich steige, kleiner und bilden schon bald eine weiße, wattige Fläche tief unter mir. Beim Wiedereintauchen erfolgt der gleiche Effekt, bloß umgekehrt. Die Wolken werden größer, jagen unter mir hindurch. Schon touchiere ich einzelne Wolkenfetzen, dann tauche ich hinein, und die eben noch fest wirkende Masse nimmt mich auf, schluckt mich, alles um mich herum ist in weißgraues Licht gehüllt, erster Regen benetzt meine Scheibe, dann erhasche ich einen ersten Blick auf die Erde, tief unter mir. Im nächsten Moment rasen die Wolken über mir entlang, und unten sehe ich wieder die Erde, immer noch leichter Regen, links und rechts noch vereinzelte Wolken, und von der Sonne ist nichts mehr zu sehen. Doch ich weiß, sie ist über mir, nur einen kleinen Hüpfer entfernt, und schon bei der Landung freue ich mich auf den nächsten Flug, denn ich weiß: Über den Wolken scheint immer die Sonne! *(F)*

Weil auch Blauthermik trägt

Schäfchenwolken zeichnen für mich, genau wie auch für viele andere Menschen, einen schönen Himmel aus. Ein sanftes Blau und dann wie Schafe auf einer Weide verteilt die weißen Tupfen. Als Motorflieger weiche ich ihnen aus und versuche, möglichst nicht direkt darunter hindurchzufliegen. Zumindest, wenn ich meinen Passagieren einen halbwegs ruhigen Flug ermöglichen möchte. Doch als Segelflieger ziehen sie mich geradezu magisch an. Denn Wolken entstehen durch aufsteigende feuchte Luft, welche in der Höhe abkühlt und das in ihr gespeicherte Wasser wieder freigibt. Und als Segelflieger sind es solche aufsteigenden Luftmassen, welche mir meinen langen Flug ermöglichen. In absolut ruhiger Luft würde ich binnen kürzester Zeit wieder zu Boden gesegelt sein. Hangele ich mich aber von Wolke zu Wolke, werden Flüge von mehreren Stunden und Hunderten Kilometern möglich.

Doch was tun, wenn der Himmel frei von Wolken ist, die Freunde ins Schwimmbad streben und der Himmel somit nicht verrät, wo es für mich weitergehen kann. Die Abwesenheit von Wolken bedeutet nicht, dass wir keine aufsteigende Luft haben. Nur in den frühen Morgen- und den Abendstunden, wenn die Sonne nicht mehr genügend Kraft hat, um den Boden und so die darüber liegende Luft zu erwärmen, ist es an solchen Tagen wirklich ruhig. Um die Mittagszeit aber, wenn die Sonne vom Himmel brennt, sollte sich doch ein bisschen Thermik finden lassen, und so stehe ich kurze Zeit später am Start. Kaum ist die Kabinenhaube zugeklappt, gleicht das Cockpit einer Sauna. Erleichterung durchströmt mich, als die Winde anzieht und das Flugzeug beschleunigt. Wohltuend kühlt der Fahrtwind, und das Leben ist sofort ein gutes Stück angenehmer. Mit einem lauten »Klack« klinkt die Winde aus, und vor mir liegen die Felder Möllns. Doch wohin ich auch blicke, keine einzige Wolke ist am Himmel zu sehen. Trotzdem schlägt schon nach wenigen Sekunden mein Variometer nach oben aus, begleitet von einem hektischen Piepgeräusch, welches mir Steigen signalisiert.

Dieser Effekt heißt in Fliegerkreisen Blauthermik und ist das, worauf ich heute gehofft habe. Die einfachsten Anzeichen für Thermik sind zwar die Wolken, doch wie oben schon erwähnt, gibt es aufsteigende Luft auch, ohne dass sich sofort eine Wolke bildet. Schon früh habe ich von meinem Fluglehrer daher gelernt, das Gelände zu beobachten und Stellen zu erkennen, an denen sich Thermik bildet. Heideboden heizt sich beispielsweise schnell auf, und ein solches Feld ist immer ein guter Ansatz bei der Suche nach Aufwinden. Wald hingegen eignet sich mittags eher schlecht, da es eine Zeit dauert, bis die Wärme der Sonne ihn voll durchdrungen hat. Abends hingegen findet sich hier genauso wie auf anderen sich langsam aufheizenden und Wärme speichernden Gegenden vielleicht noch ein letzter Rest Auftrieb. Aber auch die Windrichtung spielt eine Rolle. Böen können zum sogenannten »Ablösen« einer Warmluftblase am Boden führen, und diese bietet dann für mich eine Chance, in der Luft zu bleiben.

Nach dem ersten Treffer klappt es so auch mit dem nächsten Thermikbart, und so fliege ich kurze Zeit später in knapp über 1.500 Metern über dem Platz, eigentlich eine schöne Höhe, um sich auf die Reise zu machen. Doch das Streckefliegen bei Blauthermik erfordert für mich etwas mehr Mut, da der nächste Anschluss nicht ohne Weiteres zu erkennen ist. So fliege ich heute dann eher im Platzbereich und entferne mich nur zögerlich. Am Ende stehen dann aber doch etwas über 3 ½ Stunden im Flugbuch. Einer meiner damaligen Fluglehrer war am Ende seines Fluges am selben Tag aber über fünf Stunden in der Luft und hat knappe 300 km zurückgelegt. Blauthermik trägt eben auch. *(F)*

Weil es weder Staus noch Ampeln gibt

Einer der Punkte, die mich am Fliegen am meisten begeistern, ist der, dass es in der Luft weder Staus noch Ampeln gibt. Am Flughafen mag vielleicht noch Gedränge herrschen und alles etwas dauern, doch sind die Räder erst mal in der Luft, sind diese Probleme bis zur Landung vergessen. Je mehr ich fliege, desto weniger gerne fahre ich Auto. Am schlimmsten sind diese Staus, bei denen es für eine halbe Stunde im Schneckentempo und mit gelegentlichen Stopps vorwärtsgeht. Wie oft sitze ich dann im Auto, schaue in den Himmel und wünschte, ich wäre dort oben. Links und rechts, neben mir bis zum Horizont nur ein paar Wolken, anstatt rechts einen Lkw, der seine schwarzen Auspuffgase in mein Fenster bläst, und links den Fahrer, der seine Musik so laut hört, dass die Trommelfelle vermutlich längst abgestorben sind. Wie schön wäre es, jetzt nach unten zu blicken und nicht nach oben. Mich über den Stau zu wundern, die Menschen in der Blechlawine zu bedauern, anstatt selbst darin zu stecken. Das Ziel vor Augen und nicht, seit einer Stunde, dieselbe werbebeklebte Rückseite eines Kleinbusses anzustarren, die mir erzählt, dass ich doch mal wieder Sport machen könnte. Und dann plötzlich löst er sich ohne erkennbaren Grund auf. Wenn es wenigstens eine Baustelle gegeben hätte.

Im Flugzeug gibt es das nicht. Ich nehme meinen Kurs ein, und wenn keine Wolken oder Sperrgebiete dazwischenkommen, fliege ich mit meiner eingestellten Geschwindigkeit Richtung Ziel. Fliege ich dann tatsächlich mal über einen Stau, stelle ich oft fest, dass es wirklich keinen sichtbaren Grund für denselbigen gibt. Aber das Gefühl, mit 120 kt der Autobahn zu folgen, während unten alles stillsteht, lässt mich den Flug jedes Mal noch ein bisschen mehr genießen. Solange das Ziel ein kleiner Flugplatz ist, gibt es auch bei der Landung nicht viel zu beachten. Keine komplizierten Rollwege, keine Warteschleifen, am Boden nicht allzu viele andere Flugzeuge. Fliege ich jedoch einen größeren Verkehrsflughafen an, kann es schon mal passieren, dass wir einige Minuten kreisen müssen, bevor wir landen dürfen. Das ist dann vermutlich das Äquivalent zu einem Stau. Aber auch hier kann ich nur sagen, dass es mir persönlich nicht so schlimm vorkommt, weil ich mich dabei ja durchgehend bewege und meistens noch die umliegende Gegend betrachten kann.

Daher ist, wenn eine Schülerin oder ein Schüler vor der ersten Flugstunde nervös ist, meine liebste Beruhigung: »Mach dir keine Gedanken, Fliegen ist leicht, macht Spaß, und das Wichtigste: Es gibt keine Staus und keine Ampeln. Das wird super.« Bisher hat sich nach dieser Erläuterung noch niemand beschwert. Da ich als Fluglehrer in der ersten Stunde für gewöhnlich auch einen kleinen Abstecher nach Hamburg einbaue, wo der Elbtunnel recht verlässlich einen Stau zum Bewundern bietet, bin und bleibe ich nicht der Einzige, der sich freut, in der Luft zu sein und auf den Boden zu gucken, anstatt am Boden zu sein und in die Luft zu gucken! *(F)*

71. Grund

Weil Fliegen in der Gruppe Spaß macht

Die Sonne steht hoch am Himmel, vereinzelte Wolken ziehen langsam über uns hinweg. Etwas träge strecke ich mich aus. »Piratenschlacht!« kommt ein kurzer Schrei der Warnung, dann trifft mich ein Schwall Wasser. Prustend schaue ich mich nach dem Übeltäter um, der daraufhin schnell in das Nachbarboot klettert. Wir sind mit drei Maschinen an einem kleinen Flugplatz in den österreichischen Bergen gelandet, haben uns dort Räder geliehen und sind an den See gefahren, wo es kleine Elektroboote auszuleihen gibt. Die restliche halbe Stunde vergeht mit einer wilden Jagd, bei der sich mein Boot als etwas schneller herausstellt und am Ende jeder mindestens einmal im Wasser landet. Noch immer triefend, weil natürlich niemand eine Badehose dabeihat, aber bis über beide Ohren grinsend, machen wir uns wieder auf den Rückweg. Am Flugplatz angekommen, sind die Klamotten schon fast wieder getrocknet. Bei »Soda-Zitron« und Pommes planen wir den Rückflug. Eine knappe Stunde später geben wir Gas und lassen den Flugplatz, den See und die Piratenschlacht hinter uns. Ab auf die Air-to-Air-Frequenz, so genannt, weil sie dafür gedacht ist, sich in der Luft miteinander zu unterhalten, ohne dabei eine wichtige reguläre Frequenz zu blockieren. »Blue Angels an Cherry Cherry Lady, wir kommen auf eurer linke Seite.« – »Wir sehen euch, aber wir wollen lieber Skyhawk heißen.« – »Negativ, Cherry Cherry Lady, Red Arrow kommt jetzt an eurer rechte Seite.« Sollte noch jemand anderes auf der Frequenz sein, hat er hoffentlich genauso viel Spaß wie wir, oder er fragt sich, wer uns eigentlich einen Flugschein gegeben hat.

Reisen in der Gruppe gehört, zumindest mit der richtigen Gruppe, zu den besten Dingen am Fliegen. Abends wird gemeinsam der nächste Tag geplant, und dann geht es morgens nach dem Frühstück los. Mit einem Flugzeug macht das schon Spaß, aber mit mehreren Flugzeugen noch viel mehr. Mal abgesehen davon, dass es mir große Freude macht, über Funk *Top Gun* zu zitieren. Da Fliegen in loser Formation dann auch noch zu schönen Fotos führt, gehört der Reiseflug ganz allgemein zu den Dingen die noch besser werden, wenn man sie teilt. Das Erfolgserlebnis, abends gemeinsam in Kroatien, Prag oder in Venedig gelandet zu sein. Sich auf die Suche nach einem Restaurant zu machen, wo auf den Tag angestoßen und die Strecke für den nächsten Tag geplant wird, ist der perfekte Ausklang für einen solchen Tag.

Ist dann am nächsten Tag das Wetter schlecht, wird gemeinsam nach einer Ausweichroute gesucht und gemeinsam ein neuer Plan geschmiedet.

Ich habe schon ganz früh, kurz nachdem ich den Flugschein bestanden habe, für mich beschlossen, dass die Fliegerei für mich auch dazu da ist, um möglichst viele Teile der Erde von oben zu entdecken. Dass es zwar schön ist, auf die Nordseeinseln zu fliegen, aber dass es doch bestimmt noch viel schöner ist, über mehrere Tage andere Ziele und Länder zu erkunden. Auf meiner ersten so organisierten Tour war dann auch gleich Silvia mit dabei, genau wie ein paar andere Gleichgesinnte, welche auch einmal über die übliche Flugplatzumgebung hinausschauen wollten. Nach dem Erfolg der ersten Tour habe ich in den nächsten Jahren mit der Flugschule Touren nach England, Dänemark, Tschechien, Österreich, Kroatien, Italien, Frankreich und Spanien bis hin nach Marokko organisiert und möchte keine davon missen. Je größer die Gruppe ist, desto mehr Spaß haben wir, und auch wenn ich natürlich unabhängiger bin, wenn ich alleine fliege, überwiegt der Spaß am gemeinsam Erlebten doch bei Weitem, und die Ideen und Ziele für die nächste Tour sind zahlreich. Ich kann es kaum erwarten, wieder abzuheben und gemeinsam neue Länder kennenzulernen. Denn Fliegen in der Gruppe macht einfach Spaß! *(F)*

72. Grund

Weil man auch im Winter fliegen kann

Machen Piloten eine Winterpause? Gründe dafür gäbe es genug, der Winter ist nicht meine bevorzugte Jahreszeit. Hier im Norden ist er gefühlt viel zu lang, zu grau und oftmals zu neblig. Regelmäßig denke ich nach einigen gefühlt lichtlosen und verregneten

Monaten über meine Auswanderung in wärmere Gegenden der Welt nach.

Ab spätem Herbst mit der Zeitumstellung, wenn die Temperaturen spürbar sinken, die Tage kürzer werden und die Sonne ein seltener Gast wird, fällt die Sportfliegerei für viele Piloten in eine Art Winterschlaf. Kleine Flugplätze schließen sogar für mehrere Monate; bei denen, die im Betrieb sind, sollte vorher geklärt werden, ob die Schneeräumung erfolgreich war. Es ist etwas sehr Besonderes, an einem klaren sonnigen Wintertag über verschneite Landschaften zu fliegen.

Die Natur sieht vollkommen anders aus als unter sommerlichen Bedingungen, zugefrorene Seen verschwinden unter einer weißen Decke, die auch die Felder und Wiesen bedeckt. Da sind die vielen grauen Schmuddeltage vergessen, die Pläne zur Auswanderung verschiebe ich. Stattdessen schlüpfe ich in warme Winterkleidung samt Skiunterwäsche und Handschuhen. Und Fliegen heißt auch, viel draußen zu sein, ein ausgiebiger Außencheck des Fliegers vor dem Abflug ist Pflicht.

Brav springt der Motor trotz der Minusgrade an, läuft rund und ruhig. Die niedrigen Temperaturen mit ihrer größeren Luftdichte führen zu einer deutlichen Leistungssteigerung. Die Maulwürfe haben sich tief ins Erdreich verzogen und keine lästigen Hügel auf der Piste produziert, das Gras darauf ist weiß gefroren und steinhart. Es kann losgehen.

Weiß, alles ist weiß unter mir, bis zum Horizont, so weit ich gucken kann. Die Felder sind bedeckt von einer weißen Schicht, wie von Zuckerguss überzogen, der in der Sonne schimmert und glitzert wie Diamanten. Nur einige Orte gucken als dunkle Flecken heraus. Kein Wölkchen ist am blauen Himmel zu sehen, eine Sonnenbrille ist das richtige Equipment für diesen Flug.

Eisige Luft pfeift und zieht durch Ritzen und Spalten, von denen ich gar nicht wusste, dass es diese gibt. Die einmotorige Cessna hat eben doch bereits 30–40 Jahre Flugleben hinter sich, da schließen die Türen und Fenster nicht mehr unbedingt luftdicht ab. Zum Glück funktioniert die Heizung, so bleibt es einigermaßen warm. Die kalte Zugluft ist vergessen beim Blick nach draußen auf die magische Schneewunderlandschaft. Die Orientierung ist schwieriger als sonst, die Konturen des Geländes sind verschwunden, auch die nahe gelegenen Seen, die sonst als Orientierungspunkte dienen, sind zugefroren und fügen sich nahtlos in den weißen Anstrich ein. Die Farben verschwinden, lösen sich im Weiß auf.

Dagegen strahlt das Blau des wolkenlosen Himmels umso intensiver. Die Luft ist ruhig, wir gleiten wie auf Schienen am Himmel vorwärts über die verzauberte Winterwelt. Die kalte Luft hat eine höhere Dichte, und das verhindert heute stärkere Turbulenzen. Die Straßen und die Flüsschen sind als dünne sich schlängelnde dunkle Adern in der weißen Landschaft erkennbar. Start im Winter ist jedoch herausfordernd, bei den kalten Temperaturen möchte ich am liebsten sofort starten, aber es gilt den Flieger sorgfältig zu checken. Hat sich irgendwo Eis gebildet, sind alle Ruder frei beweglich? Und das Wetter muss passen, drohen Schneefall oder gar Regen, dann kann sich im Flug rasch Eis an der Maschine bilden. Der Flug würde zum Überlebenstraining werden. Trotzdem ist ein Winterflug wunderschön und alle Mühen wert. Ich lande auf der Asphaltpiste vom Flugplatz Rendsburg, links und rechts türmen sich die Schneehaufen, herrlich, das Weiß des Schnees glitzert und funkelt. Eine rasch vergängliche und nur für diesen Moment gezähmte Winterschönheit, die Winterfliegen so reizvoll und einzigartig macht. *(S)*

Weil es fliegende Uhrenläden gibt

Da steht sie, knallgelb, die doppelten Flügel über das grüne Gras ausgestreckt. Ich bin blitzartig verliebt in diesen handlichen Doppeldecker mit offenem Cockpit, möchte unbedingt damit fliegen. Dieser Wunsch kann glücklicherweise fast umgehend gegen Gebühr erfüllt werden. In Duxford, Südengland ist es bei den großen Airshows Teil des Programms, dass die Besucher in historischen Flugzeugen mitfliegen können.

Ausgestattet mit einer dicken Lammfelljacke und einer Lederhaube samt dicker Schutzbrille, klettere ich vorne ins luftige Cockpit. Offen fliegen wie die ersten Flugpioniere, wie fühlt sich das wohl an? Hinter mir sitzt der verantwortliche Pilot, ich habe vorher mit ihm abgesprochen, dass er mich so viel wie möglich selber fliegen lässt. Der Wind und das Motorengeräusch sind ungewohnt laut, ich verstehe kaum die Anweisungen, die der Pilot hinter mir in das Mikro seines Headsets spricht. Die Zeiger in den wenigen uhrförmigen Instrumenten vor mir im Cockpit zittern wie elektrisiert hin und her, ich kann die Anzeigen dadurch kaum erkennen.

Zum Glück habe ich freien Blick in die Umgebung, sitze ich doch quasi draußen und kann recht gut sehen, wie hoch ich bin, ob ich geradeaus fliege oder mich in Schräglage befinde. Der Fahrtwind weht mir ins Gesicht, ich fühle mich glücklich, genieße den luftigen Flug. Zum Glück trage ich eine gut schützende große Fliegerbrille, mit der ich, wie ich später auf einem Erinnerungsfoto sehe, ein wenig den Flugpionierinnen vergangener Zeiten ähnele.

Fast vergesse ich, dass ich nicht alleine fliege, sondern hinter mir der verantwortliche Pilot sitzt. So hat sich das also früher angefühlt, als es auf lange Reisen ging mit kleinen offenen Propellermaschinen. Zur Orientierung gibt es nur Anzeigen für die geflogene Höhe, für die Geschwindigkeit, für die Drehzahl des Motors und für den Kurvenflug. Und es hat funktioniert. Die ersten Fluggeräte hatten sogar überhaupt keine Instrumente, geflogen wurde rein nach Gefühl, Sicht und Fahrtgeräusch. Dazu gab einen Kompass und eine richtige Uhr, um den passenden Kurs zu finden. Das erscheint mir heutzutage fast unvorstellbar in den Zeiten moderner Multifunktionsdisplays, die Piloten immer mehr zum Computerspezialisten werden lassen. Der Wind saust um meinen Kopf, die Nadeln in den Anzeigen zittern weiter, ich gebe sanft Gas und ziehe am Steuerknüppel, willig steigt mein gelber neuer Spielgefährte höher hinauf, legt sich dann brav in eine Kurve, geht doch alles ganz einfach. Nach guten 20 erfüllten Flugminuten, vom Wind zerzaust und vom Fliegen im offenen Cockpit begeistert, nehme ich Abschied vom zittrigen Uhrenladen. Das nächste Mal ist bestimmt auch noch ein Looping drin. *(S)*

74. Grund

Weil Luftwandern wunderschön ist

Luftwandern: die wohl entspannteste Art, sich auf die Reise zu machen. Nicht hetzen, kein Stress, keine feste Route. Einfach dorthin fliegen, wo das Wetter gut und die Landschaft schön ist. Normalerweise, wenn ich eine feste Tour organisiere, läuft sie geplant ab. Wir fliegen von A nach B und wieder zurück nach A, dabei machen wir noch einen Stopp in C. Im Gegensatz dazu steht das Luftwandern. Einfach am Abend schauen, wie das Wetter am nächsten Tag wird und wohin man dann am besten fliegt, macht Spaß und verleiht der Reise eine zusätzliche Prise Abenteuer.

Für ein richtiges Luftwanderabenteuer besitzt man optimalerweise ein eigenes Flugzeug und viel Zeit. Da bei mir beides nicht gegeben ist, versuche ich Luftwandern auch in meine regulären Touren einzubauen. Hänge einfach hinten noch ein, zwei Tage dran und schaue, wo uns die Reise hinführt:

Das Wetter ist gut, die Alpenkämme sind frei, noch drei Tage Zeit, bis wir in Uetersen zurückerwartet werden. Ein kurzer Blick in die Runde, wie wäre es denn zum Beispiel mit Kroatien? Eifriges Nicken auf allen Seiten, und so ist es beschlossen. Ein kurzer Blick in die Karte empfiehlt den Flugplatz Portoroz als ersten Zwischenstopp. Also los. Schon wird der Flugplatz Zell am See kleiner, es geht am Großglockner vorbei und dann Richtung Süden. Die Alpenüberquerung haben wir drei Tage vorher schon geübt, und so gelingt sie auch diesmal problemlos. Der Anblick des vor uns auftauchenden Mittelmeeres weckt Vorfreude auf ein Bad am Abend. Die Landung in Portoroz gelingt reibungslos, und bei einem leckeren Mittagessen schauen wir, wie die Reise weitergehen soll. In Zell am See war uns Vrsar ans Herz gelegt worden. Doch eine schnelle Recherche zeigt zwar einen schönen Platz, aber leider keine verfügbaren Hotels. Silvia entdeckt eine schöne Unterkunft direkt am Wasser in Pula. Die Aussicht auf Meer ist der Catch, und so heben wir keine 30 Minuten später wieder ab. Wir landen auf einem großen Verkehrsflughafen, und ein Taxi bringt uns kurz darauf zu unserer Unterkunft. Am Morgen wussten wir noch nicht, dass es einen Ort namens Pula gibt, jetzt schwimmen wir im Meer und genießen die Sonne. Bei Wassermelone am Strand beraten wir über den nächsten Tag. Das Wetter soll in südlicher Richtung schlechter werden. Also nach Norden. Nach kurzer Beratung steht Prag als Ziel fest. Mal schauen, wie es dort sein wird und ob wir hinkommen. Und danach? Das wird sich dann ergeben.

Das ist Luftwandern, immer dorthin, wo es interessant klingt und das Wetter mitspielt. Für mich die beste Art zu reisen! *(F)*

Weil man keinen Motor braucht, um 3.000 km zurückzulegen

»Oh, war der Wind alle?« ist eine Frage, die mir und vermutlich vielen anderen Segelfliegern nach der Landung und besonders nach einer Außenlandung gerne gestellt wird. Unter einer Außenlandung versteht man eine Landung außerhalb der Flugplatzumgebung, und für Segelflieger auf Streckenflug sind diese keine Seltenheit. Überall, wo ein größeres Feld ist, kann ich im Zweifel landen, und wenn ich keine Thermik mehr finde, welche mir den Weiterflug ermöglicht, bleibt mir nichts anderes übrig. Diese Tatsache führt manchmal zu recht lustigen Begebenheiten. Ein Vereinskollege ist beispielsweise einmal auf einem Feld gelandet, um dann festzustellen, dass er keinen Handyempfang hat. Diesen suchend, ist er losgelaufen. Bis er wieder zurück war, war der Lokalreporter schon vor Ort und auch wieder weg, was am nächsten Tag zu folgender Schlagzeile führte: *Flugzeug abgestürzt, Pilot vermisst*. Die meisten Menschen reagieren aber interessiert und helfen im Zweifel auch mal mit, das Flugzeug in die Nähe der Straße zu ziehen, wo dann hoffentlich bald der Rückholer mit dem Anhänger eintrifft.

Hat man Wolken und Gelände jedoch richtig gelesen, sind große Flugstrecken problemlos möglich, und die erfolgreiche Landung auf dem Heimatflugplatz ist nicht nur ein sehr befriedigendes Gefühl, sie spart auch das Abendessen bzw. den Kasten Bier für die Rückholmannschaft. Doch wie weit fliegt ein Segelflugzeug denn nun?

Hier im Norden und in allen anderen flachen Gebieten bin ich im Segelflugzeug auf aufsteigende Warmluft angewiesen, um in der Luft zu bleiben. Fliege ich jedoch in hügeligem oder besser bergigem Gebiet, kann ich auch die Hangwinde nutzen, um in der

Luft zu bleiben. Nicht ohne Grund haben die Segelflugpioniere aus der Anfangszeit ihr Lager auf der Wasserkuppe aufgeschlagen. Die damaligen Flugzeuge haben jedoch, außer der Tatsache, dass sie auch gesegelt sind, mit den heutigen Hochleistungsmaschinen nicht mehr viel gemein. In der Anfangszeit wurden Rekorde schnell aufgestellt und schnell wieder gebrochen. Der erste Flug mit Höhengewinn, der erste Flug über eine Stunde, der erste Flug über zwei Stunden. Inzwischen sind die Rekorde nahezu unglaublich. Der aktuelle Streckenflugrekord wurde am 21. Januar 2003 von einem Deutschen und einem Australier im Doppelsitzer in Argentinien aufgestellt und beträgt 3009 km. Als Vergleich dazu: Die Reichweite einer durchschnittlichen Cessna 172 beträgt je nach Wind ungefähr 800 bis 1.000 km. Genauso unglaublich mutet der aktuelle Höhenweltrekord im Segelflugzeug mit 15.447 m an, aufgestellt am 30. August 2006 mit einem speziell dafür angefertigten Eigenbau.

Ich finde diese Zahlen immer wieder faszinierend. Auch wenn 3.000 km wirklich unglaublich sind, wäre mein Traum zuerst einmal ein 1.000-km-Streckenflug, denn auch zu diesem gehört einiges an Können, das richtige Fluggerät und hervorragendes Wetter. Das Gefühl, ganz frei, ohne Motor in der Luft zu sein und dort auch über einen längeren Zeitraum zu verbleiben, ist immer wieder beeindruckend. Dabei auch noch eine größere Strecke zurückzulegen, das Land zu sehen und die Freiheit in der Luft zu genießen, machen das Segelfliegen für mich zu einer der schönsten Freizeitbeschäftigungen überhaupt, und wenn es etwas gibt, was ich in der Fliegerei bereue, dann dass ich nicht schon viel früher damit angefangen habe! Man darf nämlich schon mit 14 Jahren mit dem Segelflugschein beginnen, und die Kameradschaft, der Teamgeist und die Hilfsbereitschaft auf dem Platz sind Eigenschaften, die man meiner Meinung nach nicht früh genug lernen kann! *(F)*

Weil Instrumentenflug praktisch, aber Sichtflug Freiheit ist

»Air Hamburg 123X, you are cleared to destination, via EKERN 3 Golf departure, stop climb at Flight Level 70« – beim ersten Mal hören klingt eine Instrumentenflugfreigabe wie eine fremde Sprache, doch sie macht das Fliegen um so vieles einfacher. Jeder Airliner fliegt nach den sogenannten Instrumentenflugregeln. Das bedeutet, dass er durchgehend radarüberwacht ist und auf Luftstraßen, den Airways, zu seinem Ziel fliegt. Somit muss er sich auf der gesamten Strecke keine Gedanken um Sperrgebiete oder andere Lufträume machen. Wenn ich im Jet unterwegs bin, macht mir dies das Leben einfach. Die obige Freigabe verrät mir, dass mein Flug bis zum Zielort freigegeben ist und wie genau mein Abflugverfahren auszusehen hat. Ich muss mir nur die entsprechende Abflugkarte anschauen. Auch andere Flugzeuge spielen keine große Rolle, ich halte zwar Ausschau, aber in den Höhen, in denen ich mit dem Jet unterwegs bin, fliegen alle anderen auch radarüberwacht und werden so von mir separiert. An Bord des Fliegers habe ich darüber hinaus noch Warnsysteme, welche andere in der Nähe befindliche Flugzeuge anzeigen und im Zweifel einen Ausweichkurs vorschlagen. Auch das Wetter spielt so weit oben meistens keine Rolle mehr. Durch Wolken darf ich sowieso hindurch, und bei Gewitterlagen verrät mir das Wetterradar, wo die schlimmsten Gewitterzellen stehen. Das bedeutet natürlich nicht, dass es nie schaukelt oder ich immer auf der direkten Route ans Ziel komme, aber in den meisten Fällen klappt es eben doch. Daher ist das Fliegen nach Instrumentenflugregeln für mich der Hauptpunkt dessen, was das gewerbliche Fliegen ausmacht. Nicht der Weg ist das Ziel, sondern das Ziel ist das Ziel, und dieses möchte ich so schnell und so komfortabel wie möglich erreichen.

Das Fliegen nach Sichtflugregeln hingegen funktioniert komplett anders. Die meiste Zeit fliege ich tief, kann mich zwar auf Informationsfrequenzen anmelden, bin jedoch durchgehend selber für meine Route verantwortlich. Auch nach anderen Flugzeugen muss ich selber Ausschau halten und ihnen gemäß den Ausweichregeln ausweichen. Auch bin ich fast immer im sogenannten unkontrollierten Luftraum unterwegs, der genau das ist: unkontrolliert. Ich kann, solange ich mich an gewisse Regeln halte, fliegen, wie ich möchte, auch um im Zweifel Wolken auszuweichen, durch welche ich im Sichtflug nicht hindurchfliegen darf. Meine Route muss ich anhand des Geländes und der Flugkarte planen, um nicht in Sperrgebiete und/ oder unerlaubt in den kontrollierten Luftraum einzufliegen. Die Grundidee hinter der Luftraumstruktur besteht nämlich darin, den Instrumentenflugverkehr und den Sichtflugverkehr möglichst voneinander zu trennen. Fliege ich also nach Sichtflugregeln, kann ich nicht garantieren, dass ich ans Ziel komme. Hier ist der Weg das Ziel, die Freude darüber, in der Luft zu sein, und das Wissen, dass ich vielleicht auch einmal ungeplant zwischenlanden muss, um schlechtes Wetter abzuwarten, und so heute nicht unbedingt an mein Ziel komme.

Wenn ich also die Wahl habe, würde ich beruflich immer IFR fliegen, in meiner Freizeit jedoch ausschließlich VFR. Denn hier genieße ich das Fliegen in seiner für mich reinsten Form, ohne Vorgaben, ohne Zwänge – einfach fliegen und die Welt unter mir entdecken. Auch wenn ich mein Ziel dabei vielleicht nicht immer sofort erreiche. *(F)*

Weil man mit Radarlotsen reden kann

»Willkommen auf der 125.1, dem Besten im Norden.« Was klingt wie der nachmittägliche Begrüßungsspruch eines lokalen Radiosenders, ist tatsächlich die fröhliche Begrüßung meines FIS-Lotsen auf Bremen-Information.

Sich auf den FIS-Frequenzen anzumelden (oder zumindest reinzuhören) lohnt sich eigentlich immer. Sind Sperrgebiete aktiv? Wie ist das Wetter am Zielort? Oder einfach nur eine Verkehrswarnung, »D-EOOW, ein anderes Flugzeug in Ihrer 11-Uhr-Position, von links nach rechts kreuzend, 2000 Fuß.«

An einem Sonntag im Hochsommer sind Verkehrsinformationen oft nicht möglich, weil die Frequenz dann meistens schon überlaufen ist. Dafür braucht man kaum nach Sperrgebieten zu fragen, da das für gewöhnlich schon drei bis vier andere Flugzeuge machen, die in dieselbe Richtung fliegen.

Ist es ein eher verregneter Tag unter der Woche, ist man auf der Frequenz meistens mit dem Lotsen und ein oder zwei anderen Flugzeugen alleine. Da bekommt man dann schon mal eine schwungvolle Begrüßung oder wird scherzhaft gewarnt: »Ah, zu den Nordseeinseln, Robben ärgern. Denk dran, dass die beißen, wenn du zu tief fliegst.«

Aber vor allem, wenn es wirklich anspruchsvoll oder gar kritisch mit dem Wetter wird, sind die Lotsen ein angenehmer und hilfreicher Begleiter. Schon oft haben sie mir geholfen, den Weg durch Regen und Gewitter zu finden, oder bin ich Zeuge geworden, wie andere Flugzeuge sicher zu ihrem Zielflugplatz oder im Zweifel auch zu einem Ausweichflugplatz geleitet wurden.

Einzig in den Bergen ist der Empfang oft eingeschränkt oder gar nicht möglich, und natürlich gibt es auch mal eine schlecht gelaunte Stimme im Funk oder einen Rüffel, bei Fehlverhalten oder »schusseligem« Funk, aber gerastet (im Funkgerät einge-stellt) habe ich sie »überland« wenn möglich immer, wenn auch manchmal leise gedreht. Denn ich weiß, im Notfall sitzt dort ein kompetenter und für gewöhnlich netter Mensch, der mich auf dem Radar sieht und mir helfen kann. *(F)*

Weil man schwerelos werden kann

Nur die wenigsten von uns werden wohl einmal ins All fliegen und die Erdanziehungskraft hinter sich lassen. Doch für einen kurzen Moment können wir uns diesem Gefühl zumindest annähern. Bevor Astronauten nämlich das erste Mal ins All fliegen, trainieren sie das Verhalten in der Schwerelosigkeit in Flugzeugen. Dazu werden alle Sitze ausgebaut, und dann geht das Flugzeug in einen steilen Steigflug über. An einem vorher berechneten Punkt drückt der Pilot die Nase des Flugzeugs nach vorne und leitet somit einen Sinkflug ein. Wird dieses Manöver korrekt geflogen, werden die Personen im Inneren der Maschine nun schwerelos. Oder besser gesagt sie scheinen schwerelos zu werden. In Wahrheit unterliegen sie natürlich immer noch der Erdanziehungskraft und fallen unweigerlich in Richtung Erde. Das Geheimnis besteht darin, dass das Flugzeug um sie herum genauso schnell nach unten fliegt, wie sie fallen. Somit besteht im Inneren der Maschine eine scheinbare Schwerelosigkeit. Auf YouTube gibt es unzählige Videos dieser Art, besonders emp-fehlenswert das Musikvideo »Upside Down & Inside Out« der Band »OK Go«, welches komplett in der Schwerelosigkeit ge-dreht wurde.

Solche Flüge kann man auch privat buchen, Jochen Schweizer hat da beispielsweise Angebote. Doch diese sind für gewöhnlich recht teuer, da so ein Jet nicht ganz günstig im Unterhalt ist. Jedoch sind hier Flüge von ca. 22 Sekunden in scheinbarer Schwerelosigkeit möglich. Davon werden dann meist zwischen fünf und 30 Durchgänge hintereinander geflogen. Solche sogenannten Parabelflüge sind grundsätzlich mit jedem Flugzeug möglich, allerdings ist in kleinen Maschinen die Bewegungsfreiheit meist doch deutlich eingeschränkt.

Ich erinnere mich immer noch gerne an einen meiner ersten Flüge dieser Art. Es ist ein ruhiger Nachmittag, und ein Fliegerkollege fragt, ob ich im Motorsegler mitkommen will. Natürlich will ich, und so fliegen wir kurze Zeit später in Richtung Lübeck. Der Flug verläuft eigentlich recht entspannt und ereignislos, bis mein Kollege seine Zigarettenpackung aus der Tasche zieht und vorschlägt, dass wir versuchen, diese in der Schwerelosigkeit von seiner Hand in meine schweben zu lassen. Ich bin sofort Feuer und Flamme. Schnell alle Gurte noch mal angezogen und alle losen Gegenstände in die Taschen gestopft und los. Doch entgegen unserer ersten Vorstellung ist es erstaunlich schwer. Bei den ersten Versuchen hebt die Schachtel entweder nicht richtig ab oder hängt sofort unter der Kabinenhaube. Erst nach bestimmt zehn Versuchen schweben die Zigaretten einigermaßen ruhig vor uns. Jetzt gilt es noch das Flugzeug so zu manövrieren, dass die Schachtel in meine Hand schwebt. Dazu muss sie erst abheben, dann ein leichter Schlenker nach links. Es braucht noch einmal weitere zehn bis 15 Versuche, dann haben wir das Gefühl für die richtige Bewegung heraus. Sanft hebt die Zigarettenschachtel ab, schwebt in der Luft, dann langsam zu mir hinüber, um dann beim Wiedereinsetzen der Schwerkraft in meiner Hand zu landen. Zu diesem Zeitpunkt sind wir zum einen sehr zufrieden mit uns selbst, und zum anderen ist uns vom ganzen Auf und Ab gehörig schlecht. Bei der NASA heißt die Maschine, mit der solche Flüge durchgeführt werden, nicht umsonst liebevoll »Vomit Comet« (Kotzkomet). Ganz so weit kommt es bei uns erfreulicherweise nicht, und glücklich, Schwerelosigkeit und unser Ziel erreicht zu haben, treten wir die Rückreise an.

Erst viel später während meiner Motorflugausbildung lerne ich, dass dieses Manöver nicht unbedingt mit jedem Flugzeug empfehlenswert ist. Sind nämlich der Motor und das Tanksystem nicht dafür ausgelegt, kann es zu Problemen kommen. In der Schwerelosigkeit neigen Flüssigkeiten nämlich dazu, als mehr oder weniger geschlossene Kugel in der Luft zu schweben. Eigenschaften, die weder für das Benzin im Tank noch für das Öl in der Ölwanne besonders förderlich sind, wenn sie eigentlich am Boden des Tanks/der Ölwanne durch Pumpen ihrem Bestimmungszweck zugeführt werden sollten.

Beschränkt man die Schwerelosigkeit auf einen kurzen Moment, droht noch keine große Gefahr, längere Zeiten sollten jedoch mit dafür ausgelegten Flugzeugen geflogen werden. Bei längeren Zeiten drohen sonst Benzinmangel und schlechte Schmierung des Motors.

Der oben beschriebene Zigarettenschachtelschwebetrick ist somit also nur in manchen Flugzeugen zum Nachahmen empfohlen, aber wer ihn versucht, dem wünsche ich viel Spaß beim Spielen mit der Schwerelosigkeit. *(F)*

79. Grund

Weil man Wolken jagen kann

Grenzenlose Freiheit über den Wolken. Wer hat da nicht sofort Bilder im Kopf? Ich möchte diesen Bildern nachjagen, möchte spüren, wie es ist, über und unter den Wolken zu fliegen. Es kitzelt im Magen, als ich steil um den großen weißen Wolkenbausch kurve. Und schon geht es in die nächste Kurve, links herum, rechts herum, hoch und runter.

Flug durch unendliche menschenleere Berglandschaften.

Oben: Mit Instrumenten, Karten und iPad kann es im Cockpit schon mal etwas eng werden.
Unten: Auflösen der Formation, die D-EOOW dreht nach rechts ab.

»Jurassic Park«-Kulisse beim Flug auf Kauai mit einer Cessna.

Abendstimmung in der Einsamkeit Namibias, Zeit für einen Sundowner.

Oben: Die Strände Venetiens beim Landeanflug auf den Lido, Venedig.
Unten: Die Alhambra in Granada, kurz vor der Landung.

Oben: Bei Nacht über Hamburg auf dem Weg zur Landung. **Unten:** Dicht über der Dune du Pilat, der größten Wanderdüne Europas (im Anflug auf Arcachon, Frankreich).

Oben: Buschflugtraining in Talkeetna, Alaska, mit einer Piper Cub auf Tundrareifen.
Unten: Landeanflug auf Gibraltar, noch rollen Autos über die Landebahn.

Oben: Angekommen auf Staniel Cay, auf dem Weg zu den schwimmenden Schweinen.
Unten: Die Autorin gönnt sich den Schwimmspaß mit den Schweinen.

Sicht auf den Denali, mit knapp 6.190 Metern der höchste Berg Nordamerikas.

BOSCIA
HUNTING & GUESTFARM
www.boscia-farm.com
Tel: 063 - 264 208

Die Koordinaten für diesen Landeplatz:	The coordinates for this landing strip:
S24 Grad 05.494'	S24 degree 05.494'
E 17 Grad 18.378'	E 17 degree 18.378'
S.W 210° N.O 40°	S.W 210° N.O 40°
Länge der Bahn: 1200m	Length of airfield: 1200m
Höhe der Bahn: 1310m	Height of airfield: 1310m
Breite: 12 + 2m	Width of airfield: 12 + 2m
Entfernung zum Farmhaus: ca 3 km	Distance to farmhouse: approx. 3 km

ACHTUNG
Im Notfall bitte 081 707 anrufen
und obige Information durchgeben.
Um Zugang zu der Farm zu erlangen, bitte
063 264 208 anrufen.

ATTENTION
In case of Emergency, please phone 081 707
and state the information as detailed above.
To obtain entry to the farm please phone
063 - 264 208

Oben: Gelandet mitten in der Steppe auf dem Airstrip der Boscia-Jagdfarm, Namibia. **Unten links:** Punten in Cambridge, England – nach der Landung gilt es das Land zu entdecken. **Unten rechts:** Mit einer kleinen Markierung konnten wir beim Tannkosh Fly-In markieren von wo wir angereist sind. Eine Maschine kam sogar aus den USA.

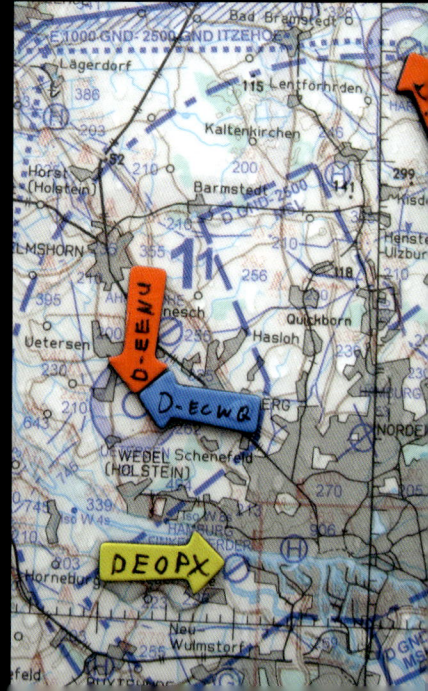

Oben: Mit meinen Fluglehrerkollegen Fabian und Heinrich nach erfolgreicher Landung in Tanger. **Unten:** Die Flying Legends Airshow in Duxford ist jedes Mal wieder eine Reise wert, wunderschön die P-51 Mustang vor uns.

Oben: Echte Flieger campen unter der Tragfläche.
Unten: Modernste Flugzeuge beim größten Fly-In der Welt in Oshkosh.

Glücklich im Dezember
in Marrakesch gelandet,
endlich ist es warm.

Bei tiefer Wolkendecke
kehren wir aus Norwegen
zurück und überfliegen
die Küste bei Dänemark.

Wie auf einer unsichtbaren Achterbahn ohne Schienen manövriere ich durch die Luft mit einem echten Spaßflugzeug. Im Gesicht ein breites Grinsen. So fühlt sich der Sommer in der Luft an. Alltag, Arbeit, all das, was am Boden Gewicht hat, die ganzen Gedanken und Überlegungen zu den täglichen Themen und Routinen, all das ist nicht mitgekommen nach oben. Fliegen bedeutet oftmals Freiheit und Grenzenlosigkeit. Frei wie ein Vogel können wir unsere und fremde Grenzen überwinden, uns einfach durch die Lüfte gleiten lassen.

Mein heutiges Flugzeug und Spaßgefährte ist eine agile betagte Lady, eine Grumman American AA-5B, kurz Grumann Tiger. Die beiden Flügel sitzen tief am Rumpf, das macht dieses Flugzeug mit einem Propeller sehr wendig. Verglichen mit einer Cessna, verbergen sich einige PS mehr unter der Haube, das erhöht den Spaß beim Steigen, Sinken und beim Kurvenflug. Was ein flotter Roadster auf der Straße ist, das ist heute für mich in der Luft die Grumman.

Der blaue Himmel ist getupft mit den schönsten Schäfchenwolken, die ich glaube, je gesehen zu haben. Es gibt kein festes Ziel, keine spürbaren Grenzen. Ich jage den Wolken nach, stoße durch die Lücken zwischen den luftigen flauschig aussehenden weißen Bällchen. Aus der Nähe betrachtet sind die weißen Wolken zart und durchsichtig, lösen sich an den Rändern auf, zerlaufen und bilden rasch neue Formen. Es ist kitschig, es ist schön, es ist pure Lebenslust. Ich bin ganz im Hier und Jetzt, hoch konzentriert und trotzdem gelassen. Die Maschine reagiert ohne Verzögerung auf meine Steuerung, es geht hoch, kreuz und quer durch die Luft. Es ist fast so, als ob auch die alte Lady diesen Ausflug genießt und ich mit ihr ein Stück zu einer Einheit verschmelze. Eine Sternstunde des Fliegens. Erfüllt von dem Erlebnis, lande ich wieder. Zum Glück können meine Pilotenfreunde meine blumige und begeisterte Beschreibung des Erlebnisses nachvollziehen, als ich ausführlich von dem Flugerlebnis schwärme. Das ist der Stoff, der Piloten süchtig macht nach mehr und immer wieder. *(S)*

80. Grund

Weil man mit Tigern fliegen kann

Fliegerisch mal etwas militärische Atmosphäre schnuppern, das ist der Plan. Es geht mit meiner Cessna vom Aeroclub von Uetersen bei Hamburg aus direkt zum Heeresflugplatz der Georg-Friedrich-Kaserne in Fritzlar in Nordhessen.

Zivile Piloten sind hier normalerweise nicht unterwegs. Es ist die Heimatbasis der Eurocopter Tiger, der Kampfhubschrauber der Bundeswehr. Es parken über 30 Exemplare in den großen Hangars am Rande des Platzes, alles gut bewacht und abgeschirmt. Ab und an schwirrt einer der Riesen mit seinen rund fünf Tonnen Gewicht gut hörbar durch die Luft, es wird gerade eine kleine Manöverübung durchgeführt.

Ich rolle nach der Landung zur zugewiesenen Parkfläche, willkommen im Heeresfluglager Fritzlar. Mein erster Aufenthalt in einer Kaserne, von jetzt ab für die nächsten Tage bin ich umgeben von jeder Menge Uniformträgern aller Hierarchiestufen. Eine kleine Gruppe von Soldaten und Soldatinnen kümmert sich um uns zivile Piloten, es gibt tägliche ausführliche Vorbereitungsmeetings, ich bin gerührt von ihrem Enthusiasmus, uns bei unserem Flugtraining zu unterstützen. Es ist eine interessante Erfahrung, mich in dieser für mich unbekannten und ganz neuen Welt der strengen und strikten Regeln und Vorschriften zu bewegen. Möglich geworden ist dieser Blick hinter die Kulissen der Bundeswehr im Rahmen eines Fliegercamps, durchgeführt von der AOPA, einer großen Pilotenorganisation und Interessenvertretung.

Bislang ist mein Bild von der Bundeswehr geprägt vom Hörensagen, aus den Medien und aus Erzählungen. Ich erinnere mich an die Geschichten meiner Mitschüler nach dem Abitur in den 1980er-Jahren, die zum Kreiswehrersatzamt zitiert wurden, um sich der berühmten Gewissensfrage zu stellen. Überzeugend darlegen, warum sie nicht zum Dienst an der Waffe taugen. Der eine oder andere hat dann den Grundwehrdienst absolviert. Die dabei erlebten Geschichten und gefühlten Schikanen waren oftmals ein abendfüllendes Partythema.

Was kann ich hier auf dem Heeresflugplatz lernen? Wir machen ein spezielles Landetraining, bei dem uns die militärischen Lotsen mittels des Radarbildes, das sie von uns haben, zur Landebahn dirigieren. So als ob wir nichts wirklich draußen sehen würden. Sie sprechen uns quasi vom Himmel herunter. Ein Besuch bei den Lotsen führt uns in einen fensterlosen Raum, die Flugzeuge werden auf altmodisch anmutenden Bildschirmen wie aus dem MS-DOS-Zeitalter als Punkte und Striche angezeigt (Microsofts erstes Betriebssystem). Es bleibt mir ein Rätsel, wie die Radarlotsen diese Bilder entziffern und interpretieren können. Hightech sieht jedenfalls in meiner Vorstellung anders aus. Es ist ein großer Kontrast zwischen den hochgerüsteten Tiger-Hubschraubern und den in die Jahre gekommenen Anlagen teils aus den 1970er-Jahren, die zur Flugführung genutzt werden. Aber augenscheinlich funktioniert es gut.

Nach dem Start fliege ich in die vorgegebene Platzrunde des Platzes ein. Gut, dass ein anderer Pilot und Fluglehrer neben mir sitzt und mir bei den unbekannten Abläufen hilft. Der Lotse, der uns auf einem speziellen Radargerät sieht, beginnt Anweisungen für den Anflug zu geben. *Slightly left of centerline, more left to centerline, 10 degree to the right*, ich setze seine Anweisungen sofort um durch leichte Bewegungen der Ruder, konzentriere mich auf die Anzeigen der Instrumente, und wie von Zauberhand komme ich der Landebahn näher, ohne selber rauszuschauen. Präzises

Steuern und Beherrschen des Flugzeugs kann so auf diese Art hervorragend trainiert werden. Der Lotse spricht ununterbrochen auf mich ein, erteilt Korrekturanweisungen, ein Wiederholen seiner Angaben ist nicht gefordert, zum Glück. Mit den Übungen simulieren wir so etwas wie Blindflug, wahlweise auch den Ausfall des Kreiselkompasses in der verschärften Variante. Höchste Konzentration ist gefragt, um die ungewohnten Steueranweisungen des Lotsen zu verstehen, sie zu befolgen und ihm an den richtigen Stellen zu antworten. Ganz schön schweißtreibend, geschafft, wir landen sicher. Auf geht's zur nächsten Runde, bevor die anstehenden Manöverübungen der Tiger alle zivilen Flugzeuge in den Feierabend zum Parken aufs Vorfeld schicken. Wir Zivilisten sitzen abends noch mit den Kollegen der Bundeswehr im Restaurant zusammen, als Hintergrund hören wir die Tiger durch die dunkle Nacht knattern. *(S)*

81. Grund

Weil Sauerstoff an Bord
eine gute Sache ist

Die Mehrzahl der kleinen Sportflugzeuge hat keinen Sauerstoff an Bord. Das ist auch nicht nötig, da die meisten Flüge in geringen Höhen ausgeführt werden. Bis 10.000 Fuß ist kein Sauerstoff notwendig, und darüber kommen die meisten nur sehr selten. Im flachen Norden Deutschlands gibt es hierfür sowieso nur selten einen Grund, und auch in den Alpen oder den Pyrenäen reichen geringere Höhen häufig ebenfalls aus.

Auch für die meisten Motoren ist in dieser Höhe langsam das Ende der Leistungsfähigkeit erreicht. Denn nicht nur für uns wird die Luft in großer Höhe dünner, auch unser Motor braucht Sauerstoff, um sauber zu laufen.

Haben wir aber beispielsweise einen turboaufgeladenen Motor, sind Höhen von über 10.000 Fuß kein Problem mehr. Ab diesem Zeitpunkt brauchen wir an Bord auch eine Sauerstoffversorgung, wenn wir nicht gleich noch einen Schritt größer wählen und ein Flugzeug mit Druckkabine fliegen.

Die Sauerstoffversorgung erfolgt in den meisten Fällen über eine ins Flugzeug eingebaute Sauerstoffflasche, welche über einen Verteiler für jeden Insassen des Flugzeugs durch einen dünnen Schlauch Sauerstoff bereitstellt. Meistens hängen diese Kabel dann von der Decke des Flugzeugs. Es gibt jedoch auch clever verbaute Anschlüsse, welche entlang der Headset-Kabel verlegt werden und dadurch etwas weniger auffällig sind.

Dem so ausgestatteten Piloten steht nun aber ein komplett neuer Bereich des Himmels offen. Mit der entsprechenden Freigabe sind nun Flüge in großer Höhe möglich. Ähnlich, wie es wunderschön ist, wirklich tief zu fliegen, ist es auch ein besonderes Erlebnis, in großer Höhe zu fliegen. Aus dem einfachen Luftwandern wird nun ein wirkliches Reisen, und der Blick ähnelt eher dem aus einem Airliner als dem aus einem Sportflugzeug. Sind wir vorher noch über Wiesen und Felder geflogen, werden diese nun zu kleinen Farbklecksen am Boden. Straßen werden zu dünnen Linien, und Städte, welche aus geringer Höhe noch den Blick ausgefüllt haben, sind jetzt in ihrer Gänze zu überblicken. Hügel und Berge sind kein Hindernis mehr, sondern nur noch Konturen am Boden, und selbst die Alpen sind aus 15.500 Fuß zwar immer noch groß, aber nun gut zu überblicken und wunderschön. Das zumindest beschreibt den Blick bei klarer Sicht. Ansonsten ist man in dieser Höhe auch gerne schon mal über den Wolken. Dann ist die Höhe nur noch am Höhenmesser zu erkennen, und vor und unter uns erstreckt sich eine scheinbar endlose weiße Welt. Doch natürlich fliegen wir nicht nur in großer Höhe, um die Aussicht zu genießen oder einen Berg zu überfliegen. Durch die dünnere Luft erfahren wir hier oben auch einen deutlich geringeren Luftwiderstand, sodass wir über Grund eine höhere Geschwindigkeit haben als in niedriger Höhe. Hinzu kommt noch, dass wir in der Höhe, bei sauberer Einstellung des Kraftstoff-Luft-Gemisches, auch noch weniger Kraftstoff verbrauchen. Wir sind de facto also schneller bei geringerem Verbrauch. Was könnte man sich mehr wünschen. Dies ist auch der Hauptgrund, aus dem Airliner in großer Höhe fliegen, denn für Turbinentriebwerke gilt der Satz noch viel mehr, und der Verbrauch in großer Höhe nimmt massiv ab.

Wir sehen also, dass Sauerstoff an Bord für das direkte Reisen mit dem Flugzeug eine hervorragende Sache ist, die uns noch einmal eine komplett neue Welt eröffnet, welche sich nun aber schon langsam von der Hobbyfliegerei hin zu einer wirklichen Reisefliegerei entwickelt. Denn in den großen Höhen fliegt so gut wie niemand mehr nach Sichtflugbedingungen, hier fliegen wir IFR, also nach Instrumentenflugbedingungen, und somit wird das Ziel des Fliegens durch das Ziel des schnellen und komfortablen Ankommens ersetzt. *(F)*

82. Grund

Weil man über Funk die unterschiedlichsten Menschen hört

»Klaauuus!!! Woa bischt denn du?! Ich bin hier grad anner Kante jeschtaded un seehhh dich net!«, tönt es mir leicht östlich von Schloss Neuschwanstein in den Ohren. Zwei Paraglider, die sich für den gemeinsamen Flug versuchen zusammenzufinden und geradezu ins Mikro ihrer Funkgeräte brüllen. Nach einigem Hin und Her haben sie sich gefunden, und es wird wieder ruhiger auf der Frequenz. Eine Woche später fliege ich mit einer Gruppe aus unserer Flugschule über Spanien, und hier funken alle auf den

Frequenzen, auf denen auch die Airliner unterwegs sind. »Speed-bird 326, climb Flight Level three four zero, direct KORDO«, klingt es sonor aus dem Kopfhörer.

Die Idee hinter den Vorgaben im Sprechfunk ist eigentlich, dass alle immer überall das Gleiche sagen und somit die Sicher-heit erhöht wird. Im gewerblichen Luftverkehr ist das auch nor-malerweise gegeben, wobei ich auch hier schon gehört habe, wie eine Lotsin ihren offenbar gerade anfliegenden Mann gefragt hat, wann er denn nachher zu Hause sei – es kämen noch Gäste und er möchte doch dann den Grill schon mal anmachen. Aber so etwas ist doch eher die Ausnahme.

Fliegen wir jedoch privat und VFR, dann geht es im Funk doch häufiger mal etwas entspannter zu. »Moin Alex, die D-EIEA geht für 'ne kleine Runde nach Hamburg zur Zwo Sieben.« Erkennt dann noch ein anderer Pilot auf der Frequenz meine Stimme, kommt auch gerne noch ein »Moin Flo, viel Spaß!« hinterher. Zumindest in Uetersen und an den Plätzen, an denen ich häufiger bin. Das ist zwar offiziell nicht so gedacht, ist jedoch an Tagen, an denen nicht viel los ist, gang und gäbe. Mir persönlich gefällt diese etwas entspanntere Art sehr gut. Schwierig wird es eher, wenn die Funksprüche unverständlich, falsch oder, auch sehr be-liebt, gar nicht abgesetzt werden.

Eine dabei häufige Situation ist der Anflug in den Flugplatz-bereich. Bei Uetersen stehen vier große Strommasten und bilden einen praktischen Meldepunkt für an- und abfliegenden Verkehr. Ich melde mich dann zum Beispiel mit »D-EIEA über den vier Masten, in 1.000 Fuß, zurück zur Landung.« Häufig kommt dann ein: »Die D-EXXX in 1.000 Fuß, sind jetzt auch über den Masten, zur Landung.«

Zwanzig Sekunden hektisches Suchen und im Zweifel eine Nachfrage später stelle ich dann fest, dass der Kollege nicht über den Masten fliegt, sondern 5 km westlich davon. Erleichtertes Aufatmen, aber immerhin gab es eine Meldung! Wirklich unschön ist es nämlich, wenn ein Flugzeug einfach landet, ohne vorher irgendwas gesagt zu haben. Im krassen Gegensatz dazu dann der Pilot, der jeden Grashalm, den er passiert, meldet und, sollte er Platzrunden fliegen, den armen Menschen auf dem Turm innerhalb kürzester Zeit dazu bringt, seine Berufswahl zu verwünschen. Die Wahrheit und die Lösung liegen wie so oft am Ende in der Mitte.

Richtigen Zusammenhalt lerne ich jedes Mal wieder kennen, wenn das Wetter schlechter wird. VFR sind dann meist nur noch wenige Maschinen in der Luft, und über die Informationsfrequenz erfolgt dann, moderiert vom Lotsen, der versucht, alle seine Schäfchen heil ans Ziel zu bringen, ein reger Austausch. »Hier bei Bremerhaven habe ich gerade 700 Fuß, aber gute Sicht. Nach Süden hin sieht's aber eher duster aus.« – »Ja, im Süden steht eine Gewitterfront, aber ich habe gerade noch einen Kollegen 25 Meilen südöstlich von Ihnen, der scheint eine Lücke gefunden zu haben. D-EXXX, wie sieht es denn da aktuell aus?« Wenn ich am Ende gelandet bin, verdanke ich einen Teil meiner Informationen dann den anderen Flugzeugen, von denen ich nie mehr gehört habe als die Stimme und ihren Funkrufnamen. Auf jedem längeren Flug bin ich somit, selbst wenn ich alleine fliege, niemals ganz allein und kann bei Problemen oder Fragen darauf vertrauen, dass einer der vielen anderen Flieger mir weiterhilft. Und wenn es gut läuft, begleiten mich so nicht nur viele andere Menschen, sondern auch noch das ein oder andere lustige Erlebnis auf meiner Reise. *(F)*

Weil man seinen Instrumenten vertrauen kann

Als Pilot nach Sichtflugregeln und erst recht als Segelflieger gibt es ein ganz wichtiges Instrument, welches man selber mit an Bord bringt. Das Hosenbodengefühl! Früher gab es nach dem ersten Alleinflug von allen Anwesenden einen mehr oder weniger kameradschaftlichen Schlag auf den Hintern, für das richtige Gefühl im selbigen. Auch wenn diese Tradition heute nur noch in den Segelflugvereinen am Leben gehalten wird, symbolisiert sie doch, wie sehr wir uns auf das verlassen, was wir über unseren Körper fühlen und wahrnehmen.

Wenn wir nun das erste Mal in eine Wolke einfliegen und das erste Mal einen Flug nach Instrumentenflugregeln durchführen, müssen wir all diese lange antrainierten Gefühle und Wahrnehmungen über Bord werfen. In der Flugausbildung gibt es sowohl im PPL als auch in den weiterführenden Ausbildungen den Punkt »Ausleiten ungewöhnlicher Flugzustände«. Den meisten Schülern bereitet das eine Menge Freude, und wenn man erst mal weiß, worauf es ankommt, ist es auch nicht mehr besonders schwer. Um das zu üben gibt es zwei Möglichkeiten: Bei der ersten übernehme ich als Fluglehrer kurz die Kontrolle und bringe das Flugzeug in eine ungewöhnliche Fluglage (starke Schräglage im Steigflug oder Sinkflug), und dann übernimmt der Schüler wieder und muss richten, was der Lehrer ihm da eingebrockt hat. Bei der zweiten Methode, welche ich sehr gerne anwende, lasse ich den Schüler die Augen schließen und dabei das Flugzeug weiterfliegen, dann gebe ich ihm Anweisungen, wie: Kurve links, geradeaus, leicht steigen, geradeaus, Kurve rechts, etc. Es dauert meist nicht lange, bis der Schüler keinerlei Gefühl mehr dafür hat, in welcher Lage sich das Flugzeug befindet, oder, schlimmer noch, er glaubt zu wissen, in welcher Lage er sich befindet, obwohl es nicht stimmt. Ist das Flugzeug dann in einer zufriedenstellend ungewöhnlichen Fluglage angekommen, darf er die Augen wieder öffnen und richten, was er selbst sich eingebrockt hat. Diese Übung zeigt, dass unser Körper uns mit seiner Wahrnehmung in der Fliegerei auch böse Streiche spielen kann und wir beispielsweise in einer Steilspirale nach unten fliegen, dabei aber glauben, wir würden entspannt geradeaus fliegen.

Daher ist es beim Einflug in Wolken und insgesamt beim Fliegen nach Instrumentenflugregeln unverzichtbar, seinen Instrumenten zu vertrauen. Fliegt man beispielsweise knapp oberhalb einer schrägen Wolkenkante, wird unser Kopf uns vermitteln, dass wir schräg in der Luft liegen. Ein Blick auf die Instrumente verrät uns: Künstlicher Horizont: zeigt Geradeausflug; Kompass: zeigt Geradeausflug; Wendezeiger: zeigt Geradeausflug. Ergo, wir fliegen geradeaus. Die Kunst besteht nun also darin, den Instrumenten zu vertrauen und sie gleichzeitig permanent zu hinterfragen. Ist der Ausfall eines der Instrumente zwar unwahrscheinlich, aber doch jederzeit möglich. Um diesen Widerspruch zu lösen, haben wir im Flugzeug verschiedene unabhängige Systeme, welche wir, wie oben dargestellt, miteinander vergleichen. Zeigt eines ein Steigen des Flugzeugs an, alle anderen jedoch den Horizontalflug, ist dieses eine Instrument vermutlich defekt.

Durch diesen sogenannten Instrumentenscan überwachen wir also permanent unser Flugzeug und unsere Instrumente und können somit sicherstellen, dass wir immer wissen, wie es um unsere Lage im Raum bestellt ist.

Das klingt grundsätzlich recht einfach, wenn jedoch unser Körper vermittelt, dass unsere Lage eine andere ist, als die Instrumente anzeigen, fällt der Satz »Trust your instruments!« (Vertraue deinen Instrumenten) auf einmal unglaublich schwer, sind wir doch unser Leben lang gewohnt, unserem Körper zu vertrauen. Umso wichtiger ist es dann, sich nicht zu fragen, ob nicht plötzlich alle Instrumente auf einmal ausgefallen sind, sondern ruhig zu bleiben, den Instrumenten zu folgen und zu warten, bis das Gefühl vorüber ist. *(F)*

84. Grund

Weil man auch in anderen Ländern selber fliegen kann

Wenn ich daran denke, in Afrika selber zu fliegen, habe ich sofort Bilder aus dem Film *Jenseits von Afrika* aus dem Jahr 1985 vor Augen. Wen hat es nicht berührt, diese eindringliche Flugszene aus dem Film, als der freiheitsliebende Lebenskünstler Denys Finch Hatton, gespielt von Robert Redford, und die Kaffeefarmerin Karen Blixen, perfekt dargestellt von Meryl Streep, gemeinsam in einem schwarz-gelben kleinen Doppeldecker im offenen Cockpit sitzend über die grüne Savanne Kenias fliegen. An Felsen und Schluchten vorbei, Wälder und Flüsse überquerend, unter sich die großen Tierherden in der Savanne.

Einer der Höhepunkte dieses Fluges ist ein riesiger Schwarm Flamingos, der durch das Motorengeräusch aufgeschreckt als lebende rosa Wolke die Flugszene einrahmt. Ein Tiefflug über die Tiere war zu dieser Zeit kein Problem. Und ohne Zweifel war Denys Finch Hatton vom Flugvirus befallen und hatte sich das dazu passende Luftgefährt ausgesucht: Eine Gipsy Moth, 1929 gebaut (für Kenner: eine De Havilland DH.60 Moth). Diesen Flugzeugtyp nutzte auch eine berühmte Luftpionierin, die Britin Amy Johnson, im Jahr 1930 für ihren Alleinflug von England nach Australien, den sie als erste Frau überhaupt absolvierte. Von dem schönen Doppeldecker gibt es weltweit immerhin noch fast 20 flugfähige Exemplare.

Ein offener Doppeldecker wird es nicht werden für meine Flugtour von Johannesburg, Südafrika nach Mosambik, sondern eine robuste Cessna 182. Diese ist bestens geeignet, um auch auf Pisten im Busch und der Steppe zu landen. Damit ich mit meiner europäischen Lizenz in anderen Ländern außerhalb von Europa fliegen kann, ist eine Validierung (formale Anerkennung meiner europäischen Fluglizenz) für das Land erforderlich, in dem der gecharterte Flieger seine Heimat hat.

Vor dem Flugvergnügen steht also erst mal die Bürokratie. Diverse Formulare sind auszufüllen, Anträge zu stellen, Kopien zu beglaubigen, vor Ort in Johannesburg auf dem Flugplatz Grand Central ist ein Prüfungsflug mit einem Lehrer zu absolvieren. Es gilt, eine theoretische Online-Prüfung zu lokalem Luftrecht und dortigen Flugregeln zu bestehen. Das war knapp, ich hatte die Menge des dafür zu lernenden Stoffs deutlich unterschätzt. Bald darauf halten mein Pilotenfreund und ich die blauen Validierungslizenzen in den Händen, die wir persönlich bei der Luftfahrtbehörde in Johannesburg abholen. Zum Glück haben sich beide Lizenzen nach einiger Suche in den diversen Aktenstapeln des zuständigen Büros angefunden, alles etwas improvisiert und leicht chaotisch.

Es ist großartiges Gefühl, selber in Afrika zu fliegen. Immer mal wieder denke ich an die Szenen aus *Jenseits von Afrika* und bin inspiriert und erfüllt von unserem Vorhaben. Nach dem Start von einem Flugplatz des Krüger-Parks geht es über bergige, wüstenartige Landschaften in Richtung Indischer Ozean. Maputo, die Hauptstadt Mosambiks, ist der Einreiseflughafen. Nach Erledigung der Formalitäten und dem Auftanken fliegen wir direkt weiter zur etwa 30 Meilen entfernten Insel Inhaca. Wir landen auf einem verwaisten Flugplatz in der Nähe einer kleinen Siedlung. Links und rechts neben der Bahn wogt hohes gelbes Steppengras im Wind, einige Palmen stehen in der Nähe des kleinen Abfertigungshäuschens. Wenn nun Antilopen oder Zebras die Bahn kreuzen würden, wäre ich nicht überrascht. Stattdessen tauchen einige Jugendliche wie aus dem Nichts auf und bedeuten uns, dass sie gerne unser Gepäck in die nahe Unterkunft bringen möchten.

Ich mache mir etwas Sorgen, das Flugzeug so ungeschützt vor dem kleinen Flugplatzgebäude zurückzulassen. Unsere britischen Gastgeber der kleinen Lodge versichern uns, dass es auf der Insel keine Kriminalität gäbe, klar, hier kennt jeder jeden, und weg kommt man auch nicht mal so eben. Wir fliegen noch einige Orte der Küste sowie diverse wunderschöne Inseln an und sind begeistert von der Landschaft, der Freundlichkeit der Menschen. Fliegerisch andere Länder zu entdecken ist für mich ein erfüllender Weg, um Seiten und Ecken kennenzulernen, die oftmals per Landweg kaum erreichbar wären. Ein wenig Abenteuerlust, ganz viel Neugier gepaart mit guter Vorbereitung und Planung, eine zuverlässige Maschine, Zeit und Geduld sind die Zutaten, um tolle Flugerlebnisse in anderen Ländern zu erleben. Auch Jenseits von Afrika. *(S)*

6. Kapitel

Sinkflug

Weil Luftkrankheit vergeht

Luftkrankheit ist, ähnlich wie die Seekrankheit, etwas, gegen das manche Menschen immun zu sein scheinen und andere nicht. Auch mein Magen hat sich leider als nicht immer zu 100% flugfest erwiesen. Auf meinen ersten Flügen im Segelflugzeug und auch später hin und wieder, wenn nicht ich, sondern der Lehrer geflogen ist. Später auch im Motorflugzeug, ich erinnere mich mit besonderem Grauen an einen Fotoflug, auf dem der Luftbildfotograf Stadtteilaufnahmen machen wollte. Wir sind dafür 2 ½ Stunden immer ein Stück geradeaus, dann mit einer Steilkurve herum, wieder geradeaus, wieder 180° herum über Hamburg geflogen. Die ersten 1 ½ Stunden waren kein Problem, doch ab dann wurde das Cockpit gefühlt immer wärmer und mein Magen immer flauer. Die letzten 20 Minuten waren einfach nur noch eine Qual. Ich glaube, ich war noch nie so glücklich über die Worte: »So, ich habe alles, wir können zurück.« Noch ein bisschen länger, und ich hätte meinem Fotografen die Funktion der Spucktüte vorführen können.

Von diesem Flug abgesehen, war meine Sorge aus den ersten Segelfliegertagen, dass ich immer luftkrank werde und daher vielleicht lieber nicht Pilot werden sollte, aber unbegründet.

Ich beneide zwar auch heute noch jeden, der mir erzählt, dass ihm noch nie schlecht geworden ist, egal was er in der Luft gemacht hat, aber auch mir wird heute nur noch in Ausnahmefällen schlecht. Luftübelkeit wird, ähnlich wie auf See oder beim Lesen im Auto, zumeist dadurch hervorgerufen, dass unsere Sinne uns unterschiedliche Signale senden. Der Sehsinn sagt uns, dass wir ruhig sitzen, wir blicken auf die Instrumente, den Horizont oder im Auto eben aufs Buch. Unsere Lagesinne im Innenohr und dem restlichen Körper nehmen aber die Bewegungen war, die bei Böen,

Wellen oder Kurven geschehen. Diese Sinnesüberlagerung kannten unsere steinzeitlichen Vorfahren nur, wenn sie etwas Giftiges zu sich genommen hatten. Ergo, uns wird schlecht. Das Gemeine an der Luftkrankheit, ähnlich wie an der Seekrankheit, ist dabei aber, dass es meistens keine Raststätte in der Nähe gibt, an der man mal kurz anhält, bis der Körper sich wieder beruhigt hat. Das beste Mittel gegen Luftkrankheit ist nämlich Gewöhnung. Das bedeutet aber nicht, dass man fliegt, bis auch die letzte Spucktüte gefüllt ist, sondern ganz im Gegenteil, dass man beim ersten Anzeichen von Unwohlsein sofort auf die Erde zurückkehrt. Hier haben sich für mich persönlich dann das ruhige Sitzen, in kleinen Schlucken trinken und etwas Salziges knabbern bewährt. Geht es dann wieder besser, kann es in die nächste Runde gehen. Kann man in der Luft gerade nicht irgendwo landen, hat es mir immer geholfen, mich auf die Instrumente zu konzentrieren oder am besten: selber zu fliegen. Denn abgesehen von jenem leidigen Fotoflug habe ich mich nur sehr selten selber schlecht geflogen.

Den schlimmsten Rückfall gab es später noch einmal im Kunstfluglehrgang. Hier habe ich wirklich meinen Lehrer beneidet, der mit einem Schüler nach dem anderen durch das Programm geflogen ist. Und während wir nach jeder Runde leicht benommen mit Salzstangen am Boden saßen, ist er glücklich lächelnd mit dem nächsten Kandidaten gestartet. Aber er hat uns auch die Vorhersage gemacht, dass wir es Mittwoch, also am dritten Lehrgangstag, hinter uns haben würden. Und tatsächlich, nachdem ich Montag und Dienstag noch kämpfen musste und manchen Flug früher beendet habe, als mir lieb war, hatte sich mein Körper am Mittwoch damit abgefunden, dass der Lagesinn völlig andere Werte liefert als die Augen, und schlagartig war auch die Übelkeit vorbei.

Ich kann also nur jedem Gast bei einem Rundflug oder einem Schnupperflug den guten Rat geben: Sag sofort Bescheid, wenn die ersten Anzeichen von Übelkeit kommen. Sich quälen hilft keinem, und schöner wird der Flug auch nicht mehr, und jedem, der selber Pilot werden möchte, mitgeben: »Mach dir keine Sorgen, das geht vorbei, und dann gibt es nichts Schöneres, als fliegen zu gehen.« *(F)*

86. Grund

Weil die Wiesen in den Alpen so grün leuchten

Ein Alpenfluglager mit anderen Piloten ist die perfekte Möglichkeit, sich den hohen Weihen des Alpenfliegens vorsichtig und unter Anleitung zu nähern. Als Pilotin aus dem nordischen Flachland Deutschlands stellt für mich der Harz als Mittelgebirge mit seinem 1.141 Meter hohen Brocken bereits ein beeindruckendes Bergerlebnis dar. Fliegerischer Höhepunkt ist das Kreisen um den höchsten Gipfel dieses Minigebirges bei klarem Wetter, die Talfahrt der Brockenbahn verfolgend, die sich vom Gipfel abwärts schlängelt. Beeindruckend fühlt sich für mich auch die Landung auf dem Flugplatz Eisenach-Kindel mitten im Thüringer Wald an. Die Landebahn liegt 1.100 Fuß (ca 335 Meter) hoch oben auf einer Bergkuppe und hat mit 1.700 Meter Länge eine riesige Dimension für ein Kleinflugzeug, viel Wind ist hier normal. Das sind gefühlt die Alpen der Nordhälfte Deutschlands.

Unterwegs sind wir in einer Pilotengruppe mit drei Flugzeugen in Richtung Süden. Genauer gesagt nach Zell am See mitten in den Alpen, unweit des Großglockners, mit 3.798 Metern der höchste Berg in Österreich. Einmal quer durch Deutschland von Uetersen aus, zur Einstimmung ein Vorbeiflug am Schloss Neuschwanstein und Schloss Hohenstein, am Chiemsee entlang. Norddeutsche Tiefebene ade. Ich bin sehr neugierig, wie es sich anfühlen wird, in den richtigen Bergen zu fliegen.

Ich kenne die Alpen bislang nur vom Skilaufen und von einem kurzen Flugausflug nach Venedig. Im Sommer zieht es mich eher ans Meer, am liebsten auf eine Insel oder in die Ferne nach Übersee. Ich mag nicht mit schwerem Gepäck die Berge rauf und runter klettern. Ganz zu schweigen von möglicherweise schlaflosen Nächten in einer Berghütte inmitten von Dutzenden Wanderern. Allerdings könnte die Annäherung von oben das ja durchaus verändern.

Wir haben in Zell am See unsere Basis, etwa 15 Flugzeuge nehmen teil an fünf Tagen Alpenflugtraining. Die Landschaft ist atemberaubend schön, tiefblaue Seen, die spitzen Berggipfel, die links und rechts aufragen, die Sonne strahlt. Wir schrauben uns ins Tal hinunter, auf immerhin noch knapp 800 Meter Höhe liegt der Flugplatz. Es ist eng in den Tälern, ich kann bei den Berghütten aus dem Cockpitfenster fast in die Fenster gucken. Die nächste Herausforderung erwartet uns gleich am nächsten Tag: Wir sollen den Alpenhauptkamm überqueren. Wir klettern tapfer mit der Cessna auf die unglaubliche Höhe von über 9.000 Fuß, um die nahe gelegenen Pässe überqueren zu können.

Ich habe den Eindruck, dass die Luft wie ein riesiges Vergrößerungsglas wirkt. Alles sieht sehr nah aus, und doch sind die Dimensionen unglaublich groß. Auf dem Pass unter uns schlängeln sich die Autos die Serpentinen hoch, während wir durch große Kreise spiralförmig aufsteigen, Fuß für Fuß, Meter um Meter, um ausreichende Höhe zu gewinnen für die Querung des Passes. Die Luft wird dünner, der Motor braucht intensive Ermunterung.

Die Cessna der anderen sieht aus wie ein winziges Spielzeug vor dem gigantischen Felsmassiv, wirkt fast etwas verloren in der Luft. Weiter geht es über den sogenannten Alpenhauptkamm nach Kärnten. Die Spaßpause am Ossiacher See inklusive eines Ausflugs auf dem See mit kleinen Elektrobooten endet zünftig mit einer großen Wasserschlacht. Eher nass als trocken besteigen wir die Flugzeuge für den Rückweg, macht uns nichts, es ist sehr warm, die Stimmung hervorragend.

An den sonnenbeschienenen Hängen treiben sich die Gleitschirmflieger herum, die wir weiträumig umfliegen. Dörfer und Seen füllen die grünen Täler, auf den Hängen stehen malerisch die Berghütten inmitten von unglaublich grünen Wiesen, auf denen malerisch anzusehen braune Alpenkühe weiden. Ich bin fast geblendet von dem tiefen Grün der Alpenwiesen. Es leuchtet irgendwie heller und kräftiger als bei uns. Die Farben springen mir förmlich entgegen, die Berge sind mit einem üppigen dichten Flickenteppich aus diversen leuchtenden Grüntönen überzogen.

Ist es die dünnere Luft, die alles so intensiver wirken lässt, oder ist es einfach die Begeisterung für dieses grandiose Panorama?

Die optische Krönung ist der nahe fast wolkenlose Großglockner, auf dem die Gletscher mit ihren unzähligen Spalten gestochen scharf erkennbar sind. Es ist so, als ob die Berge ihre Arme für uns öffnen, um uns willkommen zu heißen. Eine wissenschaftliche Erklärung für das grüne Leuchten habe ich trotz längerer Recherche nicht finden können. Wahrscheinlich ist es einfach meine grenzenlose Begeisterung für das Fliegen in den Alpen, die die Farben so leuchten lässt. Flugleidenschaft im Farbenrausch, besser geht es nicht. *(S)*

87. Grund

Weil es Gesamtrettungssysteme gibt

Wir sitzen im Hotel auf Kauai, Hawaii und sehen die Nachrichten im Fernsehen. Über den Newsticker läuft die Meldung, dass eine einmotorige Maschine auf dem Weg nach Hawaii im Pazifik an einem Fallschirm ins Meer gestürzt ist. Es werden Aufnahmen gezeigt, die eindrucksvoll belegen, wie die Maschine an einem

Fallschirm hängend nach unten segelt. Ein Kreuzfahrtschiff in der Nähe kann den Piloten zum Glück unverletzt bergen. Fallschirme kannte ich bis zu diesem Zwischenfall nur bei Fallschirmspringern.

Mitten auf dem Pazifik fast 250 Meilen von Hawaii entfernt mit einem einmotorigen Flugzeug ein Problem zu haben, das ist nicht gerade der Stoff, aus dem Pilotenträume sind. Bei bestimmten Flugzeugtypen wie einer Cirrus (SR22) gibt es jedoch Fallschirmrettungssysteme als Teil der Ausrüstung. Damit segelt jedoch nicht der Pilot zu Boden, sondern es hängt das ganze Flugzeug an dem Schirm.

Wie es sich anfühlt, selber an einem Schirm zu hängen, das habe ich mal im Rahmen eines Tandemgleitschirmflugs mit einem Profispringer getestet. Der Absprungort ist eine hohe steile Klippe oberhalb der Zighy Bay im Oman. Der Flug zum Strand runter dauerte nur wenige Minuten. Ich erinnere mich vor allem an das aufgeregte Piepen des Variometers, eines Messgeräts, das die Höhe, Sinken und Steigen anzeigt. Hat mich nicht so überzeugt, das Schweben nach unten entlang der Felswände.

Ich fühle mich im Cockpit eines Kleinflugzeugs einfach mehr zu Hause, und das ganz ohne Fallschirm. Letzteren hatte ich jedoch vorsichtshalber und sicherheitshalber angelegt bei meinem ersten Kunstflugexperiment. Und das kam so zustande: Mit der Privatpilotenlizenz frisch in der Tasche bin ich auf Empfehlung eines Pilotenfreundes nach St. Augustine, Florida gereist, um in zehn Tagen möglichst viel Flugpraxis zu sammeln.

Endlich in den USA fliegen, dem Land der fliegerischen Freiheit. Ein dort ansässiger Pilot und Kunstflieger war bereit, mich mit seiner wunderschönen italienischen Maschine, einer SIAI-Marchetti, in die Weihen des Kunstflugs einzuführen. Los ging es, mit dem Fallschirm auf dem Rücken klettere ich ins Cockpit. Auf meiner Wunschliste stehen Rollen, Loopings, Messerflug und Tiefflug. Erst fliegen wir noch recht harmlos im Tiefflug über die Küste, so tief, dass die Schwimmer unter uns gefühlt den Kopf einziehen.

Herrlich, in Deutschland oder Europa wäre diese Art von Flug über den Strand und das Wasser schlichtweg verboten. Dann geht es hoch hinauf in die Luft, um ausreichend Platz für die Luftakrobatik zu haben. Es ist ein sensationelles Gefühl, wenn die Welt auf einmal kopfsteht. Der Kunstflugprofi ist sehr entspannt, hat mir vorher erklärt, wie ich den Looping fliegen soll. Erst gehe ich in den Sturzflug Richtung Erde, um Geschwindigkeit aufzubauen, hole so Schwung, dann ziehe ich den Steuerknüppel auf Kommando von ihm zu mir, und die Maschine steigt und steigt steil in den Himmel, bis sie schließlich auf dem Rücken fliegt, und dann geht's auch schon wieder nach unten. Der Untergrund rast wieder auf mich zu, mit etwas Unterstützung fange ich den Schwung ab, und schon drehen wir Rollen um uns selber. Dass man bei diesen Manövern im Notfall auch noch aus dem Cockpit aussteigen soll, ist für mich in dem Moment unvorstellbar. Akrobatikflug oder Übungen zu – wie es heißt – ungewöhnlichen Flugzuständen machen Spaß, fordern das Gehirn und alle fliegerischen Fähigkeiten, auf jeden Fall auch den Körper und bringen einen großen Sicherheitsgewinn. Man braucht einen halbwegs stabilen Magen, Neugier und darf keine Angst davor haben, wenn gefühlt die Erde und alles andere auf dem Kopf steht, man nicht mehr weiß, wo oben und unten ist.

Im Laufe der letzten Jahre habe ich immer mal wieder entsprechende Trainings absolviert, abhängig von der Tagesform kann man mit einem dafür geeigneten Flugzeug unter Anleitung wunderbar probieren, wie man die Maschine stabilisiert, die ins Trudeln geraten ist oder über die Tragflächen wegkippt und abzustürzen droht. Den Fallschirm hat man immer dabei.

Doch statt die Piloten mit Fallschirmen auszustatten, werden immer mehr Flugzeugtypen mit eigenen Fallschirmen oder auch Gesamtrettungssystemen ausgerüstet. Bei den Ultraleichtflugzeugen, kleinen, leichten (aktuell noch bis 472,5 Kilogramm) motorgetriebenen Luftfahrzeugen für normalerweise zwei Personen, sind sie ein zwingender Teil der Ausstattung. Nachweislich haben diese Schirmsysteme bereits mehreren Hundert Menschen in den letzten zehn Jahren das Leben gerettet. Die Schirme können aber nur retten, wenn der Pilot den Mut aufbringt, in einer Notlage am Himmel den für die Auslösung vorgesehenen Griff im Cockpit zu ziehen. Damit zündet dann eine Rakete, die die Flugzeugwand an einer dafür vorgesehenen Sollbruchstelle durchschlägt und einen großen Rundkappenfallschirm herauszieht. An dem schwebt das Flugzeug dann mit dem Piloten im Cockpit zu Boden. Genau das haben wir ja gerade im Fernsehen verfolgen können, wie es aussieht, wenn ein Flugzeug am Fallschirm hängt. *(S)*

88. Grund

Weil man sich manchmal wie beim Red Bull Air Race fühlt

Fahrt- und Drehzahlmesser mit einem Auge im Blick, drücke ich die Cessna nach unten. Vor mir werden die Flughafengebäude immer größer. Weit voraus verlässt die gerade gelandete Maschine die Bahn, und endlich kommt die ersehnte Freigabe. Als ich die Maschine dicht über der Bahn abfange, bin ich knapp an der Höchstgeschwindigkeit, alle Lichter sind an, der Motor läuft auf vollen Touren, und ich jage dicht über dem Asphalt die Landebahn 05 des Hamburger Flughafens hinunter. Vor mir taucht die kreuzende Start- und Landebahn auf. Kurz vor der Kreuzung ziehe ich die Maschine scharf nach links herüber, und Sekunden später fegt unter mir die Piste der Startbahn 33 hindurch. Tief jage ich die Bahn entlang, um dann am Ende in einer steilen Kurve wieder Höhe zu gewinnen. »Das ist ja wie beim Red Bull

Air Race hier«, kommentiert der Tower, und mit einem Grinsen vor Ohr zu Ohr nehme ich mit meinen Gästen Kurs auf unseren Heimatflugplatz Uetersen.

Der Tiefanflug oder auch im Englischen »Low Approach« ist eines meiner Highlights für jeden Rund- oder Schnupperflug. Es ist als Privatpilot so ziemlich die einzige Möglichkeit, einmal tief und schnell zu fliegen, ohne dafür starten bzw. landen zu müssen. Die Idee dahinter ist eigentlich das Trainieren der Funk- und Anflugverfahren an einem Verkehrsflughafen, ohne die teuren Landegebühren bezahlen zu müssen. Die hohe Geschwindigkeit entsteht aus dem Versuch, den nachfolgenden Linienverkehr gar nicht oder zumindest nur so wenig wie möglich zu behindern. Ob es am Ende genehmigt wird oder nicht, hängt jedoch immer vollständig von der aktuellen Verkehrslage und der Zeit der Lotsen im Kontrollturm ab. In Hamburg klappt das fast immer reibungslos. Ich kann mich an dieser Stelle nur ganz herzlich bei den Hamburger Lotsen für die fantastischen Bedingungen bedanken, die sie den Privatpiloten bieten. Ein schönes Beispiel hierfür habe ich auf einem Fotoflug erlebt, auf dem ich den Funkverkehr zwischen einem frischgebackenen Scheininhaber und einem Towerlotsen mitbekommen habe, im Verlauf dessen der Lotse den Kollegen im Flugzeug mit ungefähr den folgenden Worten durch einen Tiefanflug durchgesprochen hat. »D-XXXX, auf der Route bietet sich doch ein Tiefanflug auf die Piste 15 an.« Kurze unsichere Antwort des Piloten, darauf dann wieder der Turm: »Noch nie gemacht? Kein Problem, das ist ganz einfach. Fliegen Sie erst mal auf den Platz zu, dann so weit runter, wie Sie sich wohlfühlen, und am Ende geht's wieder sanft nach oben. Das macht Spaß! Wie gesagt, jetzt erst mal auf den Platz zu.«

Besser kann man jemandem doch gar nicht die Scheu nehmen, in den kontrollierten Luftraum einzufliegen.

Wenn dann auch noch, wie oben beschrieben, die beiden Start- und Landebahnen in Hamburg so im Einsatz sind, dass ein Schwenk von der einen auf die andere Bahn möglich ist, ist der Tag für mich perfekt. Leider ist diese Konstellation relativ selten, und dann muss die Verkehrslage auch noch ruhig genug sein, um das zuzulassen.

Aber auch wenn es nur mit Höchstgeschwindigkeit über eine der beiden Bahnen geht, ist es doch schwer, die Mundwinkel wieder von den Ohren zu entfernen! Es ist auf jeden Fall für uns Privatpiloten das Gefühl, welches vermutlich dem eines Air-Race-Piloten am nächsten kommt, ohne dabei ein Sicherheitsrisiko einzugehen. Es ist sozusagen ein Win-Win-Win aus Übung, Sicherheit und Spaß. *(F)*

89. Grund

Weil im Winter die Berge höher sind

Dieser Merksatz begegnet mir während der Theorieausbildung einige Male, und ich versuche zu verstehen, was damit gemeint ist. Wieso sollen Berge im Winter höher sein? Das hängt mit der Funktionsweise der Höhenmesser im Cockpit zusammen. Und die richtige Höhe beim Fliegen einzuhalten ist natürlich essenziell.

Zwar fliege ich auf Sicht, aber beim Blick aus dem Cockpit den genauen Abstand zum Boden einzuschätzen ist nicht möglich. Man erinnere sich nur an den Blick vom Zehnmeterturm im Schwimmbad, beim Blick nach unten hatte man das Gefühl, man wäre eher 20 denn zehn Meter hoch.

Die Höhenmesser in Flugzeugen sind grundsätzlich einfach in ihrer Funktion und haben sich seit Beginn der Fliegerei nicht wesentlich verändert. Das Instrument reagiert auf den statischen Druck der Luft. Im Innern des Instruments wird eine Membrandose entweder zusammengedrückt oder dehnt sich aus. Das wiederum bewegt die Zeiger auf der Anzeige in die entsprechenden Richtungen.

Das uhrenförmige Instrument vor mir im Cockpit zeigt wie eine Uhr mit zwei Zeigern an, wie hoch das Flugzeug fliegt. Abgestimmt ist die Anzeige auf eine international festgelegte Standardtemperatur von 15 Grad Celsius und einen Luftdruck von 1.013 Hektopascal. Das bedeutet, dass nur bei Vorliegen dieser beiden Bedingungen der angezeigte Höhenwert auch der realen Höhe entspricht. Ist es kälter oder wärmer und herrscht ein anderer Luftdruck, dann gilt es mithilfe einer Faustformel ungefähr zu berechnen, wie hoch man wirklich fliegt. Das ist ja genau das Richtige für mich, mit dem Formel- und Zahlenwerk kann ich mich nur langsam anfreunden, mir schwirrt der Kopf nach den Berechnungen, um die wahre Höhe bei Flügen zu bestimmen. Ich möchte im Winter bei Minusgraden nach Sylt fliegen und auf dem Weg dahin den hohen Windrädern mit ausreichend Sicherheitsabstand ausweichen.

Auf Englisch gibt es dazu einen passenden Merksatz: *Cold and low, watch out below.* Ist es kalt bei niedrigem Luftdruck, dann schaue genau nach unten, so könnte man es einfach interpretieren. Bei einem Tief mit 987 Hektopascal beträgt die Abweichung zum Standardluftdruck ja bereits 26 Hektopascal; da ein Hektopascal 27 Fuß entspricht, ergibt das für die Höhenmessung bereits 700 Fuß Abweichung. Vermeintlich fliege ich also bei einer solchen Konstellation hoch genug, um den vielen hohen Windrädern auszuweichen, bin aber in Realität viel niedriger unterwegs.

Berge oder Gebirge haben wir ja keine im Norden. Allerdings jede Menge Windräder, die gerne mal fast 500 Fuß aus dem flachen Land aufragen. Auch der kontrollierte Luftraum rund um Hamburg beginnt in einer Höhe von 2.500 Fuß. Ein Einflug ohne vorherige Genehmigung durch den zuständigen Lotsen des Flughafens kann unangenehme Konsequenzen haben. Da hilft die nachträgliche Erklärung, der Höhenmesser habe falsch angezeigt, wahrscheinlich nicht viel weiter. Auch die beiden Atomkraftwerke an der Elbmündung in die Nordsee sollte man tunlichst mit der richtigen Mindesthöhe überfliegen. Die Abfangjäger der Bundeswehr könnten sonst bei Auslösung des Alarms binnen weniger Minuten vor Ort sein, was ein reichlich unerfreuliches Ende eines Flugausflugs bedeuten würde. *(S)*

90. Grund

Weil es Piloten im Slip gibt

Wenn Piloten über Slips sprechen, unterhalten sie sich nicht über mehr oder weniger erotische Kleidungsstücke. Vielmehr geht um ein Verfahren, mit dem man rasch Flughöhe abbauen kann. Diese Art des raschen und kontrollierten Höhenverlustes, ohne Beschleunigung der Maschine, wird auch Seitengleitflug genannt. Wenn man also ganz schnell zum Boden möchte, ist der Slip das geeignete Mittel der Wahl.

Dabei zeigt ein Flügel schräg nach unten, und die Nase des Flugzeugs hebt sich gegenläufig nach rechts oder links oben. Quasi ein seitlicher Krebsgang in der Luft. Der erste Slip war ein rasantes Erlebnis für mich. Es passierte gleich in einer der ersten Flugstunden. Wir fliegen zu einem für mich noch unbekannten Platz. Ich bin noch viel zu hoch in der Luft, um landen zu können. So würde das mit der Landung nichts werden. Der Fluglehrer übernimmt kurzerhand die Kontrolle über die Maschine. Binnen Sekunden hängen wir schief und schräg in der Luft und es geht gefühlt rasant abwärts. Der Boden kommt uns seitlich entgegen. Ich erschrecke mich, weil es so rasch geht und das Flugzeug verdreht schräg in der Luft hängt. Als wir die für die Landung erforderliche Höhe erreichen, übernehme ich wieder, richte die Cessna wieder gerade aus – zur Mitte der Landebahn hin. Ohne Hoppeln und Hopsen lande ich. Slippen ist die perfekte Technik, wenn es rasch und kontrolliert nach unten gehen soll.

Ob der exzentrische Buschpilotentrainer Milne Pocock, auch genannt Captain Crash, einen echten Slip unter dem lässig umgebundenen Handtuch trug, das abends seine einzige Bekleidung nach dem intensiven Flugtraining war, habe ich nicht herausgefunden. Vielmehr wollte ich das auch nicht so genau wissen. Captain Crash (gesprochen CieCie) war ausweislich der Ankündigung seiner Webseite bekennender fliegender Freikörperkulturfan. In seiner damaligen Flugschule in Barberton, Südafrika, wurde jeder Trainee für das Buschflugtraining in dem gemeinsam genutzten Wohnzimmer mittels einer kleinen Notiz darauf aufmerksam gemacht, dass Bekleidung in seinem Haus und im Gelände optional sei.

Neugierig habe ich nachgefragt, was das bedeuten soll und ob er erwarte, dass sich seine Gäste tatsächlich auch ohne Kleidung zeigten. Bereits auf seiner Webseite hatte ich diesen Hinweis gelesen und mich darüber ziemlich gewundert. Nun, jeder wie er möchte, war seine Antwort. Er selber würde es bevorzugen, möglichst wenig anzuhaben. Ja, er habe auch bereits einen Piloten gehabt, der nackt geflogen sei. Kein Problem, wenn ich das morgen auch mal testen wolle. Hätte ich vielleicht sogar in Erwägung gezogen, so als einmalige Erfahrung im Leben. Allerdings war es tagsüber sehr heiß und sonnig gewesen, und ich wollte dann doch nicht so gerne mit nackter Haut während des Fliegens am Sitz festkleben. *(S)*

Weil Trudeln Spaß macht

Das erste Mal getrudelt bin ich mit einem selbst gebauten Modellflugzeug. Ich hatte bei der vorhergehenden Landung wohl die Tragfläche beschädigt, und beim nächsten Start hatte der Flieger kaum meine Hand verlassen, als sich auf Baumwipfelhöhe die rechte Hälfte meiner Tragfläche verabschiedete und drei Monate Bastelarbeit sich nach zwei schnellen Trudelumdrehungen in einen Haufen Balsaholzsplitter und Elektroschrott verwandelten.

Viele Jahre später, das Modell hängt nach mehreren Flügen, Abstürzen, Umbauten und Reparaturen schon lange im Ruhestand an der Kellerdecke, stehe ich vor meinem Fluglehrer Falk. Die erste Trudeleinweisung im Motorflugzeug steht an. Die Tanks sind nur halb voll, und die Kiste mit Öl und Drainbecher, welche sonst immer hinten im Flugzeug steht, habe ich ausgebaut. »Damit die uns nicht an den Kopf fliegt, mien Jung«, hatte Falk das begründet. Kurz darauf stehen wir an der Startbahn, und es geht nach oben. Wir fliegen in die Kunstflugbox in der Nähe des Platzes, und dann geht es los. Wir besprechen noch einmal das korrekte Ausleiten: »Motor auf Leerlauf, Nase nach vorne, Seitenruder entgegen der Drehrichtung treten und dann sanft abfangen.« In der Theorie klingt das alles schon mal recht einfach. In 3.000 Fuß über Grund geht es dann los. Gas reduzieren, die Höhe halten. Wir werden langsamer. Schnell nähert sich der Fahrtmesser dem unteren Ende des grünen Bereichs. Die Stallwarnung beginnt bei ungefähr 55 kt zu pfeifen, wird lauter und lauter. Dann ist der grüne Bereich unterschritten. Das Flugzeug fliegt noch immer, aber die Nase zeigt inzwischen steil in den Himmel. Mit einem letzten Ruck zieht Falk das Steuerhorn zu uns heran, volles Querruder nach rechts und zeitgleich Seitenruder nach links, und endlich passiert es: Wir kippen ab. Beim ersten

Mal fühlt es sich noch ganz schnell an, die linke Tragfläche sackt nach unten weg. Die rechte Tragfläche rauscht nach oben, und dann stehen wir auf dem Kopf. Die Erde tief unter uns und direkt vor Augen. Es geht abwärts, das Flugzeug dreht links herum, die Erde, eben noch klar unter uns zu sehen, wird ein bunter Schleier.

Also los! Gas: Auf Leerlauf! Steuerhorn: Nach vorne! Seitenruder: Nach rechts! Sanft, aber gut spür- und steuerbar, hört die Drehung auf, und wir fliegen wieder, allerdings steil nach unten. Ein kurzer Blick auf den Fahrtmesser verrät: Alles noch in Ordnung. Sanft führe ich die Nase des Flugzeugs wieder an den Horizont, warte, bis sich die Geschwindigkeit normalisiert, und schiebe das Gas wieder nach vorne. Der Höhenmesser zeigt 2.300 Fuß, wir haben also 700 Fuß verloren.

Fünf Minuten später sind wir wieder auf 3.000 Fuß, und das Spiel beginnt von vorne. Dieses Mal leite ich das Trudeln selber ein. Querruder voll rechts, Seitenruder voll links, und schon geht es los. Sekunden später steht die Welt wieder kopf, doch diesmal weiß ich, was kommt, und es fühlt sich alles schon viel langsamer und besser beherrschbar an.

Wir trudeln an diesem Tag noch weitere drei Mal, und das Ausleiten klappt von Mal zu Mal schneller und entspannter. Als wir anschließend zum De-briefing im Café sitzen, sind mir zwei entscheidende Sachen klar:

Jeder Pilot sollte mindestens einmal in seinem Leben trudeln, um zu wissen, wie es sich anfühlt und wie man damit umgeht. Denn nur so kann man schnell und angemessen reagieren, sollte man je unbeabsichtigt in diese Situation kommen.

Es macht einen Riesenspaß! *(F)*

Weil man auf den Spuren
Elly Beinhorns wandeln kann

*Ich habe doch diese herrlichen, unabhängigen Zeiten
erlebt, als man am Himmel ganz für sich alleine war!
Ich hatte das Glück, in einer Zeit fliegen zu dürfen,
als das wirklich noch ein Abenteuer war.*

ELLY BEINHORN

Die Ausläufer der rot leuchtenden Dünen, einige von ihnen über
300 Meter hoch, zeigen wie Finger links und rechts zum breiten
Korridor hin, einer riesigen flachen Salz-Ton-Pfanne. Die imposanten Dünen tragen so schöne Namen wie Big Daddy und Big
Mama oder eine Nummer wie die Düne 45. Wir haben einen
perfekten Ausblick aus dem Cockpit unserer Cessna 182.

Ich schaue hinaus, bin gefangen von diesem fantastischen und
zugleich unwirklichen Anblick. Ich kann mich gar nicht sattsehen
an den Farbspielen. Alle paar Minuten verändern sich die Landschaft, die Anordnung der Dünen, der Felsen und die Farbtöne.
Ich erahne die urgewaltigen Kräfte, die bei der Entstehung dieser
Landschaften mitgewirkt haben müssen, und möchte diese Eindrücke für immer bewahren. Darüber fliegend verspüre ich eine
fast grenzenlose Freiheit und Glück.

So eine ähnliche Faszination und Glück mag auch sie empfun-
den haben, jene Elly Beinhorn, als sie 1931 ganz allein entlang der
endlosen Sahara nach Bolama (Insel des heutigen Guinea-Bissau)
geflogen ist. Mit 24 Jahren in einem mit Stoff bespannten Leicht-
flugzeug, ohne Funk, Radar und Navigationssystem durch halb
Europa 7.000 Kilometer bis nach Afrika zu fliegen – das ist auch
heutzutage ein von nur wenigen gewagtes Abenteuer.

Tief fasziniert und magisch angezogen von dem Kontinent Afrika hat sie – als eine der großen deutschen Flugpionierinnen – Fluggeschichte geschrieben. Ihre einzige Orientierung auf dem Flug war die Küstenlinie Westafrikas. Wenn man, wie ich, in Afrika gut ausgerüstet mit GPS, Funk und allerlei anderen elektronischen Hilfsmitteln fliegt, dann erscheint es kaum vorstellbar, wie sie das alleine gemeistert hat. Ich stelle mir immer wieder vor, was sie wohl auf diesen Flügen gedacht und gefühlt hat. Ob sie der Anblick der Wüste und der von der Zivilisation unberührten, weiten Landschaft – so wie mich – beflügelt hat.

Unter uns breiten sich die Wüstendünen bis zum Horizont aus. Ein unendlich scheinendes Meer aus Sand, Dünen, bizarren Hügeln, Felsen und Canyons zieht sich bis zum Horizont und, ich ahne es, noch sehr viel weiter. Wir fliegen in einer Cessna 182 über die Namib. Es ist eine der ältesten Wüsten der Welt mit dem Ruf, auch eine der unwirtlichsten Regionen der Erde zu sein. Ein optisches Schauspiel aus Licht und Farben, das sich endlos fortsetzt. Eine dramatische Sinfonie aus allen Abstufungen und Mischungen von Ocker-, Gelb-, Braun- und Rottönen. Über 700 Kilometer erstrecken sich die Dünenlandschaften entlang der Küste des eisigen Atlantiks.

Orte, an die Menschen noch nie einen Schritt gesetzt haben, unwegsam und auf dem Landweg unerreichbar, ihre einzigartige Schönheit nur offenbarend beim Überflug. Die einzigen aus dem Flugzeug sichtbaren Bewohner sind Springböcke und die elegante Oryxantilope, das Wappentier Namibias. Letztere ist gut erkennbar an den langen Hörnern, die wie Spieße ihren Kopf zieren. Perfekt angepasst an das Leben in der Wüste, kann sie längere Zeit ohne Wasser auskommen und große Hitze vertragen.

Mit meinem Pilotenfreund Florian aus München hatte ich 2017 die Idee, eine Flugtour durch Namibia von Südafrika aus zu machen. Mit einer gecharterten Cessna 182 geht es zwei Wochen von Robertson nahe Kapstadt quer durch Namibia und zurück.

Fliegen in Afrika hat etwas Magisches, alles fühlt sich anders an als in Europa, alleine die Dimensionen sind gewaltig. Jeden Tag gibt es neue unerwartete Herausforderungen. Eine Planung für eine Route und ein Ziel ist nur so gut, wie sie flexibel angepasst oder ganz umgeschmissen werden kann. Genehmigungen für Überflüge sind einzuholen. Die manchmal überbordende Bürokratie erfordert oftmals viel Geduld, Humor und Langmut.

Das Landen in Steppe und Wüste auf den kleinen Landebahnen der Unterkünfte in menschenleerer Landschaft ist stets ein Erlebnis der eigenen Art. Da sich die Pisten zur Landung oftmals etliche Meilen entfernt von den Lodges befinden, dreht man vorher besser zuerst eine Runde über den Gebäuden. So angekündigt, steht der Abholer meistens mit Wagen bereits am Airstrip bereit, wenn man gelandet ist. Jede Landung ist eine erneute Herausforderung, erst einmal gilt es die Piste überhaupt zu entdecken. Die befestigten Sand- und Schottersteinpisten, die sich in der Farbe nur wenig von der Umgebung abheben, sind gut getarnt. Ein tiefer Überflug vor der Landung ist obligatorisch. Haben womöglich die possierlichen Erdmännchen ihr Behausungssystem durch weitere Ausgänge auf die Piste vergrößert? Sind andere Tiere auf der Bahn unterwegs? Woher weht der Wind? Am Boden sind die Windsäcke an den Landepisten meistens gut sichtbar, im Anflug wird daraus rasch ein Suchspiel.

Die Windrichtung ist – bei dem meist recht kräftigen Wind in diesen Gegenden – für eine sichere Landung entscheidend. Gelandet wird stets gegen den Wind. Ist kein Windsack zu sehen, dann gilt es, anhand von aufgewirbeltem Staub, Blättern oder wenn man Glück hat von sichtbaren Rauchfahnen in der Luft eine Entscheidung über die Windrichtung zu treffen.

Die Dimensionen sind schwer einzuschätzen, rundherum ist viel freies weites Gelände. Bergmassive ziehen eine besondere Thermik nach sich oder Verwirbelungen in der Luft. Riesige Entfernungen machen eine genaue Kalkulation der Flugbenzinvorräte unabdingbar. Zu Beginn unserer Tourenplanung habe ich alle erhältlichen Flugnavigationskarten von Namibia zu Hause auf dem Boden ausgelegt. Der Fußboden meines recht großen Wohnzimmers war gut abgedeckt damit. Weitestgehend dominieren die Farben Braun und Gelb auf den Karten. Wüsten, Steppen und Felsenlandschaften sind durchzogen von Bergketten, Hochplateaus und Flüssen, Letztere bilden gute Orientierungspunkte. Namibia ist riesig, mehr als zweimal so groß wie Deutschland. Von den nur etwa 2,48 Millionen Einwohnern leben die meisten in Windhoek. Visuelle Orientierung im Flug ist schwierig, da es kaum markante Landpunkte gibt. Wie gut, dass wir GPS haben und die elektronische Flugplanungssoftware zuverlässig funktioniert.

Einmal mehr denke ich an die großartigen Leistungen von Elly Beinhorn, die einen solchen Luxus nicht kannte und ohne Hilfe die ganze Welt umrundet hat. *(S)*

93. Grund

Weil eine volle Blase kein Grund für eine Sicherheitslandung ist

Jeder, der schon einmal eine Flugzeugtoilette von innen gesehen hat, legt vermutlich keinen gesteigerten Wert darauf, dieses Erlebnis besonders häufig zu wiederholen. Es ist eng, unbequem und im Zweifel auch nicht besonders sauber. Wenn es jetzt noch schaukelt, ist es ganz vorbei. In kleinen Flugzeugen sieht das Ganze jedoch noch einmal komplett anders aus.

Fliegt man mit mehreren Personen in einer Maschine, empfiehlt sich im Falle des dringenden Bedürfnisses doch die Landung am nächstgelegenen Flugplatz. Dieser sollte dafür optimalerweise auch geöffnet sein. Grundsätzlich kann ein Pilot, wann immer er der Meinung ist, dass die sichere Fortführung des

Fluges nicht mehr gewährleistet ist, eine sogenannte Sicherheitslandung durchführen. Im Zweifel auch auf dem nächstgelegenen Feld, auch wenn sich hier das erneute Starten doch häufig etwas schwieriger gestaltet. Ein guter Grund für eine Sicherheitslandung sind beispielsweise Motorprobleme oder andere schwerere technische Probleme, auch schlechtes Wetter kann zu einer Sicherheitslandung zwingen. Aber ich möchte nicht in der Haut des Piloten stecken, der auf dem abgesperrten Militärflugplatz landet und dann damit argumentiert, dass die Blase voll war. In voll besetzten Sportflugzeugen bieten sich also regelmäßige geplante Stopps an.

Natürlich gibt es auch an Bord Lösungen für das Problem, nur sollten sich alle Beteiligten schon recht gut kennen, wenn man zu mehreren fliegt, ansonsten lernen sie sich sehr gut kennen. Fliegt man hingegen alleine, stellt das zumindest für den Mann meist kein größeres Problem dar. Zumindest, sofern das richtige Behältnis zur Hand ist, und ein bisschen akrobatisches Geschick gehört dann auch noch dazu. Die leichte Liegeposition in einem Segelflugzeug macht das Ganze nämlich leider nicht einfacher, und in den meisten Sportflugzeugen ist die Sitzposition auch nicht viel besser.

Das richtige Behältnis sollte somit also nicht unterschätzt werden. Der Fachhandel bietet hier Lösungen an, auch für Frauen übrigens. Ansonsten eignen sich die Plastik-Trinkflaschen hervorragend dazu, sie erst zu leeren und dann später wieder aufzufüllen. Insgesamt ist es doch recht empfehlenswert, auf geplanten langen Touren etwas dabeizuhaben. Ein Kollege von mir hat beispielsweise einmal für einen Freund ein Flugzeug überführt. Der Flug sollte knapp fünf Stunden dauern, und nach ca. drei Stunden Flugzeit regte sich ein erstes Bedürfnis nach einer Toilette. Nach einer weiteren Stunde härter werdenden Kampfes begann dann eine kurze und ergebnislose Suche nach einem Gefäß. Der einzige an Bord befindliche Behälter war eine noch volle Öldose. Nach

weiteren zehn Minuten begann das Fenster verlockend auszusehen, war aber aufgrund mangelnder akrobatischer Vorerfahrung
unerreichbar. Alle Flugplätze in der Umgebung lagen mindestens genauso weit entfernt wie das Ziel. Als die Not dann immer
größer wurde, fasste er eine Entscheidung. Sekunden später flog
das Öl aus dem Fenster. Die so geleerte Dose reichte leider nicht
komplett, und so wurde die Dose noch einmal aus dem Fenster
geleert. Der Tag war gerettet, und mein Kollege landete eine knappe Stunde später sicher an seinem Zielort.

Jetzt muss man nur leider wissen, dass durch den Propeller die
Luft in einer Art Wirbelbewegung um das Flugzeug strömt. Es
braucht nicht viel Fantasie, um zu erahnen, wo ein Großteil des
Öls und des Urins gelandet ist. Fassen wir es damit zusammen,
dass er am Ende länger das Flugzeug geputzt hat, als der vor-
hergehende Flug gedauert hat, und er auch noch einige Fragen
vom überraschten Besitzer über sich ergehen lassen musste. Eine
Sicherheitslandung wäre trotzdem schwerer zu erklären gewesen. *(F)*

94. Grund

Weil ein Flugzeug nicht vom Himmel fällt, wenn der Motor ausgeht

»Florian, deine nächsten Gäste sind schon da und stehen dort
drüben.« – »Super, vielen Dank dir.«

Hamburg-Rundflug Nummer vier für heute. Nach kurzer Vorstellung gehen wir zum Flugzeug, und da kommt sie auch, die
Frage, die ich heute schon dreimal gehört habe, genauso wie an
so vielen vergangenen Tagen und an so vielen noch kommenden
Tagen: »Ist das denn sicher? Was, wenn der Motor ausfällt?« Meist
vorgetragen mit einem Unterton, der zweifellos Belustigung aus-

drücken soll. Oft bietet dann noch ein Mitflieger oder besser noch ein Verwandter (der natürlich am Boden bleibt, weil es ja »leider« nur drei Plätze gibt) Hilfe mit dem Satz: »Ach, mach dir keine Sorgen, runter kommen sie immer.« Dies wird dann noch mit einem Lachen unterlegt, von dem ich nicht weiß, was es ausdrücken soll.

Je nach befragter Statistik hat jeder vierte bis jeder fünfte Mensch Flugangst, und da solche Fragen meist aus einer solchen Angst, einer Unsicherheit oder manchmal auch aus wirklicher Neugier gestellt werden, antworte ich jedes Mal ernsthaft darauf.

Denn was passiert eigentlich, wenn der Motor ausgeht?

Um es kurz zu machen: nicht wirklich viel. Es wird deutlich leiser, ein paar Instrumente zeigen außer 0 nicht mehr viel an, und aus unserem Motorflugzeug ist nun ein Segelflugzeug geworden.

Und jetzt? Was nun folgt ist eine Übung, die jeder Flugschüler schon in der Ausbildung immer wieder übt: eine Ziellandung.

Wenn aus einem Motorflugzeug ein Segelflugzeug wird und dieses nicht dafür konzipiert wurde (Motorsegler), dann segelt es zwar, aber nicht auf dem gleichen Leistungsniveau wie echte Segelflugzeuge. Diese erreichen Gleitzahlen von 1:40 und mehr. Das bedeutet, dass sie in ruhigen Verhältnissen aus einem Kilometer Höhe ca. 40 Kilometer weit segeln können. Unserer Rundflugcessna 172 sind solche Werte nicht beschieden. Für uns geht es nach einem Motorausfall mit einer Gleitzahl von ungefähr 1:8 bis 1:10 zurück gen Erde. Wenn wir davon ausgehen, dass wir in 2.000 Fuß, also ca. 610 Meter Höhe, fliegen, kommen wir also noch ca. 5–6 Kilometer weit. Wir sinken dabei mit ungefähr 500 Fuß die Minute, haben also vier Minuten Zeit, bis wir aussteigen und uns eine Kneipe mit Kegelbahn suchen können, wie es ein Kollege von mir einmal formuliert hat.

Der Ablauf dieser vier Minuten ist in etwa immer gleich. Als Erstes suchen wir uns ein schönes Feld. Dies ist hier bei uns im Hamburger Umland eigentlich keine große Kunst. Wenn es noch entgegen der Windrichtung liegt und vielleicht sogar ein frisch abgeerntetes Getreidefeld ist, optimal. Parallel zu dieser Suche verringern wir unsere Geschwindigkeit auf die des besten Gleitens, um aus unseren vier Minuten auch die optimale Strecke herauszuholen. Während wir nun gemütlich in Richtung unseres ausgewählten Feldes segeln, können wir uns je nach verbleibender Höhe noch anschauen, ob wir unseren Motor nicht doch überreden können, seinen Dienst wieder aufzunehmen. Gelingt dies nicht oder die Höhe reicht nicht aus, stellen wir unseren Transponder auf 7700 (Notfall). Dann informieren wir die entsprechende Stelle über Funk (entweder auf der Notfrequenz 121,500 mHz oder auf einer Flughafen-/ Informations-Frequenz). Hier werden dann eventuell notwendige Hilfemaßnahmen eingeleitet. Wenn alles gut gelaufen ist, befinden wir uns nun im Endanflug auf unser ausgesuchtes Feld. Noch kurz die Gurte festziehen, den Passagieren sagen, dass sie sich gut festhalten sollen, Benzinhahn zu, Zündung aus, Hauptschalter aus, Türen entriegeln, ELT (Notfunkpeilgerät) an, und schon landen wir hoffentlich sanft auf dem Feld unserer Wahl. Wenn wir von einer sauberen Landung und sagen wir 10 Knoten Gegenwind ausgehen, setzen wir mit ungefähr 50 km/h auf. Es spricht also nichts dagegen, dass wir im Anschluss an eine solche Notlandung alle entspannt aussteigen und uns die besagte Kneipe mit Kegelbahn suchen, bis wir abgeholt werden.

Die etwas kürzere Antwort für meine besorgten Passagiere lautet für gewöhnlich: »Dann segeln wir zu Boden und müssen mit dem Taxi zurückfahren. Taxi, Kaffee und Kuchen sowie der nächste Flug gehen dann auf mich. Dies ist aber bisher noch nie passiert.« *(F)*

7. Kapitel

Landung

Weil man Tundrareifen testen kann

Die Träume, sie erschaffen nicht die Wünsche,
sie wecken die vorhandenen.

Friedrich Hebbel, dt. Dramatiker und Lyriker

Genauso ist es für mich. Die Pilotenlizenz in der Tasche inspiriert meine Träume vom Fliegen in anderen Ländern. Nach ersten eigenen USA-Flugtouren in Florida ergibt sich die Gelegenheit, auch einige Gegenden von Alaska kennenzulernen. Also, auf geht es nach Alaska per Linienflieger aus Deutschland. Ich bin sofort begeistert von der Weitläufigkeit, der Einsamkeit und der Natur.

Die Aussicht, in Kürze hier bald selber zu fliegen, hilft mir einigermaßen über die zehn Stunden Zeitverschiebung hinweg. Don, der schnauzbärtige Besitzer der Flugschule in Talkeetna, sieht genau so aus, wie ich mir einen etwas verwitterten Trapper vorstelle, der sämtliche Überlebenstricks der Tundra und Wildnis beherrscht.

Er hat in seinem Leben bereits alle Flugzeugtypen geflogen, die in den letzten Jahrzehnten in Alaska zum Transport für Menschen verfügbar waren. Jetzt lässt er es meistens etwas ruhiger angehen und bringt anderen Piloten die Tricks und Kniffe der Fliegerei in der Wildnis Alaskas bei. Auch ungeübte Flugnovizinnen wie ich mit frischer Lizenz in der Tasche können bei ihm zumindest eine gewisse Ahnung davon bekommen, was Buschfliegen bedeutet.

Und genau das ist mein Plan. Los geht es mit seiner Super Piper Cub, einer robusten zweisitzigen Propellermaschine, für den Einsatz im Busch bestens gerüstet durch zwei riesige Ballonreifen. Diese für Alaska typischen Flugzeugreifen erweisen sich perfekt für Landungen im Gelände. Ein erster Flug geht zum Denali-

Nationalpark, wir umkreisen den 6.190 Meter hohen Gipfel des Denali (bis 2015 Mount Mc Kinley). Die Sicht ist brillant, wir können unendlich weit übers Land schauen. Der Wind ist handzahm, und die Sonne zeigt sich zwischen den wenigen Wolken, perfektes Flugwetter. Unter mir türmen sich gewaltige Gletscher und Schneeberge auf, zerfurcht von Spalten und Gräben. Sie umfließen als überdimensionale ewige Eisströme das Denali-Bergmassiv und erstrecken sich bis tief in die umliegenden Täler, sommers wie winters.

Die starke Thermik über den Schnee- und Eisfeldern lässt das Flugzeug wie ein Spielball auf und ab tanzen in dieser lebensfeindlichen Bergwelt ohne Spuren von Zivilisation. Es ist mir ein Rätsel, wie ich mich orientieren soll. Nach dem Abflug aus Talkeetna sieht die Landschaft für mich sehr gleichartig aus, ohne markante Orientierungspunkte.

Seen über Seen, Flüsse und unendliche Wälder, meistens Birken, deren Blätter sich bereits anfangen gelblich zu verfärben. Der kurze Sommer der Tundra neigt sich bereits dem Ende zu. Auch auf den Kompass ist in dieser Gegend der Welt nicht unbedingt Verlass, da magnetische Ablenkungen die Anzeige verfälschen. Ein atemberaubendes Abenteuer, am besten denkt man erst gar nicht darüber nach, wo man bei einem Motorenausfall eine Notlandung machen könnte. Aber mit Don als Mitflieger bin ich davon überzeugt, dass er selbst auf einer Nadelspitze würde landen können.

Nach dem tollen Luftausflug in den Denali-Park bin ich eingestimmt auf das Buschfliegen. Nach ein paar Theoriestunden zu den Besonderheiten des Fliegens in diesem Klima und dieser Landschaft geht es los, wir fliegen Richtung Westen. »*You have controls*«, der Steuerknüppel ist meiner. Unter uns sehe ich einen Fluss, durchzogen von Sandbänken in seiner Mitte, gesäumt an den Ufern von Bäumen und Büschen, es fehlt nur noch, dass ein paar Bären am Ufer auftauchen. Die erste Übung ist eine Landung

auf einer der Sandbänke im Fluss. Es gilt den möglichen Lande-
platz vorher zu überfliegen, um zu prüfen, ob irgendwo größere
Äste oder Steine auf dem Sand liegen. Der Sand sollte auch möglichst von einer festen Beschaffenheit sein, sonst drohen selbst
die dicken Tundrareifen einzusinken. Ohne Hilfe von außen kämen wir dann wahrscheinlich nicht mehr weg. Das Schwierigste
ist es für mich, die Windrichtung zu bestimmen. Aufmerksam
beobachte ich mögliche Blätterbewegungen am Boden und das
Kräuseln auf der Wasseroberfläche. Die Kurzlandung sollte ja
möglichst in den Wind erfolgen, um so wenig Strecke wie möglich zum Anhalten zu brauchen. Mit etwas Unterstützung von
Don gelingt das Landen mitten im Fluss.

Wir fliegen in den nächsten Tagen in Wäldern verborgene
Landepisten von Holzfällerfirmen an, landen immer mal wieder
im Gelände, und ich komme mir bereits wie eine halbe Busch-
fliegerin vor, wenn ich nach dem Aussteigen die dicken Tundrareifen auf mögliche Schäden untersuche. Doch vom Alleinfliegen bin ich ganz weit entfernt, jahrelanges Training und viel
Erfahrung sind erforderlich, um sich souverän in der Wildnis
zu bewegen. *(S)*

96. Grund

Weil die Straße/Autobahn
für die Landung gesperrt wird

Gerne befolge ich den Ratschlag meines Lieblingsfluglehrers:
Fliege gerade am Anfang so viel und so oft es geht, damit du
Routine bekommst. Gesagt und getan, so führt mich meine
bereits voll ausgebrochene Flugleidenschaft weg vom Heimat-
flugplatz nach Jerez de la Frontera in Spanien. Ganz brav per
Linienflug, begleitet von zwei Freunden, die ausgerechnet Flug-

angst haben und nicht vorhaben, mich auf meinen Flugtouren zu begleiten.

Die beiden erkunden die nähere Umgebung von Jerez bevorzugt am Boden, während ich mit einer einmotorigen Piper PA-28 Warrior der dortigen Flugschule in den Bergen mit den Adlern um die Wette kreise – oder die endlosen Strände der Costa de la Luz entlangfliege. Ein Safety Pilot begleitet mich und übernimmt das Funken, so sind die Touren für mich gut machbar. Ganz alleine zu fliegen hätte ich mir auch nicht zugetraut.

Das kleine Gibraltar lockt uns zu einem Tagesausflug in britische Kultur unter südspanischer Sonne. Hier herrschen die Queen und das Britische Pfund, Fish and Chips, Apple Pies statt spanischer Tapas bestimmen das kulinarische Angebot. Die einzigen in Europa frei lebenden Affen auf dem berühmten Felsen von Gibraltar freuen sich über Besucher, so manche Kamera oder Sonnenbrille hat dort in den flinken Affenhänden ihr jähes Ende gefunden. Die Briten sind jedoch, milde ausgedrückt, nicht gerade erpicht auf Besuche von Flugzeugen aus Spanien.

Es gilt im Vorfeld einige bürokratische Hürden zu überwinden und mit Geduld und Nachhaken an der Erteilung der erforderlichen Genehmigungen zu arbeiten. Ein weiterer guter Freund und Pilot ist zwischenzeitlich aus Hamburg eingetroffen. Er hat definitiv keine Flugangst und begleitet unsere Expedition in die britische Enklave als Sicherheitspilot. Ich bin ja mit meinen knapp 50 Flugstunden noch gar nicht auf dem Radar der Pilotenszene und freue mich, dass ich auf diese Weise eine solche Tour bereits fliegen kann.

Der von Flugangst geplagte andere Freund wird mit Beruhigungs- und Antiübelkeitspillen versorgt und überredet, als Passagier mitzukommen. Was für ein Anflug über die Bucht vor Gibraltar – direkt auf den berühmten Affenfelsen zu! Unter uns liegen zahlreiche große Container- und Tankschiffe im Wasser. Genaues Navigieren ist angesagt, die vorgegebene Route ist unbedingt einzuhalten, wenn wir Ärger mit den Fluglotsen vermeiden möchten. Im klarsten britischen Englisch erhalten wir unsere Einfluggenehmigung in den Luftraum von Gibraltar. Was für ein Kontrast zu dem oft schwer verständlichen Englisch der spanischen Lotsen.

Die Landebahn wird mangels Platz in der kleinen Ebene auf Höhe des Meeres direkt von der Winston Churchill Avenue gekreuzt. Diese stark befahrene vierspurige Straße ist auf dem Landweg die einzige Verbindung zwischen beiden Ländern. Vor jeder Landung wird diese Straße auf beiden Seiten der Piste gesperrt für Autos und Fußgänger, das ist einmalig auf der Welt.

Im tiefen Landeanflug kann ich den sich rasch bildenden Stau der Fahrzeuge vor den Schranken auf beiden Seiten links und rechts der Landebahn sehen, den wir verursacht haben. Lässig rollen wir nach dem Aufsetzen über die gesperrte Straße, machen ein paar Schnappschüsse von den langen Autoschlangen links und rechts. Die Autos müssen warten, bis wir von der Piste abgerollt sind. Das ganze Schauspiel ist in der Landegebühr mit drin.

Ich bin wie elektrisiert und schwer beeindruckt, alleine dieser tiefe Anflug über das Wasser hat es mir angetan: die Tankerschiffe fast streifend, die britische Stimme des Lotsen im Ohr, der seine Anweisungen spricht, den riesigen Felsen von Gibraltar rechts neben uns aufragend. Der Dritte im Bunde hat sich trotz Flugangst auf dem hinteren Sitz gut gehalten und ist ebenfalls begeistert. Wir absolvieren die Passkontrolle, es geht ja auf britisches Gebiet. Wir erklettern den Affenfelsen, die Kameras fest in den Händen haltend, die Affen haben bei uns keine Chance auf Beute. Der Verkehr auf der Winston Churchill Avenue rollt wieder, wie wir von oben gut erkennen können. Bis wir zum Rückflug starten … *(S)*

97. Grund

Weil man sich manchmal wünscht, am Boden zu sein, wenn man fliegt, und manchmal wünscht zu fliegen, wenn man am Boden ist

Wie oft stehe ich am Boden, über mir der strahlend blaue Himmel, nur bevölkert von vereinzelten Kumuluswolken und hoch über mir der dünne Kondensstreifen einer Langstreckenmaschine auf dem Weg nach wer weiß wohin. Mein Gedanke dabei: »Wie schön wäre es jetzt, da oben zu sein und auf meinen Balkon herabzublicken und auch zu fliegen.«

Doch leider gibt es auch die Tage, an denen man fliegt und sich denkt: »Wie schön wäre es jetzt, dort unten zu sitzen, warm und trocken, und nach oben zu schauen und sich dabei zu fragen, wieso man bei dem Wetter denn fliegen gehen muss.«

Einer dieser Tage war im Sommer vor ein paar Jahren. Wir waren auf einem Ausflug nach England, und aufgrund der schlechten Wetterprognose für den übernächsten Tag entschieden wir uns für den Heimflug am nächsten Morgen. Noch kurz das Wetter checken. Fazit: Nicht schön, aber fliegbar. 15 Minuten später sind wir in der Luft und auf dem Weg in Richtung Küste, die Sicht zwar etwas diesig, aber bei einer Wolkenuntergrenze von über 1.500 Fuß alles noch sehr entspannt. Das erste Mal wirklich schlecht wird es über dem Kanal, beim Übergang von Dover nach Calais. Durch die kalte Meeresluft liegen hier vereinzelte Wolken in 700 Fuß, und nur mit geschicktem Slalom und deutlichem Höhenverlust kommen wir in Calais an. Hier sind die Wolken wie vorhergesagt dann auch schon wieder deutlich höher, und so geht es mit kurzem Zwischentanken in Holland weiter in Richtung Deutschland. Ein großes Stück in Holland sind wir durch einen darüberliegenden Luftraum gezwungen, in 1.200 Fuß zu fliegen, sodass es kaum auffällt, dass wir wetterbedingt sowieso nicht höher kommen würden.

Kurz vor der deutschen Grenze wird das Wetter dann endgültig norddeutsch, aus dem leichten Nieseln wird Regen, aus 1.000 Fuß Wolkenuntergrenze werden 700 Fuß, und Sicht über 5 km gab es die letzte halbe Stunde schon nicht mehr. Doch die schlimmste Nachricht kommt erst nach der Landung: »Das Restaurant hat heute bei dem Wetter leider schon geschlossen.« Also tanken wir auf und warten hungrig auf Wetterbesserung. Nach 1 ½ Stunden des Wartens und intensiven Telefonaten mit der Flugwetterberatung sieht es machbar aus, und wieder starten wir in einen grauen, wolkenverhangenen Himmel.

Nichts erinnert mehr an den warmen und entspannten Hinflug, die Windräder, welche vorher lustige Hindernisse weit am Horizont waren, tauchen bei solch schlechter Sicht und Wolken, die zum Flug in 500 Fuß zwingen, nun wie bedrohliche Riesen aus der in graue Watte gepackten Welt auf. Greifen scheinbar mit ihren Armen nach der kleinen Maschine, nur um dann wieder hinter uns im Dunst zu verschwinden. Die Welt, auf dem Hinflug ein wunderschöner Flickenteppich aus grünen Wiesen und gelben und braunen Feldern, erscheint nun, aus nur noch 500 Fuß, in ein dunkles Grau und in Sprühregenschleier gehüllt, gänzlich unvertraut und feindselig. Nach etwas über 30 Minuten dann: »Da vorne, den Turm kenne ich.« Gleich muss die Elbe kommen. Und tatsächlich schält sich das graue Band der Elbe wenige Minuten später aus dem regendurchzogenen Dunst des Horizonts. Erleichterung breitet sich aus, und ich merke, wie die konzentrierte Anspannung nachlässt. Die Elbe sehen bedeutet sichere Landung in Uetersen. Wir verabschieden uns von Bremen-Information und melden uns zur Landung an. Mit dem etwas verwunderten Kommentar, dass heute niemand mit uns gerechnet hat und wir insgesamt auch die einzige Flugbewegung des Tages sind, fliegen wir in die Platzrunde ein. Wenige Minuten später berühren die Räder den Boden, und wir rollen durch den vom Regen aufgeweichten Boden zur Halle. Bei dem Versuch, das Gepäck einigermaßen trocken in die Halle und ins Auto zu befördern, resümieren wir, dass das definitiv einer der Tage ist, an denen es schöner ist, am Boden zu sein. *(F)*

98. Grund

Weil es überall nette Flughafenmitarbeiter gibt

Grundsätzlich gilt für Flughafenangestellte das, was für alle Menschen gilt. Bist du freundlich und höflich zu ihnen, sind sie das meistens auch zu dir. Das absolute Highlight bisher habe ich jedoch auf dem Flughafen Tanger in Marokko erlebt.

Nach unserer Landung sind wir etwas unsicher, wie wir uns zu verhalten haben, da wir uns vorher auf einem Platz in Spanien keine fünf Meter vom Flugzeug entfernen durften und die gigantische Strecke von ca. 50 Metern mit einem Shuttlebus gefahren wurden. Hier scheint das jedoch keinen zu stören, und so laufen wir fünf Minuten später mit unserem Gepäck über das Vorfeld, vorbei an einer Boeing 747, welche gerade entladen wird, immer in Richtung des »gelben C«, jenes Schildes, welches auf Flugplätzen die Flugleitung markiert und wo man Landegebühren und ähnliche Notwendigkeiten hinter sich bringt. Auf dem Weg kommt uns mit ernstem Blick ein Polizist entgegen. »Oh, hätten wir vielleicht doch nicht einfach übers Vorfeld laufen sollen?« Aber nein, freudestrahlend begrüßt er uns, zeigt uns noch den Weg zur Flugaufsicht und entschwindet dann lächelnd in Richtung eines anderen wartenden Flugzeugs. Bei der Flugaufsicht angekommen, geht die freundliche Begrüßung weiter. Alle sind begeistert ob der Tour, die wir gemacht haben. Ein paar von den Jungs waren schon mal in Deutschland im Urlaub und erzählen enthusiastisch, wie gut ihnen München oder im anderen Fall Berlin gefallen haben. Nachdem die Formalitäten erledigt sind, werden wir mit den besten Wünschen für unseren Aufenthalt zur Ankunftshalle geleitet, wo wir die üblichen Einreiseformalitäten hinter uns bringen müssen.

Auch hier sitzt wieder ein begeisterter junger Mann hinter dem Schalter, welcher uns beim Kontrollieren der Pässe Reisetipps gibt und uns empfiehlt, doch noch ein bisschen länger zu bleiben und vielleicht nach Marrakesch weiterzufliegen. Während wir dann hinter dem Stand des Beamten auf den Rest der Gruppe warten, kommt wieder ein energisch aussehender Grenzbeamter auf uns zu, und für einen Moment fragen wir uns, ob man hier vielleicht nicht stehen darf, bis sich sein ernstes Gesicht in ein breites Grinsen verwandelt. Wieder gibt es Reisetipps und Restaurantempfehlungen. Gepaart mit der Versicherung, dass Tanger eine tolle und sichere Stadt ist, dafür stünde er mit seinem Namen. Als er dann noch erfährt, dass einer unserer Mitflieger in Deutschland Polizist ist, kennt die Begeisterung keine Grenzen mehr. Wir werden per Handschlag verabschiedet und sollen uns melden, wenn wir irgendetwas wissen möchten oder Hilfe brauchen.

Bei unserer Rückkehr zwei Tage später nach einem wirklich spannenden und kulinarisch sehr lohnenswerten Aufenthalt ist die Begrüßung wieder ähnlich herzlich. Ob wir denn eine schöne Zeit hatten, wir müssten unbedingt wiederkommen und diesmal länger bleiben, noch einmal wird uns ein Weiterflug ins Inland nahegelegt, und zum Schluss geht es wieder zur Flugaufsicht.

Hier sitzen diesmal drei neue Gesichter, welche aber nicht weniger freundlich sind und uns sofort mit allen aktuellen Wetterdaten versorgen. Der Herr aus der Wetterberatung kommt sogar noch einmal persönlich vorbei, um uns über ein kleines Schlechtwettergebiet auf unserer Route aufzuklären und dass wir es vermutlich komplett umgehen können, wenn wir unseren Abflug noch um eine halbe Stunde nach hinten verlegen. Nach diesem intensiven Briefing und noch mehreren Hinweisen auf zwei Sperrgebiete, welche es im Abflug zu umfliegen gilt, machen wir uns nach einem herzlichen Abschied auf den Weg zu unseren Flugzeugen und verlassen mit dem Abheben einen der Flughäfen mit den freundlichsten Mitarbeitern, dich ich bisher erlebt habe. *(F)*

99. Grund

Weil Fliegen hungrig macht

Die Kellnerin balanciert drei gut gefüllte Teller zu unserem Tisch draußen vor dem Restaurant mit Ausblick aufs nahe Wasser. Zweimal die Riesencurrywurst mit Pommes und ein Salat mit Krabben. Der Flug hat uns hungrig gemacht, und vor der Kulisse des Meeres schmeckt es einfach noch mal so gut. Unschwer zu erraten, dass der Salat für mich ist.

Meine beiden Pilotenfreunde mögen es gerne deftiger, und offensichtlich ist ihr Hunger deutlich größer als der meinige. Fliegen und die damit verbundene Konzentration machen großen Appetit. Oder ist es einfach der Aufenthalt in der Luft und am Meer? Ein Flugausflug wird für mich so zum perfekten Vergnügen. Ausreichend Zeit am Zielort zu haben, um gemeinsam mit meinen Mitfliegern auf einen kleineren oder auch größeren Happen in ein Restaurant oder ein Café einzukehren. Das rundet einen gelungenen Ausflugstag ab.

Es ist Zeit zum entspannten Plaudern und zum Austausch, bevor es weitergeht zum nächsten Ziel. Vor einem Weiterflug tauschen wir die Plätze im Flieger, sodass jeder Pilot eine Strecke fliegen kann. Am schönsten finde ich die Einkehr auf den Nordseeinseln, die wir von Uetersen aus gut anfliegen können. Eine knappe Stunde Flug, und Föhr ist in Sicht. Der Strand von Wyk, gepunktet mit vielen Strandkörben, leuchtet hell und liegt unter mir, fast zum Greifen nahe. Der Anflug auf die Graslandebahn, eingerahmt von Bäumen, erfolgt über das Wattenmeer der Nordsee. Ob bei kräftigem Wind oder bei Windstille, der Platz hat seine Tücken und fordert bei der Landung die ganze Aufmerksamkeit des Piloten.

Den einen oder anderen Flieger hat es im Laufe der Jahre in die Bäume gedrückt, zum Glück meistens ohne Schaden für die Insassen. Auf dem Turm am Platz liegt ein Buch mit Fotos der Unfälle bereit, nach dessen Durchsicht der nächste Anflug noch konzentrierter erfolgen wird. Linkerhand im Meer ist Amrum zu sehen, jedoch nur per Fähre erreichbar mangels Flugplatz. Obwohl man sicherlich auf dem wunderbaren Sandstrand gut landen könnte. Das ist jedoch streng verboten und wäre lediglich im absoluten Notfall eine Option.

Unter mir ragen die Halligen aus dem Wattenmeer auf. Sie sind bei Ebbe als große bräunlich grüne Hügel mit ihren kleinen Siedlungen besonders gut sichtbar. Eine Fähre fährt auf den Hafen von Wyk zu durch die Fahrrinne, die auch bei Ebbe ausreichend Wasser führt. Der Gegenanflug zur Piste 20 verläuft bereits über Land. Links bleiben die Siedlungen von zwei kleinen Örtchen liegen, dann geht es herum und runter.

Ein letzter Hüpfer über die Baumreihe am Anfang der Bahn, und es stehen glatte 660 Meter zum Landen zur Verfügung. Fast jeder Pilot ist hier schon mal durchgestartet, da er sich verschätzt hat mit der Anfluggeschwindigkeit und der Bahnlänge. Die Landung klappt auf Anhieb, wir rollen nach links ab Richtung Turm und stellen den Flieger ab. Urlaubsfeeling macht sich breit, Sonnenbrillen und Sonnencreme griffbereit, steigen wir auf die Leihfahrräder, und los geht's zum Wasser und zum Essen. Gut gestärkt geht es weiter, einen kleinen Hüpfer übers Wasser später gleiten wir durch die Luft hoch über den breiten langen Strand von St. Peter Ording.

Jede Menge Kitesurfer sind auf dem Wasser unterwegs. Zeit für einen Cappuccino mit leckerem Kuchen auf dem hiesigen Flugplatz. Glücklich und sonnenbeschienen sitzen wir nach der Landung direkt am Platz draußen. Dann geht es zurück, wir nehmen das Urlaubsgefühl des Ausflugs mit in die kommende Woche. Die Erinnerung an den Tag zaubert ein breites Lächeln in mein Gesicht. Wie gut, dass der Sommer noch vor mir liegt, die Inseln mit ihren Cafés und Restaurants gerade erst aus ihrem Winterschlaf erwachen und uns erwarten. Fliegen macht hungrig. *(S)*

100. Grund

Weil Landen und Ankommen unglaubliche Gefühle sind

Ankommen ist ein beglückendes Gefühl. Das Ziel erreicht zu haben, endlich da zu sein, das ist der vollkommene Moment. Doch vor dem Glücksmoment der Ankunft auf einem Flugplatz kommt die Landung. Die Kunst des richtigen Landens ist wahrscheinlich der schwierigste Teil eines Fluges. In etlichen Büchern über das Fliegen wird ausführlich darüber philosophiert, wie die perfekte Landung ablaufen sollte, inklusive detaillierter praktischer Anleitung.

Vor der Landung kommt die Sichtung des Flugplatzes – vor allem, wenn dieser unbekannt ist und ich noch nicht dort gewesen bin. Alle elektronischen Hilfsmittel und Karten können dabei nicht die eigene Sicht und Wahrnehmung ersetzen. Wie oft ist es mir passiert, dass ich auf der elektronischen Karte den Platz klar und deutlich angezeigt bekomme, schaue und schaue und diesen einfach nicht entdecken kann inmitten der vielen Landschaft. Es ist wie verhext, die Landebahn muss doch da vorne sein zwischen den beiden größeren Waldstücken, die das Tal säumen. Das ereignet sich auch immer mal wieder bei Flugplätzen, an denen ich bereits öfters gelandet bin.

Angestrengt gucke ich aus dem Cockpitfenster, habe bereits mehrfach mit der Flugplatzleitung gefunkt und mein Kommen angekündigt. Jetzt bloß die Ruhe bewahren, zum Glück ist keine andere Maschine in meiner Nähe unterwegs. Wir sind auf dem Weg nach Karlsbad, Tschechische Republik, und fliegen ein breites Tal entlang. Wo ist nur die Landebahn? Die muss doch voraus vor uns liegen, das zeigt uns das GPS eindeutig an.

Da fällt mein Blick auf einen Berghang an der rechten Seite des Tals. Der Flugplatz befindet sich fast auf unserer Flughöhe auf einem Bergplateau. Ich habe den Platz in dem Tal unter uns vermutet und gesucht. Das Rätsel ist gelöst. Ich atme tief durch und konzentriere mich auf die Landung. Das Ansteuern einer unbekannten Landebahn ist immer wieder herausfordernd. Das Flugzeug ist nun für die Landung zu konfigurieren, wie wir Piloten sagen.

Als erstes ist es wichtig, welche Landerichtung in Betrieb ist und wie der Wind weht, also die Richtung des Windes samt der Stärke in Knoten. Es gilt die passende Anfluggeschwindigkeit einzunehmen. Nicht zu schnell zu sinken, die in der Anflugkarte gezeichnete Runde zur Landebahn zu fliegen, per Funk die jeweilige Position durchzugeben.

Die Anspannung und hohe Aufmerksamkeit lässt meinen Adrenalinspiegel steigen. Eine Landung ist stets eine technische und physikalisch anspruchsvolle Aktion, und keine gleicht der anderen. Die Energie des Flugzeugs aus der Flughöhe und die kinetische Energie aus der Geschwindigkeit sind so abzubauen, dass möglichst zur gleichen Zeit Höhe und Geschwindigkeit aufgezehrt sind. So weit die Theorie, die ja auch keinen Seitenwind oder Böen kennt. Gerade am Anfang hoppelt der Flieger oft auf die Bahn, unwillig aufzusetzen. Manchmal hopst er gleich wieder in die Luft, weil ich einfach zu schnell bin. Als Anfänger heißt es auch, Platzrunden zu schrubben, um etwas Routine und Sicherheit in die Landemanöver zu bekommen. Die Landung auf dem Bergplateau gelingt mir gut, trotz etwas ruppigen Windes von der Seite. Ich genieße das Gefühl des Ankommens und lasse den Flieger langsam abrollen zur Parkfläche.

Die ständige Übung bringt die Erfahrung und Erfolge. Immer häufiger gelingt es mir, das Flugzeug sanft auf die Bahn zu setzen, willig und gezähmt, ohne Hopser. Das beflügelt mich. Nach dem Ausrollen und Abstellen der Maschine ist er da, der glückliche Moment des Ankommens, ein Augenblick der Freiheit und der Leichtigkeit. Ich steige aus, bin durch den Himmel zu einem Ziel geflogen, das ich am Boden nur nach langer und schwieriger Anreise hätte erreichen können.

Es gibt auch Landungen, die ich intensiv herbeigesehnt habe. Wir sind in der Karibik unterwegs und fliegen von den Bahamas nach St. Maarten, gefühlt ewig lange über das offene Meer. Unter uns nur das tiefblaue Wasser, sonst nichts. Es geht drei Stunden stur geradeaus ins blaue Nichts, kein Land in Sicht. Viel Zeit für Gedankenspiele zu »was wäre wenn«. Ich denke an die Abläufe einer Notwasserung, Schwimmwesten sind ohnehin Pflicht, mache mir Gedanken über Haie, die da unten auf uns lauern.

Aber die Vorstellung, da unten im Wasser zu treiben, ist sehr abschreckend. Der Motor der Maschine schnurrt bislang ruhig vor sich hin, gerät jedoch etwa 10 Meilen vor unserem Ziel unerwartet immer mal wieder ins Stottern. Ich spüre etwas Panik und bekomme Angst, möchte hier nicht im Wasser landen. Mein Mitflieger, ein erfahrener Pilot, und ich checken alle Anzeigen im Cockpit, es scheint ein Problem mit der Batterie zu sein. Wir melden uns über Funk, alles frei für uns, ich kann die Landebahn von St. Maarten bereits erkennen.

Schon schweben wir in wenigen Metern Höhe über den berühmten Strandabschnitt der Insel, auf dem sich Touristen gerne mal sandstrahlen lassen von den Turbinenblasts der startenden

Verkehrsmaschinen. Kaum haben wir aufgesetzt, geht der Motor einfach aus. Wir stehen kurz auf der Bahn, können die Maschine jedoch wieder starten, um zur Parkfläche abzurollen. Ich bin durchgeschwitzt und maximal angespannt, das war knapp. Ankommen ist heute einfach eine riesige Erleichterung, dass uns das nicht über dem offenen Meer passiert ist. Darüber möchte ich auch gar nicht weiter nachdenken. Der Notwasserung und den Haien entkommen, genießen wir erst mal das karibische Flair und beobachten am nächsten Tag amüsiert die Touristen, die sich quasi freiwillig vor die Triebwerke der großen Flugzeuge werfen, um umgeblasen und sandgestrahlt zu werden. Wir setzen den Rest der Reise ohne weitere Zwischenfälle – nach einer kleinen Reparatur eines Motorenteils – fort. Und so wird das Ankommen auf den nächsten Flugplätzen in der traumhaft schönen Karibik wieder zum perfekten Augenblick der Leichtigkeit und Freiheit. *(S)*

101. Grund

Weil man auch am Boden fliegen kann

Normalerweise hebe ich mit kleinen Sportflugzeugen ab. Das sind gleichsam die Kleinwagen der Lüfte mit maximal vier etwas beengten Sitzen, einer guten Tonne Gewicht und 120–180 PS.

Heute steht etwas ganz anderes auf meinem fliegerischen Wunschzettel. Im Vergleich wäre ein Reisebus eher zu klein, ein Ausflugsschiff käme in Größe und Gewicht schon näher.

Für die Leistung von umgerechnet insgesamt 32.000 PS fehlt mir jedoch jeder Vergleich. Ich betrete das Cockpit eines Airbus, den man tatsächlich stundenweise mieten kann. Dem Flug mit einem solchen Riesen geht normalerweise eine mehrjährige Pilotenausbildung voraus, samt einer mehrmonatigen Einweisung auf dem Flugzeugtyp, also dem Rating. Jahreslanges Training und Erfahrung sind erforderlich, bevor man auf einem Langstrecken- flieger zu exotischen Zielen aufbrechen darf. Doch es gibt eine Möglichkeit, dies abzukürzen.

Ich nehme Platz im Cockpit eines A320 (Airbus A320) der brasilianischen Fluggesellschaft TAM (gegründet als Transportes Aereo Marilia = TAM), nunmehr als LATAM am Markt aktiv. Die Airline hatte einst in den 60er-Jahren in Brasilien ihre Erfolgs- geschichte mit kleinen einmotorigen Cessnas begonnen, eben- jenen Maschinen, in denen ich normalerweise meine Flugaus- flüge mache. Das Original-Cockpit des ausgemusterten Airbus hat einen langen Weg bis zum Umbau in einen Flugsimulator zurückgelegt. Flugbegeisterte, Hobbypiloten und Neugierige kön- nen hier hautnah erleben, wie es sich anfühlt, mal selber einen großen Verkehrsflieger zu steuern.

Nach einer kurzen Einweisung durch den Piloten schiebe ich energisch den Schubhebel nach vorne, also den Gashebel des Flug- zeugs. Die Sitze vibrieren leicht. Umgerechnet zweimal 16.000 PS geben den beiden Triebwerken beim Original den Schub. Hier heulen sie nun in der Simulation hörbar auf. Das ist zweimal das Hundertfache an Kraft, was mir sonst beim Fliegen mit der Cessna 172 in Form von mageren 160 PS zur Verfügung steht.

Konzentriert schaue ich aus dem Cockpitfenster nach vorne, erkenne die mir bekannte Umgebung des Flughafens Hamburg mit den Terminals und dem Tower von Fuhlsbüttel. Die Lenkung am Boden erfolgt über ein kleines Handrad vorne und die beiden Fußpedalen. Gar nicht so einfach, dieses gefühlt riesige Gefährt auf der gelben Rolllinie in der Mitte des Rollweges zu halten, den ich zur Landebahn entlangsteuern soll.

Dann sind wir auf der Startbahn und werden rasch schneller und schneller, ich ziehe leicht am Seitensteuerknüppel neben mir, einem Joystick-ähnlichen Steuerknüppel, der bei einem Airbus das sonst übliche Steuerhorn ersetzt. Und schon heben wir ab.

Unter mir erkenne ich den Flughafen und die angrenzenden Stadtteile. Die plastische Rundumsicht mit dem Häusermeer und die Fluggeräusche täuschen meine Wahrnehmung perfekt, ich vergesse für den Moment, dass es alles nur eine Simulation ist. Mein Herz schlägt deutlich schneller als sonst, ich bin sehr aufgeregt, der Adrenalinspiegel steigt an, hoffentlich bekomme ich die Landung mit diesem Riesenflieger sicher hin. Mit einem gefühlten Ruck fährt das Fahrgestell aus. Der Stick, mit dem ich das Flugzeug steuere, reagiert bereits auf kleinste Bewegungen, und so schlingere ich etwas unsanft hinunter. Krache auf der Bahn schief auf und rutsche in die Wiese am Rand.

Das wäre nicht gut gegangen. Nach einer weiteren Runde über die Elbmetropole gelingt die nächste Landung bereits etwas besser. Ich werde mutiger und ordere den Anflug durch Wolkenkratzerschluchten zum ehemaligen legendären Airport Kai Tak in Hongkong. Der Autopilot bleibt aus, ich fliege alles auf Sicht und per Handsteuerung. Schaffe es kaum, den Hochhäusern auszuweichen. Dann bricht auch noch Silvester mit bunten Raketen los. Ich weiß gar nicht, wohin ich zuerst schauen und wem ich ausweichen soll. Die Landung verläuft trotz Unterstützung durch den Profi neben mir erwartungsgemäß etwas holprig.

Ich atme auf, wie gut, dass es nur eine Simulation ist und ich überlebt habe, nichts kaputtgegangen ist. Zum Abschluss soll es noch eine Landung auf dem Flughafen von Madeira sein, der inzwischen nach dem Fußballer Cristiano Ronaldo benannt worden ist. Die Landebahn liegt unmittelbar an einem Steilküstenhang mit häufig sehr schwierigen Windverhältnissen durch Fallwinde von den Berghängen. Verkehrspiloten brauchen vorher eine Spezialeinweisung, damit sie den Flughafen anfliegen dürfen. Was soll ich sagen? Auch mehrere Anflugversuche führen nicht zum gewünschten Erfolg, ich donnere mit der Maschine in die Felsen oder stürze vorher ins Wasser. Nach einer knappen Stunde im Simulator bin ich echt ziemlich erledigt und erfüllt zugleich von dem Flugerlebnis. Wenn das schlechte Wetter den Norden mal wieder fest im Griff hat, bastele ich weiter an meiner Karriere als Verkehrspilotin, wenn auch nur im Simulator und für eine Stunde. *(S)*

102. *Grund*

Weil man auch auf Wasser landen kann

Was für ein erhebendes Gefühl. Zum ersten Mal in meinen Leben fliege ich ein Wasserflugzeug selber. Es fühlt sich schwerer an als eine Cessna mit Rädern und bewegt sich deutlich schwerfälliger beim Kurvenflug, der Luftwiderstand ist gut spürbar. Kein Wunder bei den beiden riesigen bootsförmigen Schwimmern, die das Fahrwerk mit Rädern ersetzen. Unter mir gleiten endlose Wälder, Seen und kleine Berge vorbei, sehr viel Landschaft, keine Spur von Orten oder Siedlungen. Ich bin dabei, unter der Anleitung von Valerie, der sympathischen und hübschen Fluglehrerin, geschätzt Mitte 20, meine erste Landung auf Wasser hinzuzaubern. Am schwersten fällt es mir, den Abstand zur vollkommen ruhigen Wasserfläche einzuschätzen. Ich habe kein Gespür dafür, wie viel Platz die großen Schwimmer unter mir brauchen beim Aufsetzen. Die Wasseroberfläche ist spiegelglatt, die Grenze zwischen Luft und der Wasseroberfläche nicht erkennbar. Mit Unterstützung von Valerie gelingt es mir, doch einigermaßen sanft auf dem Wasser aufzusetzen. Das Flugzeug gleitet schwungvoll durchs Wasser. Bloß wie jetzt bremsen? Der Pilot ist zugleich auch Bootsführer, Segler und Surfer, durch das richtige Aufsetzen der Schwimmer auf dem Wasser wird gebremst und gesteuert. Man muss immer schneller denken, als sich der Flieger bewegt, um mit dem Schwung bis zum Steg zu kommen zum Anlegen. Ein kleines während des Fluges hochklappbares Wasserruder wird hinten ausgefahren, um in die gewünschte Richtung zu gleiten.

Ich ahne, dass es einiges an Übung und viele Stunden erfordert, um ein Wasserflugzeug sicher zu Wasser und in der Luft zu bewegen. Diese Praxis in Europa zu bekommen wird schwierig. Zwar war Deutschland bis in die späten 30er des letzten Jahrhunderts die führende Wasserflugnation mit über 100 Landeplätzen landesweit. Doch davon ist heute nicht viel mehr übrig geblieben als eine Handvoll Plätze. In Kanada, Alaska und Schweden hingegen gehören Wasserflugzeuge zum fliegerischen Alltag, gelandet werden darf dort auf fast jedem Gewässer. In der Metropole Anchorage, dem fliegerischen Drehkreuz des weltweiten Fracht- und Cargoverkehrs, konnte ich begeistert am Ufer des Lake Hood ausgiebig das rege Treiben am größten Wasserflughafen der Welt beobachten. Bis zu 800 Wasserflugzeuge starten und landen hier täglich.

Als Passagierin bin ich bereits häufiger mit Wasserflugzeugen geflogen. Es ist faszinierend, einfach auf dem Wasser landen zu können. In der Südsee, auf den Seychellen, in Vancouver (Kanada), überall dort sind Wasserflugzeuge ein übliches Verkehrsmittel, das mir auf Reisen so manche längere Fährüberfahrt erspart hat. Und was gibt es Schöneres, als die unbekannte Gegend gleich von oben zu entdecken beim Überflug. Einige Orte oder Inseln können so überhaupt erst erreicht werden. Auf den Malediven fliegen die Piloten an das tropische Klima angepasst die Touristen ganz lässig barfuß zu den diversen Ferieninseln.

Tropisch ist es in Alaska auch im Sommer nicht. Meine Begleiterin Valerie trägt jedenfalls eher warme Kleidung und Schuhe. Sie fliegt Wasserflugzeuge so selbstverständlich, wie andere Auto fahren. Nur während des hiesigen Sommers arbeitet sie als Fluglehrerin bei Don in dessen Flugschule in Talkeetna. Ist der Sommer vorbei, zieht es sie zurück nach Hawaii, um Touristen das Surfen beizubringen. Wir drehen noch ein paar Runden rund um den See nahe der Schule, und allmählich bekomme ich ein besseres Gefühl für die Abläufe. Das Rating, also die Berechtigung, ein Wasserflugzeug zu fliegen, kommt auf meine Wunschliste. Die ist bereits gut gefüllt mit vielen Flugzielen, aber Alaska und das Wasserfliegen haben darauf definitiv einen besonderen Platz. *(S)*

103. Grund

Weil man eins werden kann mit dem Flugzeug

Kann man beim Fliegen eins werden mit einem Flugzeug? So wie bei Reitern, die behaupten, sie würden an perfekten Tagen beim Reiten mit ihrem Pferd eine perfekte Verbundenheit und Harmonie verspüren. Das sind dann die Sternstunden des Reitens, das perfekte Glücksgefühl auf dem Rücken des Tieres. Ich denke ja, auch beim Fliegen kann es diesen Zustand geben.

Wenn ich der Maschine im Handeln und der Reaktion voraus bin, genau spüre und weiß, wie sie sich verhalten wird. Wenn ich sie perfekt steuern kann, so wie ich es fühle und möchte, dann verschmelze ich ein Stück mit der Technik. Dann kann ich sie fühlen, die perfekte Verbundenheit und Kontrolle über den schnurrenden Blechhaufen mit Propeller. Je kleiner und agiler das Flugzeug ist, umso mehr spürt man ja dessen Bewegungen und Reaktionen in der Luft. Lernt den Charakter und die Eigenarten kennen, Flugzeuge haben alle ihre individuelle Persönlichkeit, auch wenn es der gleiche Typ wie eine Cessna 172 ist.

Piloten, die ihr Flugzeug selber gebaut oder restauriert haben, sind alleine dadurch eng verbunden mit jeder Schraube, Verstrebung und Niete des Fliegers. Kennen diesen in- und auswendig. Eine gute Basis, um mit etwas fliegerischem Können und Beherrschung der Luftzustände die absolute Harmonie und Verbundenheit eines nahezu perfekten Flugzustandes zu spüren. Ich habe es erlebt, wie der Fluglehrer CC Pocock bei einem Buschflugtraining in Barberton, Südafrika auf seinem eigenen Flugplatz bei seiner sechszylindrischen Buschflieger Cessna C 172 tatsächlich gehört hat, dass einer der Zylinder etwas unrund lief. Mein Gehör konnte absolut keinen Unterschied feststellen. Er hat dann nachts den Motor zerlegt und einen winzigen Defekt gefunden. Am nächsten Tag liefen die Zylinder wieder alle rund.

Kennt man sein Flugzeug so gut und ist mit ihm so eng verbunden, ist das eine gute Voraussetzung, um in besonderen Sternstunden eins zu werden. Fliegen ist neben den technischen Abläufen ja immer auch ganz viel Gefühl und Empfindung, man fliegt ja viele Flugzeuge quasi mit dem Hosenboden. Und die atemberaubenden Kunstflugvorführungen wären sicherlich nicht möglich, wenn die Piloten nicht 100 Prozent mit ihren Maschinen verbunden wären und deren Reaktionen nicht mit allen Sinnen vorausahnen würden.

Bei jenem bereits erwähnten CC Pocock während des mehrtägigen Sicherheits- und Buschflugtrainings haben wir mit seiner leicht modifizierten Cessna die für mich unglaublichsten Manöver getestet und geübt. Die Limits der Maschine erfliegen wir, um so eine stärkere Verbindung und Vertrauen aufzubauen. Manöver, die ich alleine niemals machen würde, fallen mir leicht und traue ich mir zu. Auch wenn ich nach jeder Flugstunde komplett erschöpft bin: Die beeindruckende Beherrschung seines Flugzeugs und das Vertrauen haben sich auch auf uns Teilnehmer in kurzer Zeit übertragen. So gelingen mir nach kurzem Training auf der hügeligen Sandpiste Kurzstarts und Landungen auf kürzester Strecke.

Wir testen das Kurvenflugverhalten in allen Schräglagen aus, und ich lerne alle verfügbaren Funktionen des Fliegers, wie auch die Klappen besser zu nutzen. Auf eine Landung im Busch oder im Gelände fühle ich mich nun besser vorbereitet. Am Glücksgefühl des Verschmelzens arbeite ich noch. *(S)*

Weil der Name Oshkosh nicht nur für Kinderkleidung steht

»Schatz, ich bin heute gefragt worden, ob ich mit auf eine Flugshow nach Amerika komme. Ist doch okay, oder? Die ist so Ende Juli, da ist ja nichts!«

»...«

Die Stille am anderen Ende der Leitung hätte mir auffallen können, wenn es sich bei der Flugshow in Amerika nicht um OSHKOSH gehandelt hätte.

Oshkosh, für mich das Fly-In, die Flugshow, das fliegerische Event überhaupt: Über 500.000 Besucher, über 10.000 anreisende Flugzeuge aus aller Welt: Vom kleinsten Ultraleichtflugzeug bis zur B-52 Stratofortress, vom einsitzigen Wasserflugzeug bis zum neuen A350, vom stoffbespannten Doppeldecker aus den Anfängen der Fliegerei bis zum »5th Generation«-Kampfflugzeug F-22 Raptor. Oshkosh bietet alles, wovon ich als Pilot nur träumen kann, und noch viel viel mehr.

»...«

Außerdem liegt das Event genau auf dem Geburtstag meiner Frau – was auch die Stille erklärt.

Weil ich unglaubliches Glück mit meiner Frau habe, höre ich von diesem Fauxpas zwar heute noch, konnte aber meine Reise nach Oshkosh frohen Herzens und versöhnt antreten.

Die erste Idee, ein Flugzeug zu chartern und dann nach Oshkosh einzufliegen, dort im Zelt unter der Tragfläche zu übernachten und am Ende der Woche wieder abzufliegen, wird schnell verworfen, da wir in diesem Fall für jeden Abstelltag trotzdem die Mindestflugstundenabnahme des Vercharterers hätten bezahlen müssen. (Je nach Anbieter zwischen 1,5 und drei Stunden, zu ungefähr 100 Dollar die Stunde.)

Und so landen wir Ende Juli mit der Linie in Chicago. Von hier aus geht es mit dem Auto nach Oshkosh, wo wir uns für die kommenden Tage ein Haus gemietet haben. Von hier aus können wir quasi zu Fuß zur Airshow gehen, doch wenigstens am ersten Tag müssen wir mit dem Flugzeug kommen.

»White Cessna with blue stripes, rock your wings!« – »Nice wing rock!!«, schallt es daher kurz darauf aus unserer angemieteten Cessna 175. Zu viert im Flugzeug sitzend, wagen wir den Anflug auf Oshkosh. Die Luft um uns wimmelt nur so von anderen Flugzeugen, und so reihen wir uns in die lange Schlange der anreisenden Maschinen ein. Funk ist verboten, sofern man nicht direkt angesprochen wird. »White Cessna, blue stripes in downwind, cleared to land on the orange dot.« Orange dot? Aufgrund der hohen Besucherzahl wird die lange Piste des Flugplatzes Oshkosh mit Punkten in verschiedene Abschnitte unterteilt, und es landen so bis zu drei Flugzeuge gleichzeitig auf den verschiedenfarbigen Punkten. Aufsetzen, ausrollen, zur Parkposition fahren, Flugzeug anbinden, und schon sind wir zu Fuß auf dem Weg zum Eingang. Zum Eingang zum größten Fly-In der Welt.

Schon am Einlass sind zahllose Besucher, und direkt dahinter weiß ich nicht mehr, wohin ich zuerst schauen soll. Reihe um Reihe um Reihe an Flugzeugen. Beech Bonanza: Hunderte. Cessnas und Pipers: unzählige! Dann kommen die Warbirds: P-51 Mustang an P-51 Mustang. P-40 Warhawk an Hawker Sea Fury an Messerschmitt an Spitfire an P-38 Lightning. In Europa würde um jedes Flugzeug ein Zaun gebaut, und überall stünde Wachpersonal. Hier scheint man zu wissen, dass fremde Flugzeuge nicht angetatscht werden sollten. Die Stimmung ist freudig, und egal wen man anschaut oder anspricht, allen ist eines gemein: die Freude an der Luftfahrt. Und während über uns donnernd eine B-17 in Formation mit der letzten noch fliegenden B-29 vorbeizieht, wandern wir über das Gelände in Richtung Flight Line. Vor uns eine Woche voller fliegerischer Abenteuer und Freude. *(F)*

Weil Piloten Träumer,
Entdecker und Abenteurer sind

Langsam wird die Insel am Horizont größer, vor fünf Minuten habe ich die Küste verlassen und fliege nun über Wasser. Über Funk bekomme ich die Freigabe zum Weiterflug, und nur kurze Zeit später folge ich der Küstenlinie von Jersey. Ich war noch nie hier, und alles, was ich sehe, entdecke ich für mich, sehe es zum ersten Mal. Ich fühle mich wie ein Abenteurer und Entdecker von früher. Schnell noch ein Foto gemacht. Es ist ja nicht so, dass nicht jeder Pilot gefühlte 100.000 Fotos von Wolken, Landschaften oder besonderen Lichtverhältnissen hätte, die für den Betrachter, der nicht dabei war, am Ende irgendwie doch alle gleich aussehen. Aber für mich wird durch das Foto das Erlebte noch konkreter, das Entdeckte greifbarer. Natürlich gibt es Hunderte professionelle Fotos von der Küste Jerseys, bestimmt auch bei noch schönerem Wetter, bei genau richtigem Sonnenstand, aber das ist mein Foto von Jersey, so wie ich es gesehen habe.

Im Winter, wenn es draußen stürmt und regnet und das Wetter insgesamt nicht zum Fliegen einlädt, ist der richtige Zeitpunkt, um die Fotos rauszusuchen und die Planung für das nächste Jahr anzugehen. Das Träumen vom und das Planen des nächsten Flugs sind für mich ein schöner Bestandteil der Fliegerei. Sei es ganz altmodisch über einem Atlas und einem Haufen Flugkarten oder doch etwas moderner online, mit Google Maps. Fremde Länder und neue Gebiete zu entdecken weckt den Abenteurer in mir. Wie sieht es wohl an der Stelle aus, komme ich über diesen oder jenen Pass, was muss ich beachten, wenn ich dort landen möchte. Die Planung selbst macht schon Spaß, und wenn dann das Flugzeug betankt, bepackt und abflugbereit vor mir steht und die Reise beginnen kann, wird sich zeigen, ob all die Planung vorher ausgereicht hat. Mit einer der schönsten Momente einer jeden Reise ist dann das Umschalten von der Platzfrequenz. Der Startflugplatz liegt nun hinter uns, die Ferne ruft und der Kurs führt zu noch unbekannten Gebieten und neuen Erlebnissen.

So landen wir z.B. auf einem Flug nach Madrid zum dringend nötigen Auftanken auf einem hoch gelegenen Flugplatz knappe zwei Flugstunden nördlich von unserem Ziel. Telefonisch haben wir vorher abgeklärt, dass wir hier auch tanken können, um unseren Flug fortzusetzen. Nachdem die erste Sprachhürde dank des noch vorhandenen Schulspanisch eines Fliegerkollegen genommen ist, stellen wir fest: Es gibt Kraftstoff für uns: 100 Liter! Leider nicht pro Flugzeug, sondern für alle zusammen. Bei drei Flugzeugen schaffen wir damit aber nur etwas mehr als die Hälfte der geplanten Strecke. Während ich die Flugpläne für den nächsten Flug etwas nach hinten verschiebe und mich frage, ob wir hier hängen bleiben und die Nacht im Nirgendwo der spanischen Hochebene verbringen müssen, kratzt der Kollege auch den allerletzten Brocken Spanisch aus sich heraus. Tatsächlich gelingt ihm, für jedes Flugzeug 90 Liter herauszuhandeln. Wo genau das Problem lag, hat bis heute niemand von uns verstanden, aber erleichtert können wir unseren Flug fortsetzen und verbuchen es beim abendlichen Tapas-Essen unter Abenteuer auf Reisen.

Solche Überraschungen und andere ähnliche, wie z.B. die Nacht im Hangar in Frankreich, Turbulenzen in den Alpen, unklare Rollanweisungen in der Schweiz, Duschen unterm Gartenschlauch in England, machen Flugreisen für mich zu einem Abenteuer, zu etwas Neuem abseits der gewohnten Pfade. Mit sich ständig ändernden Anforderungen und Herausforderungen, die überwunden werden wollen. Erlebnisse, die mich begleiten werden und die mich im Winter wieder zum Träumen anregen, wenn es Zeit wird, neue Ziele zu finden. *(F)*

Weil jeder Film über ferne Länder zum Träumen anregt

Träume dir das Leben schön und mache aus diesen Träumen eine Realität.

MARIE CURIE, PHYSIKERIN UND CHEMIKERIN,
ZWEIFACHE NOBELPREISTRÄGERIN

Das Zitat passt perfekt zu meiner Idee, die Bahamas als karibisches Traumziel zu befliegen. Was für ein Traum. Allerdings hätte ich mir nicht vorstellen können, dass ich das so rasch realisieren würde, als ich mit meiner Ausbildung zur Privatpilotin anfing. Diverse James-Bond-Filme von *Thunderball* bis *Casino Royale* spielen auf den Inseln der Bahamas, sie waren Kulisse für Filmklassiker wie die Filme mit Flipper, dem Delfin, oder *Pirates of the Caribbean (At World's End)*. Johnny Depp war so begeistert von dem karibischen Flair, dass er sich gleich eine eigene Insel kaufte, Little Halls Pond Cay.

Die vielen Eindrücke aus den Filmen und Dokumentationen über dieses tropische Inselreich, eingebettet in die leuchtenden Blau- und Grüntöne des Meeres, haben mich animiert, eine zehntägige Flugtour durch die Karibik mit mir bis dahin unbekannten Piloten zu wagen. Es ist an der Zeit, einen fliegerischen Traum Wirklichkeit werden zu lassen.

Ich sitze in einem kleinen Boot, das durch türkisblaues Wasser um eine kleine Landzunge herumtuckert. Unterwegs bin ich auf den Bahamas, und zwar ganz konkret auf dem Weg zu den schwimmenden Schweinen. Wir, eine Gruppe von sechs Piloten, machen Inselhopping mit zwei gecharterten Cessnas aus Florida.

Unser heutiges Tagesziel ist die kleine Insel Staniel Cay, mein großer Wunsch. Es ist sehr windig, ich brauche einen zweiten Anlauf, um auf der holprigen Betonpiste zu landen. In dem kleinen Büro am Flugplatz können wir zwei Golfcarts für eine Inseltour chartern, Autos gibt es hier nicht. Die anderen halten die Erfüllung meines Traumes, mit den Schweinen zu schwimmen, für eher abwegig und bevorzugen eine ausgiebige Bodentour um die Insel. Ein Bootsbesitzer bringt mich in seinem Motorboot in die Bucht der Tiere. Kaum sind wir um die Ecke der Landzunge der »Schweineschwimmbucht« gebogen, zeigen sich bereits die ersten Borstentiere am Strand. Wir kommen näher, und das löst den Schwimm- und Badereflex der Schweine aus, Dutzende von ihnen rennen ins Wasser und schwimmen uns entgegen. Ich bin hochgradig entzückt. Schweine aller Größen, manche einfarbig rosa, andere eher bräunlich mit dichten Borsten oder dunklen Flecken, hüpfen ins türkisfarbene Wasser. Etwas Mut brauche ich dann doch, um zu den Tieren ins Wasser zu springen.

Als eine riesige Sau mit aufgerissenem Maul, ihre Beißer bleckend, auf mich zuschwimmt, wird mir kurzzeitig doch ziemlich mulmig. Zum Glück kommt ein zweites Boot mit weiteren Touristen, und die aufdringliche Sau ist abgelenkt. Klar, die möchten gefüttert werden, doch der Leckerbissen möchte nicht ich sein. Die anderen Touristen haben etwas zum Fressen für meine neugierigen Schwimmgefährten dabei, und so kann ich ungefährdet weiter mit den Tierchen planschen. Es ist ein Riesenspaß, ich amüsiere mich königlich, insbesondere die kleinen Ferkel haben es mir angetan. Sie lieben das Schwimmen im Salzwasser, ich könnte Stunden weiter so mit den Tieren planschen.

Die neugierigen Borstenviecher fühlen sich hier im wahrsten Sinne des Wortes sauwohl. Es sind ausgewilderte Hausschweine, und was sie hierher gebracht hat, dazu gibt es viele Geschichten. Vielleicht stammen sie von einer Nachbarinsel und sollten gezüchtet werden, oder kommen von einem gestrandeten

Piratenschiff. Begeistert berichte ich den anderen von meinem Schwimmabenteuer. Ich kann sie jedoch nicht zu den Schweinen locken. Lediglich zu einem Überflug über die Bucht der schwimmenden Borstenviecher lassen sie sich überreden nach dem Abflug. In unserer Karte ist ein Flugzeugwrack im Wasser eingezeichnet nahe der Bucht, also kreisen wir suchend über diese Gegend und werden sogar fündig. Gut erkennbar liegt das Wrack der kleinen zweimotorigen Maschine unter uns im klaren Wasser, das Ende einer Drogenschmugglertour im Jahr 1980. Ob die Schweine damals etwas von der Schmuggelware gefunden und sich als Leckerli einverleibt haben? Auf jeden Fall leben die Nachkommen der ersten Generation hier ihren karibischen Traum in der malerischen Sandbucht gemeinsam mit bunten Hähnen und Hühnern, bei freier Kost und Logis und vielen Besuchern. *(S)*

107. Grund

Weil es überall auf der Welt nette Menschen gibt

Unter uns menschenleere Fels- und Wüstenlandschaft, Meile für Meile, seit mehr als drei Stunden. Es sind noch gute eineinhalb Stunden Flug bis Windhoek, der Hauptstadt Namibias, unserem heutigen Tagesziel. Der Zeiger der Tankanzeige unserer Cessna 182 sinkt bedrohlich in Richtung null. Wir rechnen nochmals alles durch. Reichen die Vorräte in den Tanks, um uns sicher zum Ziel zu bringen? Der Wind auf der Nase war heftiger gewesen als angesagt und hat uns viel langsamer vorankommen lassen als geplant.

Ständig stramme 30 bis 35 Knoten Gegenwind haben unsere Spritvorräte sehr viel schneller zusammenschrumpfen lassen, als wir kalkulieren konnten. Die Erkenntnis: Wir müssen zwingend innerhalb der nächsten 60 Minuten landen, nach Windhoek würde es nicht mehr sicher reichen. Auf dem Tablet zeigt die elektronische Flugnavigationssoftware zumindest Landepisten im Umkreis von 50 Meilen an. Eine davon wird es werden, im Niemandsland.

Wir entscheiden uns für eine Piste, die fast auf unserer Route liegt. Ein merkwürdiges Gefühl, mitten in der steppenartigen Landschaft auf einmal auf einer Asphaltpiste zu stehen, weit und breit ist abseits der Bahn nichts zu sehen, keine Siedlung, keine Häuser. Ich entdecke ein Schild am Rande der Landebahn: Boscia Gäste- und Jagdfarm, eine Telefonnummer ist auch angegeben. Das mitgebrachte Satellitentelefon leistet in solchen Situationen gute Dienste. Kurze Zeit nach unserem Anruf kommt zum Glück der Manager der Farm, Claude, mit einem Jeep vorgefahren und nimmt uns mit zu sich. Hier auf der Farm wird nichts angebaut, sondern das Geld mit Jagen verdient.

Diese Vorstellung jagt dem tierlieben Europäer eher ein Schaudern durch den Körper. Jäger aus Afrika und Europa verbringen hier ihren Urlaub und stellen als Freizeitbeschäftigung den diversen Antilopen- und Gazellenarten mit der Flinte oder auch mit Pfeil und Bogen nach. Ich habe da einige Vorbehalte und Vorurteile, andererseits bin ich gerührt von der herzlichen und offenen Gastfreundschaft des Betreiberpaares. Im Wohnzimmer stehen ausgestopfte Hyänen und Schakale herum, und die Wände sind behängt mit Trophäen von diversen Antilopen.

Claude überreicht uns seine Visitenkarte, und auf der steht tatsächlich *Berufsjäger* unter seinem Namen, er spricht auch etwas Deutsch. Die Bewirtung ist herzlich und hervorragend. Und während wir anfangen, uns den Kopf zu zerbrechen, woher wir um Himmels willen in dieser Einöde Flugbenzin, in unserem Falle AvGas, für unseren Flieger bekommen sollen, telefoniert Claude bereits eifrig umher. Nach diversen Anrufen stellt sich heraus, dass etwa 100 Meilen entfernt ein Bekannter von ihm gerade mehrere Fässer mit der für uns notwendigen Sorte Flugbenzin eingelagert hat. Doch damit nicht genug, er macht sofort seinen Pick-up zum Aufbruch klar.

Er fährt, begleitet von Hennie, unserem südafrikanischen Freund und Safety Pilot, mal eben hin und zurück über 300 Kilometer, um ein 100-Liter-Fass für uns zu holen. Rechtzeitig zum obligatorischen Sundowner sind sie mit der kostbaren Fracht zurück. Darauf stoßen wir erst mal alle erleichtert an. Ich bin begeistert von der Hilfsbereitschaft und dem Einsatz. Noch viel genialer ist es, dass wir tatsächlich wieder Sprit haben und nun ganz entspannt am nächsten Morgen nach Windhoek fliegen können.

Die Menschen hier halten zusammen und helfen einander, nur so können sie es vielleicht auch so gut in dieser Einsamkeit aushalten. Alleine die Fahrt zum nächsten größeren Ort zum Einkaufen dauert mindestens eine Stunde. Frühmorgens füllen wir das AvGas in die Tanks, nach etlichen gemeinsamen Fotos vor dem Abflug geht es so für uns sicher weiter nach Windhoek. Zum Abschied drehen wir eine große Runde über der Farm und machen Fotos und Videos von oben, die wir ihnen später schicken. Gut, dass wir auf Boscia gelandet sind. Nicht nur habe ich einige Vorurteile über das Jagen abbauen können, sondern wir haben eine unglaubliche Hilfsbereitschaft erfahren und sind als Freunde auseinandergegangen. Hennie, unser südafrikanischer Freund, ist einige Zeit später von Kapstadt aus nochmals nach Boscia geflogen mit einer Gruppe von Piloten und Jägern aus Europa. Zum Jagen. *(S)*

Weil einem bereits beim Zusehen
der Mund offen stehen bleibt

Ein unglaubliches, lautes Dröhnen erfüllt die Luft. Aus allen Himmelsrichtungen fliegen Dutzende von historischen Militärmaschinen aus den 40er-Jahren in Richtung Landebahn. Dazwischen bewegen sich am Himmel riesige Propellermaschinen, die von den kleineren Fliegern simuliert angegriffen werden.

In der Luft herrscht simulierter Krieg, nachgestellt werden die Luftschlachten von Pearl Harbour. Ich bin fassungslos und fasziniert zugleich, diese Mischung aus Patriotismus und starker Militärlastigkeit zieht mich in ihren Bann. Szenen mit teilweise Hunderten von Flugzeugen wechseln sich ab mit Weltklasse-Akrobatikflug-Vorstellungen.

Ich sitze ganz vorne direkt an der Flightline auf meinem neu erworbenen amerikanischen Klappstuhl mit integriertem Schirm gegen die sengende Sonne. Es ist sehr heiß, es ist schwül, doch das alles ist egal. So etwas habe ich noch nie in meinem Leben gesehen. Kein Film, keine Fotos können auch nur annähernd das wiedergeben, was sich während der größten Airshow der Welt in Oshkosh, Wisconsin, USA täglich ab nachmittags am Himmel abspielt.

Immer wieder traue ich kaum meinen Augen und bin bereits atemlos beim Zusehen, was diese Künstler der Lüfte darbieten. Ich muss mich kneifen, dass es tatsächlich passiert. Zwar habe ich bereits einige Flugshows in Deutschland gesehen, doch das hier ist größer und gewaltiger als alles bislang Erlebte. Die Amerikaner setzen allem die Krone auf. Die tägliche Einstimmung durch Fallschirmspringer, die mit dem riesigen entfalteten Sternenbanner, der amerikanischen Nationalflagge, zu den Klängen der Hymne zu Boden schweben. Sitzen bleiben ist dabei nicht angesagt, die

Besucher schmettern stehend und voller Inbrunst die Hymne mit, die Hand auf dem Herzen.

Dann beginnen die Vorführungen am Himmel – und nicht zum letzten Mal an diesem Nachmittag bleibt mir ob der vermeintlichen Tollkühnheit der Piloten vor Staunen einfach immer wieder der Mund offen stehen. Die Gesetze der Schwerkraft scheinen außer Kraft gesetzt, die Flugzeuge spielen in der Luft miteinander, sodass einem fast schwindelig wird, nur vom Zuschauen. Ein kleiner knallgelber Jet schießt wie eine Rakete senkrecht in den Himmel, bis er nicht mehr zu sehen ist. Ein anderer Pilot hängt mit seinem Flieger minutenlang scheinbar bewegungslos an einer Stelle in der Luft, wie ein schwirrender Kolibri vor einer Blüte.

Danach zeigen die Wingwalkerinnen, was sie können. Scheinbar mühelos turnen sie elegant auf den Tragflächen der fliegenden Doppeldecker herum und winken auch noch nach den diversen Loopings und Rollen dem Publikum freudig zu. Riesige restaurierte alte Kriegsflugzeuge, sogenannte Warbirds, donnern durch die Lüfte, mancher zeigt sogar akrobatische Einlagen. Ich fange an zu begreifen, was viele so faszinierend an diesen alten dröhnenden Flugzeugen aus vergangenen Kriegszeiten finden. Und das, obwohl mich der Gedanke an Krieg und Töten eher abschreckt.

Es ist wie ein Rausch der Sinne, und immer wieder ungläubiges Staunen über die verrückten Stunts der Piloten mit ihren Flugzeugen. Ich tauche tief ein in diese geniale Mischung aus Airshow und Fly-In mit Tausenden von Flugzeugen in diesem Mekka der Privat- und Hobbyflieger. Kein Wunder, dass Flugbegeisterte aus aller Welt sich jährlich hier treffen und mehrere Hunderttausend Besucher angelockt werden. Wir sind morgens selber stilecht mit einer gecharterten kleinen Cessna zu viert von einem nahe gelegenen Flugplatz hergeflogen.

Gefühlt kommen aus allen Himmelsrichtungen Maschinen gleichzeitig mit uns an und möchten landen. Wir bekommen zur Landung die Anweisung, auf dem dritten auf der Landebahn markierten lilafarbenen Spot aufzusetzen. Auf den beiden verfügbaren Landebahnen sind hintereinander mit etwas Abstand jede Menge Farbspots verteilt. Den jeweils zugeteilten gilt es genau anzupeilen und dort aufzusetzen, da die Landung mehrerer Maschinen auf der Bahn so zeitgleich erfolgen kann. Ich traue mir immerhin abends den Rückflug zu, das Landen überlasse ich lieber einem erfahreneren Piloten unserer kleinen Gruppe. Ich komme bestimmt wieder, um voller Begeisterung wieder zu staunen – über diese Künstler der Fliegerei. *(S)*

Weil es immer weitergeht

Der PPL ist bestanden, endlich bin ich Pilot. Endlich die Lizenz in der Hand zu halten ist ein tolles Gefühl! Meinen ersten Schein habe ich noch persönlich auf der Behörde in Hamburg abgeholt. Doch das Beste ist, damit hört es nicht auf. In der Fliegerei gibt es immer noch einen weiteren Schritt, eine weitere Berechtigung, eine neue Lizenz, ein weiteres Flugzeugmuster.

Für mich stand fest, dass ich Berufspilot werden möchte, seit ich mit dem Segelfliegen angefangen habe! Somit war auch klar, dass auf den PPL, die Privatpilotenlizenz, die CPL, die Berufspilotenlizenz, folgen würde. Den Abschluss in dieser Reihe bildet schlussendlich die Verkehrspilotenlizenz, der ATPL. Ganz einfach gesprochen ist der PPL der Führerschein – man darf in privaten Flugzeugen fliegen und Gäste unentgeltlich mitnehmen. Der CPL ist damit das Äquivalent zum Taxischein – ich darf hiermit gewerblichen Personentransport durchführen, aber nicht auf beliebig großen Flugzeugen, sondern nur bis zu einer gewissen Größe. Der ATPL ist somit der Busführerschein. Ich darf hiermit quasi jedes Verkehrsflugzeug fliegen und viele Leute oder natürlich auch Fracht transportieren.

Um den CPL wirklich nutzen zu können, brauchen wir nun aber noch die sogenannte Instrumentenflugberechtigung. Denn ohne diese sind nur Flüge nach Sichtflugbedingungen möglich, was in der kommerziellen Fliegerei eine starke Einschränkung wäre. Im ATPL ist diese schon inkludiert.

Jetzt fehlen nur noch zwei Schritte bis ins Cockpit eines Airliners. Der erste ist das sogenannte Multi Crew Coordination Concept Training (MCC). Habe ich das Flugzeug bisher immer alleine gesteuert, muss ich mich in größeren gewerblich betriebenen Flugzeugen mit meinem Kapitän oder Kopiloten herumschlagen. Damit dies nicht in wirkliches Schlagen ausartet, gibt es hier klare Regeln, wer was zu welcher Zeit tut. Der zweite Schritt ist dann das Type Rating. Ab einer gewissen Flugzeuggröße kann ich nicht einfach einsteigen, mir kurz erklären lassen, wo welcher Schalter liegt, und auf geht's. Im Type Rating lernen wir vertiefend alle Systeme des Flugzeugs kennen, mit dem wir dann auch fliegen, und anschließend folgt der größte Teil dieser Ausbildung heutzutage auf modernen »Full-Motion-Simulatoren«, welche das zu fliegende Flugzeug eins zu eins abbilden. Weil große Flugzeuge hoch komplex und von Muster zu Muster unterschiedlich sind, darf ich in Europa maximal zwei Type Ratings gleichzeitig aktiv halten.

Als Hobbypilot kommt von den oben genannten Ausbildungen meistens nur die Instrumentenflugberechtigung hinzu. Doch die größte Gefahr an der Fliegerei ist, dass sie süchtig macht! So habe ich auch immer wieder Schüler, die sich entscheiden, ebenfalls die Berufs- oder sogar die Verkehrspilotenlizenz zu machen.

Doch auch wenn man keine Ambitionen in dieser Richtung hat, gibt es eine Vielzahl an Möglichkeiten, seine fliegerischen Kenntnisse zu erweitern. Sei es durch die Einweisung auf ein modernes Glascockpit, die ersten Flüge mit einem meistens wendigeren Tiefdecker oder die Ultraleichtflugberechtigung. Nur 40 Stunden nach Erwerb des PPL besteht die Möglichkeit, den Kunstflugschein zu erwerben, und selbst wenn man diesen nicht nutzt oder den Kurs nur mit dem Ziel belegt in Extremsituationen schneller handeln zu können, erweitert er doch das eigene fliegerische Repertoire.

Die Fliegerei bietet hier für jeden Geschmack etwas. Soll es immer schneller und moderner werden, oder möchte ich lieber langsam luftwandern und so puristisch wie möglich fliegen. Die Möglichkeiten sind nahezu unbegrenzt. Wer eine Herausforderung sucht, wird genauso glücklich werden wie der, der einfach nur entspannt am Wochenende mit seiner Familie einen Ausflug machen möchte. *(F)*

110. Grund

Weil man nur einmal lebt

»Flying is the best thing you can do while having your pants on.« Der Spruch, auch wenn er etwas primitiv daherkommt, fasst es dennoch gut für mich zusammen. Fliegen macht Spaß, macht mich glücklich, erfüllt mich mit Freude und gehört zu den Dingen in meinem Leben, die ich auf keinen Fall missen möchte.

Fliege ich auch zum x-ten Mal über dieselbe Landschaft, entdecke ich von oben doch immer wieder neue Perspektiven und zuvor ungesehene Stellen. Ich weiß nicht, wie oft ich schon durch Wolken geflogen bin, wie oft ich schon die oberste Wolkenschicht durchstoßen habe und von Sonne und einem wunderschönen blauen Himmel begrüßt worden bin. Dennoch finde ich es jedes Mal wieder aufs Neue beeindruckend.

Die erste Landung an einem für mich noch neuen Flugplatz weckt das Gefühl des Entdeckers in mir. Der erste Flug in einem neuen Flugzeug fühlt sich aufregend und spannend an und lässt mich die Gefühle der Flugpioniere nachempfinden. Gas zu geben, schneller zu werden, um dann die Erde unter mir verschwinden zu sehen. Einfach in der Luft sein, die Wolken zu beobachten, den Lichteinfall, der je nach Wetterlage die Erde in die verschiedensten Farben und Töne taucht. Dem neben mir kreisenden Bussard in die Augen zu schauen. An den Ausläufern eines Gewitters entlangzufliegen, der Himmel rechts eine schwarze bedrohliche Masse, links wunderschön einladend und hell. Die Erde auf den Kopf zu stellen, um im nächsten Moment senkrecht darauf zuzujagen. Fremde Länder und neue Gebiete vor mir auftauchen und unter mir hinwegziehen zu sehen. Den Moment absoluter Stille im Turn im Segelflugzeug zu erleben. Hinter einem Airliner als Nummer zwei zur Landung anfliegen. Dabei zuschauen, wie alte, neue, einfache und besondere Flugzeuge starten, summend brummend und donnernd über den Himmel fegen. Jedes Flugzeug am Himmel als Grundlage zum Träumen sehen, welches die Freude auf den nächsten eigenen Flug weckt. Bei Sturm und Regen den nächsten Flug planen und im Atlas nach neuen Zielen Ausschau halten. All das und noch viel mehr zeichnet das Fliegen für mich aus und macht es so besonders. Lässt es zu etwas werden, was mich im Leben begleitet und mich zu dem macht, der ich bin.

Ich kann jedem nur empfehlen, sich auf den Weg zur nächsten Flugschule zu machen und es einfach einmal selber auszuprobieren. Für alle Gründe, die dagegensprechen, wie keine Zeit oder kein Geld gibt es Lösungen. In einer Zeit, in der wir alle konsumieren und unsere Wohnung mit den neuesten Dingen aus dem Supermarkt füllen, sind Erfahrungen und Erlebnisse doch am Ende das Wichtigste, was wir mitnehmen können. Denn wir alle leben nur einmal, und ich habe am Flugplatz schon viele Menschen getroffen, die sehnsüchtig einem Flugzeug nachgeschaut haben und mir erzählt haben, dass sie ja eigentlich auch immer

mal fliegen wollten. Der eine oder andere ist dann mein Flugschüler geworden, die anderen schauen vermutlich noch immer
sehnsüchtig in den Himmel. Also los, auf zum Flugplatz, gehen
wir fliegen, über den Wolken, vergessen wir unsere Sorgen und
genießen das Leben im Hier und Jetzt. *(F)*

Epilog

Weil Piloten nicht genug bekommen können von ihrer Leidenschaft

Durch die Leidenschaften lebt der Mensch,
durch die Vernunft existiert er bloß.

Nicolas Chamfort (1741–1794),
französischer Dramatiker

Hoffentlich sind alle Kapitel gelesen und haben das Interesse an der Fliegerei geweckt. Dann ist jetzt der richtige Moment, um das Fliegen selber auszuprobieren. Viele Flugschulen und Fliegervereine bieten Ausprobier- und Schnupperflüge an zu günstigen Konditionen. Begleitet durch einen Fluglehrer steuert und fliegt man ein Flugzeug selber. Das Fliegerleben live erleben kann man gut auf Flugplatzfesten, Tagen der offenen Tür bei Flugsportvereinen oder auch auf Flugshows. Wenn es nicht gleich in die Luft gehen soll, gibt es jede Menge fliegerische Optionen am Boden.

Eine spannende Erfahrung ist beispielsweise ein Flug im Simulator. Selber ein Verkehrsflugzeug steuern und landen nach einer kurzen Einweisung – ein unvergessliches Erlebnis. Oder man lässt Flugzeuge steigen beim Modellflug. Doch nur das Selberfliegen lässt einen fühlen, wie es da oben ist in einem kleinen Propeller- oder auch Segelflugzeug. Der Blick von oben auf die Erde, die Landschaft und die Dinge verändert nicht nur die eigene Perspektive. Es eröffnen sich damit auch neue Welten, Gedanken und Empfindungen, die unabhängig vom Alter bereichern und Energie geben. Nicht zuletzt regen sie zum Träumen an und können sich zu einer echten Leidenschaft entwickeln. Ich kann nicht genug bekommen von diesem einzigartigen Gefühl, in der Luft im Hier und Jetzt zu sein. Beim Fliegen den Alltag am Boden zurückzulassen und die Landschaften von oben zu genießen.

Mein erster Gedanke bei der Planung eines Urlaubs ist die Überlegung, ob ich am Zielort selber fliegen könnte. Die Gegend, in der ich umherreise, auch von oben zu sehen, das ist das Sahnehäubchen einer Urlaubstour. Die Zeit im Leben und auf der Erde ist bekanntermaßen endlich. Die aktive Fliegerei setzt einen stabilen Gesundheitszustand voraus, also lebe ich jetzt und heute das, was mich glücklich macht und mein Leben bereichert. Ich wünsche allen, die dieses Buch lesen, ihre Sehnsüchte, Gefühle und ihre Träume zu leben und am besten damit sofort anzufangen. Für uns Autoren, die wir nun so viel über die Facetten des Fliegens geschrieben haben, ist unser gelebter Traum die Leidenschaft für das Fliegen. Es kann für jeden etwas anderes sein.

Ich frage mich immer, was ich gewinnen kann, wenn ich auf Erlebnisse verzichte oder sie verschiebe. Wenn ich auf die kleinen gedanklichen Bedenkenräuber im Kopf höre, die nie um Ausreden und Zweifel verlegen sind. Natürlich hat die Verwirklichung eines Traums einen gewissen Preis, damit meine ich nicht nur das Geld, das ich zur Realisierung brauche. Es wird wahrscheinlich Menschen im Umfeld geben, die nicht nachvollziehen können, was einen an der Fliegerei fasziniert. Vielleicht muss man sich manchmal entscheiden, wo und wie man seine freie Zeit verbringt, insbesondere wenn man eine Familie hat. Es gibt jedoch viele Optionen, einen Weg zu finden. Manche Piloten nehmen ihre Kinder oder die gesamte Familie mit auf Flugtouren. Viele Freunde und Bekannte werden begeistert anfragen, ob sie mal mitfliegen können. Und für diejenigen, die auf keinen Fall in ein kleines Flugzeug steigen würden, findet sich sicherlich ein schönes Plätzchen in einem Café am Flugplatz zur Beobachtung des Treibens am Himmel. *(S)*

Danksagung Florian Knack

Es gibt viele Menschen, die dazu beigetragen haben, dass dieses Buch geschrieben werden konnte. Danken möchte ich allen, die mich unterstützt und motiviert haben. Allen voran meiner Frau, die mich immer unterstützt und so manches Kapitel testgelesen hat. Iris, ohne dich hätte ich es nicht geschafft.

Auch ein weiteres großes Dankeschön an meine Eltern, ohne deren Förderung und Unterstützung ich die in diesem Buch beschriebenen Flüge mit Sicherheit nie gemacht hätte. Vielen Dank euch beiden für alles, und auch ihr seid hervorragende Testleser.

Danke auch an die Flugschule Hamburg und die Air Hamburg, für die ich seit neun Jahren fliege und die somit die meisten Geschichten und Fotos überhaupt erst ermöglicht haben. Ich freue mich auf viele weitere tolle Jahre.

Ein Dank natürlich auch an die Literaturagentur Brinkmann und das gesamte Team von Schwarzkopf & Schwarzkopf, welche uns Vertrauen geschenkt haben. Die Zusammenarbeit hat viel Spaß gemacht.

Nicht zuletzt gilt mein Dank natürlich auch meiner Mitautorin Silvia, es hat mir große Freude bereitet, dieses Buch mit dir gemeinsam zu schreiben, und ich freue mich auf noch viele weitere gemeinsame Touren. Ich sage nur Oshkosh 2019.

Abschließend danke ich meiner Schwester, meinen Freunden, Kollegen und all den lieben Menschen, denen ich auf meinem Weg begegnet bin.

Danksagung Silvia Götzen

»Wissenschaft, Freiheit, Schönheit, Abenteuer, was könnte man sich vom Leben mehr erhoffen? Die Fliegerei vereinigt alle die Elemente, die ich liebe.«

CHARLES A. LINDBERGH

Mein besonderer Dank gilt meinem Fluglehrer Peer, der mich so gut ausgebildet hat. Seine positive Motivation hat mich immer wieder beflügelt und bestärkt in meinem Wunsch, selbst fliegen zu lernen. Danke auch für seine Tipps und Hinweise zu dem einem oder anderem Kapitel dieses Buchs.

Danke an Andreas Spaeth, mit dem ich während unseres gemeinsamen Lebens die Welt erkunden konnte. Ich freue mich, dass er mir weiterhin verbunden ist und mich beim Schreiben dieses Buchs fachkundig unterstützt hat.

Ich freue mich über die Freundschaften und die Unterstützung durch meine Pilotenfreunde. Insbesondere mit Werner und Andreas bin ich gerne und häufig unterwegs, und viele der gemeinsamen Erlebnisse und Eindrücke habe ich in diversen Kapitel verarbeitet.

Danke auch an meine Freundin Anke, die eine tolle und begeisterte Mitfliegerin ist und mich beim Korrekturlesen unterstützt hat. Mein lieber Freund Jens aus Berlin ist zwar kein wirklich guter Mitflieger, aber ein toller Freund und Motivator, Danke an ihn fürs Korrekturlesen.

Im Laufe der Jahre sind viele neue Bekanntschaften und Freundschaften durch das Fliegen entstanden, die ein tolles Netzwerk bilden und mein Leben sehr bereichern und mich immer wieder unterstützt haben, wenn mir beim Schreiben mal die Puste ausgegangen ist.

Danke auch an alle anderen Freundinnen, Freunde und Familienmitglieder, die für mich da sind und wenigstens gedanklich meine Leidenschaft fürs Fliegen teilen. Vielleicht ist der eine oder andere nach dem Lesen dieses Buchs motiviert, mit mir mal in die Luft zu gehen.

Und nicht zuletzt freue ich mich sehr, dass Florian und ich dieses Buch gemeinsam geschrieben haben. Er ist einer der leidenschaftlichsten Piloten, die ich kenne, und es ist immer wieder eine Freude, mit ihm zu fliegen oder auch nur über die Fliegerei zu sprechen.

111 GRÜNDE, AUSTRALIEN ZU LIEBEN

EINE LIEBESERKLÄRUNG AN DAS SCHÖNSTE LAND DER WELT
EINE LIEBEVOLLE HOMMAGE AN DEN INSELKONTINENT

111 GRÜNDE, AUSTRALIEN ZU LIEBEN
EINE LIEBESERKLÄRUNG AN DAS SCHÖNSTE LAND DER WELT
Von Barbara Barkhausen
312 Seiten | Premium-Paperback
Plus zwei Farbteile á 16 Seiten
ISBN 978-3-942665-47-6 | Preis 14,99 €

Australien, das Land der Kuriositäten und Gegensätze, ist bekannt für seine vielfältige Natur, weiße Strände mit endlos vielen Surfern, das abenteuerliche Outback, die außergewöhnlich lässige Bevölkerung. Wer einmal herkommt, will selten wieder nach Hause.

111 Gründe hat die Australien-Korrespondentin Barbara Barkhausen, die seit über 15 Jahren am anderen Ende der Welt lebt, in diesem Buch gesammelt, um ihre Liebe zum fünf-ten Kontinent zu teilen. Die Autorin nimmt die Leser mit auf eine literarische Reise ins Land der Extreme: zu den knuddeligsten, aber auch gefährlichsten Tieren, den hilfsbereitesten Menschen, der ältesten Kultur und epischen Landschaften und Orten.

111 Geschichten beschreiben auf amüsante Weise, warum Australien ein so liebenswertes wie faszinierendes Land ist. Eine literarische Reise ans Ende der Welt.

111 GRÜNDE, NEUSEELAND ZU LIEBEN

EINE LIEBESERKLÄRUNG AN DAS KLEINE GRÜNE LAND AM ANDEREN ENDE DER WELT,
DAS IMMER IM HERZEN BLEIBT, WENN MAN EINMAL DORT GEWESEN IST

111 GRÜNDE, NEUSEELAND ZU LIEBEN
EINE LIEBESERKLÄRUNG AN DAS SCHÖNSTE LAND DER WELT
Von Jenny Menzel
320 Seiten | Premium-Paperback
Plus zwei Farbteile á 16 Seiten
ISBN 978-3-942665-46-9 | Preis 14,99 €

Neuseeland ist kein einfaches Reiseziel; dagegen spricht als Erstes der elendig lange Flug. Aber oh, es lohnt sich! Neuseeland verzaubert unweigerlich, und das nicht nur mit seinen grandiosen Landschaften. Wer einmal da ist, will nicht mehr weg; und wer von dort zurückkommt, hat für immer diese Sehnsucht im Blick ...

Die Autorin ist mehrere Monate lang im Wohnmobil über beide Inseln gereist und hat sich Zeit genommen für Entdeckungen fernab der bekannten Touristenrouten, für faule Nachmittage am Strand, für Nächte unter der Milchstraße und für Begegnungen mit den Menschen Neuseelands.

Lange nicht genug Zeit, um alles zu sehen, was Neuseeland zu bieten hat, aber doch lange genug, um sich unsterblich in das Land zu verlieben. 111 Gründe dafür listet Jenny Menzel auf – und das sind noch längst nicht alle.

WWW.SCHWARZKOPF-SCHWARZKOPF.DE

111 GRÜNDE, INDIEN ZU LIEBEN

INDIEN IST SO UNGEWÖHNLICH, DASS ES AUF EINEM ANDEREN PLANETEN LIEGEN KÖNNTE.
WER SICH AUF DAS LAND EINLÄSST, WIRD REICH BELOHNT.

111 GRÜNDE, INDIEN ZU LIEBEN
EINE LIEBESERKLÄRUNG AN DAS SCHÖNSTE LAND DER WELT
Von Oleander Auffarth
352 Seiten | Premium-Paperback
Plus zwei Farbteile á 16 Seiten
ISBN 978-3-942665-48-3 | Preis 14,99 €

Indien – der Name allein weckt reiche Bilder von unzähligen Göttern, Rikschas, heiligen Kühen, chaotischen Städten, biegsamen Asketen, krasser Armut, Maharadschas und Persönlichkeiten wie Mutter Theresa oder Mahatma Gandhi. Indien ist ein eigener Kontinent voller Kontraste. Nirgendwo sonst auf der Welt kann man so unterschiedliche Religionen, Kulturen, Völker, Sprachen, Philosophien, Architekturstile und Regionalküchen bestaunen.

Die Landschaft reicht von endlosen Küsten mit Palmenstränden über die bevölkerungsreichen, hektischen Tiefebenen bis hin zu einsamen Wüstengebieten und Hochgebirgen. Die unverfälschte Offenheit und Gastfreundschaft der Inder macht es leicht, Kontakte zu knüpfen und etwas über das Land, seine Geschichte und den Alltag der Menschen zu erfahren. Wer einmal Indien besucht hat, den lässt es nicht wieder los.

111 GRÜNDE, KUBA ZU LIEBEN

DIESES BUCH BIETET EINEN AUSSERGEWÖHNLICHEN EINBLICK IN DAS KUBANISCHE LEBEN
MIT VIELEN INSIDER-TIPPS UND ZWEI SEPARATEN FARBTEILEN

111 GRÜNDE, KUBA ZU LIEBEN
EINE LIEBESERKLÄRUNG AN DAS SCHÖNSTE LAND DER WELT
Von Klaus D. Leciejewski
368 Seiten | Premium-Paperback
Plus zwei Farbteile á 16 Seiten
ISBN 978-3-942665-50-6 | Preis 14,99 €

Kuba ist ein überaus interessantes Urlaubsland! Bis auf alpines Hochgebirge bietet es alles, was einen Urlaub entweder erholsam, aufregend oder bildend oder auch alles zur gleichen Zeit machen kann. In diesem Buch ist alles davon zu finden.

In 111 Kapiteln bringt der Autor seinen Lesern Kuba näher. Seine zahlreichen persönlichen Geschichten zeigen ein liebenswertes Land, und sie können auch nachdenklich machen. Sämtliche Informationen stammen aus persönlichen Recherchen des Autors.

Die über 50 Fotografien im Buch sind keine der üblichen Aufnahmen aus Hochglanz-Magazinen, und sie bilden auch keine der weitverbreiteten Klischees ab, sondern zeigen Kuba aus einer sehr intimen Perspektive.

Eine informative und atmosphärische Erkundungstour über die traumhafte Karibikinsel!

WWW.SCHWARZKOPF-SCHWARZKOPF.DE

SILVIA GÖTZEN, geboren 1964, hat seit 2011 ihre Lizenz als Privatpilotin. Sie lebt in Hamburg. Ihre Leidenschaften sind Reisen und Neues entdecken, bevorzugt ist sie in ihrer Freizeit mit einer Cessna 172 unterwegs.

FLORIAN KNACK, geboren 1988, hat mit dem Segelfliegen angefangen und seine Leidenschaft schließlich zum Beruf gemacht als Fluglehrer und Berufspilot. Er lebt in Pinneberg und ist in seiner Freizeit meist auf dem Flugplatz zu finden.

Beide verbindet ihre Leidenschaft für die Fliegerei. Gemeinsam haben sie bereits einige erlebnisreiche Flugtouren durch Europa gemacht und sind in den USA geflogen.

Silvia Götzen & Florian Knack
111 GRÜNDE, DAS FLIEGEN ZU LIEBEN
Vom Glück, selbst zu fliegen: Eine Hommage
an die unendliche Freiheit über den Wolken

ISBN 978-3-86265-718-6
© Schwarzkopf & Schwarzkopf Verlag GmbH, Berlin 2018
Vermittelt durch die Literaturagentur Brinkmann, München | Alle Rechte vorbehalten. Dieses Werk ist urheberrechtlich geschützt. Jede Verwendung, die über den Rahmen des Zitatrechtes bei korrekter und vollständiger Quellenangabe hinausgeht, ist honorarpflichtig und bedarf der schriftlichen Genehmigung des Verlages.
Coverfoto: © Shutterbas/stock.adobe.com | Autorenfotos und alle Bilder im Buch: © Silvia Götzen; © Florian Knack; außer Bildteil 1, Seite V (Bild oben und Bild unten links): © Andreas Villwock

VERLAG
Schwarzkopf & Schwarzkopf Verlag GmbH
Kastanienallee 32, 10435 Berlin
Telefon: 030 – 44 33 63 00 | Fax: 030 – 44 33 63 044

INTERNET | E-MAIL
www.schwarzkopf-schwarzkopf.de
www.facebook.com/schwarzkopfverlag
info@schwarzkopf-schwarzkopf.de